$CaCO_3=CaO+CO_2$

活性石灰
生产理论与工艺

郭汉杰 著

化学工业出版社
·北京·

图书在版编目（CIP）数据

活性石灰生产理论与工艺/郭汉杰著 . —北京：
化学工业出版社，2014.4（2022.6重印）
ISBN 978-7-122-19740-5

Ⅰ.①活…　Ⅱ.①郭…　Ⅲ.①石灰-生产工艺
Ⅳ.①TQ177.2

中国版本图书馆 CIP 数据核字（2014）第 023367 号

责任编辑：刘丽宏　　　　　　　　　　文字编辑：向　东
责任校对：王素芹　　　　　　　　　　装帧设计：刘丽华

出版发行：化学工业出版社（北京市东城区青年湖南街 13 号　邮政编码 100011）
印　　装：北京捷迅佳彩印刷有限公司
710mm×1000mm　1/16　印张 16　字数 319 千字　　2022 年 6 月北京第 1 版第 2 次印刷

购书咨询：010-64518888　　　　　　　　　售后服务：010-64518899
网　　址：http://www.cip.com.cn
凡购买本书，如有缺损质量问题，本社销售中心负责调换。

定　　价：98.00 元

一块坚硬、丑陋的顽石，在精心制作的窑中，经火一烧，顿时洁白无瑕、松软无比。2000多年来，人们用她建筑和美化家园，她的出现，翻开了人类文明美好的一页。

这一道古老的物理化学题，人们试图用不同的方式、从不同的方面去了解和认识她，似乎总是没有满意的答案，以至于到了明朝，杰出的政治家和军事家于谦也对她的神秘由衷地赞叹，于是一首《石灰吟》来到了人间：

千锤万凿出深山，

烈火焚烧若等闲。

粉骨碎身浑不怕，

要留清白在人间。

是赞颂，还是留给人们无尽的遐想的谜语？

到目前为止，还没有人系统、全面地解开她神秘的面纱……

而实际上，她不过是这样一道物理化学题！

【题】碳酸钙分解反应如下

$$CaCO_3 =\!=\!= CaO + CO_2 \uparrow$$

求：① 分解反应的开始温度和沸腾温度；

② 与分解反应有关的速率、速率常数、活化能等动力学参数；

③ 碳酸钙的粒度及其中杂质元素等对反应的热力学及动力学参数的影响；

④ 这个反应在什么容器中能更好地实现。

如果上述题解对了，则应用您的正确解，把普通的以碳酸钙为主要成分的石头放在一个反应容器中，在一定的反应温度和时间下，使其中的碳酸钙恰好分解，然后从容器中取出得到的产物，马上使用，这就是传说中的活性石灰！

前　言

石灰的出现已经有 2000 余年的历史。

在笔者的印象中，烧石灰犹如铁匠打铁一样，在有的地方都不能算作一门技术了。这个想法在笔者小的时候就产生了，因为一次到附近一个村庄，发现那里的人们，家家都会烧石灰。然而一件事情的发生，彻底改变了笔者的观点，并使笔者在长达 8 年的时间里，花费了科研生涯中的一段黄金时间，开展了对石灰的系统研究。

那是 2004 年新年伊始，笔者在对中国几家著名的大型钢铁企业的考察之后参加了有众多钢铁界的精英参加的研讨会上，接触到几位国内钢铁业界颇具影响力的前辈，他们异口同声地表示，我国之所以不是钢铁强国的根本原因之一，是没有从根本上认识到原料的重要性，特别是石灰原料。一些企业在生产中贪图便宜，随便乱用企业附近的小企业用土窑烧制的石灰，而不是活性石灰，生产的钢的质量出了严重的问题之后，依然找不到原因所在。笔者开始关注冶金中的石灰问题，于是请教了很多专家、学者，并讨论什么是活性石灰。令笔者惊讶的是，在与笔者交流的众多学者和专家中，竟然没有一位能对活性石灰解释得清楚。由于作为一名大学老师的职业的特性，笔者在考虑，如果在课堂上学生也问同样的问题，该如何回答。高等学府与此基础课题相关的任课老师都回答不了这个问题，也就难怪社会上的人不能圆满回答这个问题了。而活性石灰对中国的钢铁企业又如此重要，如果不把这个问题搞清楚，岂不影响中国钢铁技术的进步？

于是，作为高校冶金物理化学的一名主讲老师，从 2004 年暑假，笔者从对活性石灰的兴趣、对社会负责的态度出发，用严格的、科学的态度开始了对活性石灰的系统研究。

笔者首先对碳酸钙分解热力学进行了计算。对于关键的一些热力学函数进行了对比、校正。如作为研究碳酸钙分解的最基本的热力学参数——标准吉布斯自由能 $\Delta G^{\ominus}$，用目前文献中所有能找到的数据进行计算，发现它们相互之间都达不到统一，即使从分解反应中各组元的等压热容 C_p 出发，用定积分或不定积分从头计算，诸家的数据也无法统一。越是研究，就越感觉到不要说活性石灰了，即使普通的石灰也有很多的问题没有搞清楚，越有必要从物理化学的角度出发进行研究。比如说以下这些问题。

① 煅烧石灰到底在什么温度下最好？

② 找到了最好的温度，煅烧多长时间最佳？

③ 理论上纯的碳酸钙分解温度是多少？当有杂质时对分解温度的影响又如何？

④ 活性石灰是怎样定义的？怎样煅烧才能得到活性石灰？

⑤ 现在的煅烧石灰的工艺合理吗？

……

从笔者真正开始研究石灰到逐渐入门，才发现，这一传统的问题研究，目前竟然在许多方面还是空白！

就如以下笔者的科研团队对活性石灰的所进行的工作都是首次完成的：

① 从中国国家标准定义的石灰的活性度的测量方法出发，计算了纯碳酸钙分解得到的石灰的理论活性度；

② 从热力学的角度计算了碳酸钙的理论分解温度；

③ 从热力学的角度推导了细小颗粒的石灰石分解与大颗粒石灰石分解的理论条件的差异；

④ 用物理化学的方法和碳酸钙分解机理对"活性石灰"进行了定义；

⑤ 用电子显微镜得到了活性石灰、非活性石灰的微观图像，从微观上看到了轻烧和过烧状态下石灰的形态；

⑥ 实验研究了在有杂质元素存在的情况下石灰石分解反应的表观活化能；

⑦ 用热分析的方法研究了 SiO_2 含量对表观活化能的影响；

⑧ 综合研究了活性石灰在烧结、铁水脱硫、炼钢精炼中如何应用和应用的效果。

8 年来，这些问题的研究有些是笔者本人进行的，有些是笔者的学生协助完成的，有些是在笔者的指导下由学生完成的。

在此要感谢时任宣化钢铁实业公司总经理尹志明，虽然这其中的部分工艺研究也是他的硕士论文的工作，但在刚开始研究缺乏经费、实验条件不好的情况下，给予了完全无私的帮助！

2005 年，首先进行了一些碳酸钙分解的热力学研究工作。

2006 年，指导的本科生王宏伟在宣化钢铁实业公司石灰厂完成了一部分活性石灰的工艺研究。

2007 年，指导的研究生尹志明在继续完成工艺研究的同时，进行了部分石灰石分解的动力学研究。

2008 年，指导的研究生叶小叶在包头钢铁公司进行了铁水同时喷吹活性石灰-颗粒镁用于铁水预处理脱硫的研究。

2009 年，指导的博士生李闯用活性石灰进行了铁水"五脱"（脱硫、脱磷、脱硅、脱锰、脱钛）的研究。

2010 年，指导的研究生储莹研究了首钢迁安钢铁公司 LF 炉用活性石灰脱硫时的一些工艺问题。

2011 年，指导 4 名本科生对石灰石分解的动力学、分解机理以及轻烧、过烧状态下的微观图像进行全面研究。其中刘文同学对不同粒度的石灰石的分解机理和动力学参数进行了研究；马来西亚留学生郑文杰同学对 SiO_2 含量与石灰石中碳酸钙分解的动力学参数的关系进行了研究；郭勇同学对轻烧情况下石灰石分解的微观结构及分解机理进行了研究；陶飞同学对过烧情况下石灰石分解的机理和动力学参数进行了研究。

2012 年指导研究生聂健康、本科生李彬，以首钢迁安钢铁公司煅烧活性石灰的套筒窑为研究对象，研究了活性石灰烧制过程的工艺与其中的主要组元和 CO_2 的残留量对活性度影响的数学模型，并得到了使用活性石灰的 KR 法铁水预处理脱硫的数学模型。

2013 年，指导博士生李宁，研究了使用活性石灰进行 KR 法脱硫的热力学条件，从理论上推导了脱硫所需的最低氧含量的问题；并推导了炼钢 LF 炉精炼过程，利用石灰脱硫的动力学模型和首钢迁安钢铁公司 LF 炉脱硫的控速环节。

当把本书的最后一章整理完成，从电脑桌前站起来的时候，一个想法油然而生，笔者和自己的学生实际上只是花了 8 年多的时间计算了一道"碳酸钙分解反应生成氧化钙"的物理化学题，而这些离完美的答案还有很大的距离！殷切希望读者提出更多宝贵意见，也希望有更多学者去给这道题更加完美的解。

笔者首先要感谢这些为完成这道物理化学题而曾经夜以继日工作的学生们，他们的聪明才智是构筑本书的一砖一瓦，而笔者更多的时候只是一个建筑工。

感谢钢铁冶金国家重点实验室对本书出版提供的资助！

本书在编写过程中还得到了很多同行的大力支持并提出了宝贵意见和建议，在此一并致谢！

郭汉杰

于北京科技大学

目　录

第1篇　活性石灰生成过程基础理论

第2篇　活性石灰的制备工艺

第1篇

活性石灰生成过程基础理论

石灰石是以 $CaCO_3$ 为主要成分的矿石，石灰是石灰石加热到一定温度的分解产物，活性石灰是在严格控制烧制石灰的工艺条件下得到活性度很高的石灰。如此简单的一个过程，过去、现在，也许将来每年都有大量的文献对该过程的工艺、生产设备进行很多的研究，但诸多的研究中，活性石灰生成过程的物理化学理论研究却非常少，似乎人们都忽略了这个问题，也许认为这个过程过于简单，不就是一个分解反应的过程吗？没有必要进行过多的理论研究。

那么事实真的如此吗？

通过本书的研究，我们就会发现，如果不对碳酸钙的分解进行相关物理化学的理论研究，人们只能在一次次重复的研究中浪费很多人力、物力，始终迷失在对生成活性石灰最佳工艺的盲目追寻中。

通过本书的研究，我们最终可能会得到这样一个有趣的结论——厚厚的一本 50 万字的书，其实不过系统地解答了一道简单而实用的物理化学题。

第一篇先从理论上，特别是物理化学的角度研究石灰石中的主要成分碳酸钙的分解热力学、动力学及其物理化学的条件。

第1章 活性石灰生成的基本理论

1.1 CaCO₃ 分解反应热力学

由于活性石灰是由石灰石分解得到的，而 $CaCO_3$ 又是石灰石的主要成分，所以首先研究 $CaCO_3$ 分解的相关热力学问题，是把握活性石灰工艺的关键。

1.1.1 CaCO₃ 分解反应的 $\Delta_r G^{\ominus}$ 计算

$CaCO_3$ 分解反应为

$$CaCO_3 \!=\!=\! CaO + CO_2 \tag{1-1-1}$$

很少看到文献对该反应的 $\Delta_r G^{\ominus}$ 的准确计算，而这个数据对研究碳酸钙分解又是非常重要的，因此准确计算碳酸钙分解反应的 $\Delta_r G^{\ominus}$ 具有重要意义。查热力学手册得相关的热力学原始数据如表 1-1-1 所示。

表 1-1-1　计算 CaCO₃ 分解反应的相关热力学数据[1]

物质	$-\Delta H_{298}^{\ominus}/$ (J/mol)	$-\Delta G_{298}^{\ominus}/$ (J/mol)	$S_{298}^{\ominus}/$ [J/(mol·K)]	$c_p = a + bT + c'T^{-2} + cT^2 / [J/(mol \cdot K)]$			
				a	$b \times 10^3$	$c' \times 10^{-5}$	温度范围/K
CaO	634290	603030	39.75	49.62	4.52	−6.95	298~2888
CO₂	393520	394390	213.70	44.14	9.04	−8.54	298~2500
CaCO₃	1206870	1127320	88.00	104.50	21.92	−25.94	298~1200
Δ 值	179060	129900	165.45	−10.74	−8.36	10.45	

由表 1-1-1 中的数据，利用不定积分法得到的通式为[2]

$$\Delta G_T^{\ominus} = \Delta H_0 - \Delta a T \ln T - \frac{\Delta b}{2} T^2 - \frac{\Delta c}{6} T^3 - \frac{\Delta c'}{2} T^{-1} + IT \tag{1-1-2}$$

式中，I 为积分常数。代入相应的数据得

$$\Delta G_T^{\ominus} = 186138 + 10.74 T \ln T + 0.00418 T^2 - 522500 T^{-1} - 245.27 T \tag{1-1-3}$$

用最小二乘法回归分析得　　　$\Delta G_T^{\ominus} = 176905 - 157 T \tag{1-1-4}$

令 $\Delta G_T^{\ominus} = 0$，解得，分解温度 $T_{分解} = 1127K(854\,℃)$

而利用定积分法，得到计算反应 $\Delta_r G^\ominus$ 的标准方程式为

$$\Delta G_T^\ominus = \Delta H_{298}^\ominus - T\Delta S_{298}^\ominus - T(\Delta a M_0 + \Delta b M_1 + \Delta c M_2 + \Delta c' M_{-2}) \quad (1\text{-}1\text{-}5)$$

式中

$$M_0 = \ln\frac{T}{298} + \frac{298}{T} - 1$$

$$M_1 = \frac{(T-298)^2}{2T}$$

$$M_2 = \frac{1}{6}\left(T^2 + \frac{2\times298^3}{T} - 3\times298^2\right)$$

$$M_{-2} = \frac{(T-298)^2}{2\times298^2\times T^2}$$

式(1-1-5)称为焦姆金-席瓦尔兹曼（Темкин-Шварцман）公式，不同温度下的 M_0、M_1、M_2 及 M_{-2} 值均可从热力学手册中查出。

由表 1-1-1 所列的热力学数据计算得

$$\Delta G_T^\ominus = 179060 - 165.45T - T(-10.74M_0 - 8.36\times10^{-3}M_1 + 10.45\times10^5 M_{-2})$$
$$(298\sim1200\text{K}) \quad (1\text{-}1\text{-}6)$$

利用这个方程式，代入一系列温度数据，如 298K、398K、498K、…，计算对应的 $\Delta G_T^\ominus$，利用最小二乘原理，可以计算出 $\Delta G_T^\ominus$ 与 T 的二项式[2]，如下

$$\Delta G_T^\ominus = 175237 - 156T \quad (1\text{-}1\text{-}7)$$

令 $\Delta G_T^\ominus = 0$，解得 $T_{分解} = 1123\text{K}(850℃)$

这一温度称为沸腾分解温度。

可以看出，同样的数据利用定积分和不定积分得到的结果是一样的。

目前，理论界都比较认可 Barin 的数据[3]，在此利用该数据经过回归处理后，得到 $CaCO_3$ 分解反应的标准自由能与温度的关系为

$$\Delta G_T^\ominus = 174923 - 150T \quad (1\text{-}1\text{-}8)$$

由此求得纯碳酸钙的开始分解温度为 $T_{分解} = 1163\text{K}(890℃)$

文献 [4] 引用的 CaO 的等压热容与本研究稍有不同，如表 1-1-2 所示，计算结果如下。

表 1-1-2　文献 [4] 计算数据

物质	$-\Delta H_{298}^\ominus/$ (kJ/mol)	$-\Delta G_{298}^\ominus/$ (kJ/mol)	$c_p = a + bT + c'T^{-2} + cT^2/[\text{J}/(\text{mol}\cdot\text{K})]$			
			a	$b\times10^3$	$c'\times10^{-5}$	$c\times10^6$
CaO	635.5	604.2	48.83	4.52	−6.52	
CO_2	393.5	394.4	44.14	9.04	−8.54	
$CaCO_3$	1207.2	1128.8	104.50	21.9	−25.9	

利用定积分法得到

$$\Delta G_T^{\ominus} = 185600 - 244.0T + 115T\ln T + 4.18 \times 10^{-3} T^2 - \frac{5.44 \times 10^5}{T} \qquad (1\text{-}1\text{-}9)$$

回归分析得 $\qquad\qquad \Delta G_T^{\ominus} = 175880 - 151T$

由此解得，纯碳酸钙的开始分解温度为 $T_{分解} = 1165\text{K}(892℃)$

文献 [5] 给出的数据为

$$\lg p_{CO_2} = -\frac{8920}{T} + 7.54 \qquad (1\text{-}1\text{-}10)$$

两边同乘以 $-2.303RT$ 得

$$\Delta_r G = 170791 - 144.37T \qquad (1\text{-}1\text{-}11)$$

由此解得，纯碳酸钙的沸腾分解温度为 $T_{分解} = 1183\text{K}(910℃)$

将以上计算的各家的数据列表，如表 1-1-3 所示。

表 1-1-3　不同来源的数据回归得到的 $\Delta_r G^{\ominus} = a - bT$ 及分解温度

数据来源	$\Delta_r G^{\ominus} = a - bT$	沸腾分解温度
文献 [1]（定积分计算）	$\Delta G_T^{\ominus} = 175237 - 156T$	1123K（850℃）
文献 [1]（不定积分计算）	$\Delta G_T^{\ominus} = 176905 - 157T$	1127K（854℃）
文献 [3]	$\Delta G_T^{\ominus} = 174923 - 150T$	1163K（890℃）
文献 [4]（不定积分计算）	$\Delta G_T^{\ominus} = 175880 - 151T$	1165K（892℃）
文献 [5]	$\Delta_r G^{\ominus} = 170791 - 144T$	1183K（910℃）

由表 1-1-3 可以看出，文献 [3，4] 数据接近，另外文献 [4] 的数据比较权威，建议对于碳酸钙的分解反应的热力学统一到其标准自由能为

$$\Delta G_T^{\ominus} = 174923 - 150T$$

1.1.2　CaCO₃ 的开始分解温度与沸腾分解温度

作者曾经查阅过很多有关烧制石灰的文献，有些文献虽然涉及石灰石的分解温度，但还没有发现有人对 $CaCO_3$ 的开始分解温度的理论研究的文献报道。$CaCO_3$ 的开始分解温度对于生产活性石灰，特别是纳米级的活性石灰颗粒是一个非常重要的参数。

什么叫开始分解温度？什么叫沸腾分解温度？

对于开始分解温度，热力学已经给出了明确的回答，对于 $CaCO_3$ 的分解反应

$$CaCO_3 = CaO + CO_2 \qquad \Delta G_T^{\ominus} = 174923 - 150T (J/K)$$

由化学反应的等温方程式

$$\Delta_r G^\ominus = -RT\ln K^\ominus$$

可得

$$174923 - 150T = -8.314T\ln p_{CO_2}$$

整理得

$$\ln p_{CO_2} = 18.04 - \frac{21040}{T} \tag{1-1-12}$$

用式(1-1-12)，对不同温度可计算分解反应平衡的压力，如表 1-1-4 所示。所计算的这个平衡压力就是该温度下分解反应的分解压力，与这个分解压力相对应的温度就是开始分解温度。而当 $p_{CO_2} = 1$ 时所对应的分解温度称为沸腾分解温度。

表 1-1-4　不同温度时 $CaCO_3$ 分解的平衡压力计算值

序号	T/K	$\ln p$	$p^{①}$	p/Pa
1	298	-52.56	1.49×10^{-23}	1.50×10^{-18}
2	300	-52.09	2.38×10^{-23}	2.41×10^{-18}
3	400	-34.56	9.79×10^{-16}	9.92×10^{-11}
4	500	-24.04	3.63×10^{-11}	3.68×10^{-6}
5	600	-17.03	4.03×10^{-8}	4.08×10^{-3}
6	700	-12.02	6.04×10^{-6}	6.12×10^{-1}
7	800	-8.26	2.59×10^{-4}	26.21
8	900	-5.34	4.81×10^{-3}	4.87×10^{2}
9	1000	-3	4.98×10^{-2}	5.04×10^{3}
10	1100	-1.09	3.37×10^{-1}	3.42×10^{4}
11	1200	0.51	1.66	1.68×10^{5}
12	1300	1.86	6.39	6.48×10^{5}

① 无量纲压强。

用 $\ln p_{CO_2}$ 对温度 T 作图，如图 1-1-1 所示，这实际上也是 $CaCO_3$ 分解的优势区图，$\ln p_{CO_2}$ 平衡线将整个区域分为两部分，上半部分是 $CaCO_3$ 的优势区，而下半部分是 CaO 的优势区。例如温度为 1000K 时，$\ln p_{CO_2} = -3$（或平衡的 $p_{CO_2} = 5.04 \times 10^3 Pa$）。也就是说，在温度为 1000K 时，外界的 CO_2 分压可能有三种情况，对映到图 1-1-2 上，$CaCO_3$ 的分解状况也就对应三种状态。

① 如果外界的 CO_2 分压（注：必须是 CO_2 分压，其他压力对 $CaCO_3$ 的分解几乎没有影响）正好等于 $5.04 \times 10^3 Pa$，$CaCO_3$ 分解反应处于平衡；

② 而当 p_{CO_2} 大于 $5.04 \times 10^3 Pa$，$CaCO_3$ 分解反应逆向进行，体系处于 $CaCO_3$ 的稳定区（或优势区），此时分解产生的 CaO 与 CO_2 反应，重新生成 $CaCO_3$；

③ 而当 p_{CO_2} 小于 $5.04 \times 10^3 Pa$，$CaCO_3$ 分解反应正向进行，体系处于 CaO 的

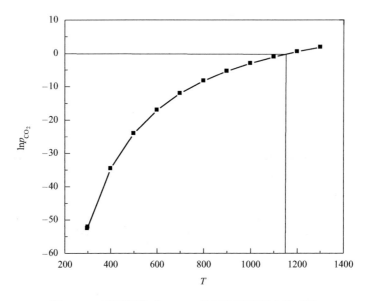

图 1-1-1　不同温度时 $CaCO_3$ 分解的平衡压力的对数

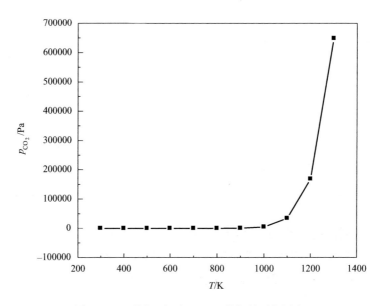

图 1-1-2　不同温度时 $CaCO_3$ 分解的平衡压力

稳定区（或优势区），此时分解产生的 CaO。

另外由以上 $CaCO_3$ 分解反应的热力学原理可以看出一些有趣的数据。

① 在常温（298K）下，$CaCO_3$ 分解的平衡无量纲压强 1.49×10^{-23}，而我国陆地夏天的最高温度为 318K，$CaCO_3$ 分解的平衡压强 1.26×10^{-21} Pa。

资料报道，2005 年，大气中 CO_2 的浓度为 379.75mL/m³，换算成无量纲压强，大气中的 CO_2 分压为 379.75×10^{-6}，这就是说，在目前大气环境下，环境中的 CO_2 压强远大于 $298 \sim 318K$ 的常温时石灰石的分解压强，所以石灰石在大气中是稳定存在的化合物。

　　纯净的或含有极少量杂质的碳酸钙就是所谓的汉白玉，如北京天安门广场所用的汉白玉就是较为纯净的碳酸钙，它们之所以多年没有在大气环境下被侵蚀，正是由于大气中的 CO_2 浓度远大于在北京的气候环境（$253 \sim 318K$）$CaCO_3$ 分解压。

　　另一方面，它们在目前所处的 CO_2 浓度的大气环境下，多高温度才达到分解的条件？将 2005 年大气中的 CO_2 分压 379.75×10^{-6} Pa 代入式(1-1-12)中，计算得

$$T = \frac{21040}{18.04 - \ln(379.75 \times 10^{-6})} = 812K$$

　　这就是说，就目前大气中 CO_2 含量的情况，只有当温度增加到 812K（539℃），$CaCO_3$ 才开始分解。

　　由于温室效应愈演愈烈，京都议定书的目标是，全世界 2050 年将大气 CO_2 浓度控制在 470ppmv[6]，所以就热力学而言，由于大气中的 CO_2 浓度远大于 $CaCO_3$ 分解的平衡压强，石灰石在常温的大气中是稳定存在的。

　　② 随着温度的升高，$CaCO_3$ 分解的平衡压强逐渐增高，这就是说，当 $CaCO_3$ 分解的平衡压强等于大气中 CO_2 分压 379.75×10^{-6}（无量纲压强，在数值上等于以 atm❶ 表示的压强）时，$CaCO_3$ 分解反应开始进行，代入式(1-1-12)

$$\ln p_{CO_2} = 18.04 - \frac{21040}{T}$$

计算可得，在目前大气的 CO_2 压强之下，碳酸钙的开始分解温度 $T = 812K$，这是按纯 $CaCO_3$ 在 2005 年的大气环境中分解反应的开始分解温度。

　　如果全世界遵守京都议定书，2050 年大气中 CO_2 浓度控制在 470ppmv，再代入以上方程中，可得 $CaCO_3$ 分解反应的开始分解温度增加到 819K。

　　2050 年，温室效应也使得我们生产石灰在环境中的开始分解温度增加 7K！

　　热力学上的"沸腾分解温度"，其更广义的定义实际上是当某分解温度所对应的分解压与其所在的环境下的总压强相等时，该分解温度叫"沸腾分解温度"。在海平面的大气环境下的沸腾分解温度对应的压强是

$$p_{CO_2} = \frac{p'_{CO_2}}{p^{\ominus}} = \frac{1.01325 \times 10^5}{p^{\ominus}} = 1$$

$$\ln p_{CO_2} = 0$$

---

❶　1atm＝101325Pa。

所以，按照上式计算，相对于 1 个大气压，碳酸钙的沸腾分解温度为

$$T_{沸腾} = 1166K(893℃)$$

特别注意：

a. "沸腾分解温度"与"开始分解温度"的区别。只要环境中 CO_2 的压强等于该温度下由热力学公式(1-1-12)计算的 CO_2 的压强，此时碳酸钙就开始分解，这个温度就是开始分解温度。

而如果某温度下由热力学公式(1-1-12)计算的 CO_2 的压强正好等于碳酸钙所处环境的总压强，则这个温度就是"沸腾分解温度"，这是分解反应显著进行的标志！

b. 如果以上还不清楚的话，举例解释日常生活中经常看到的水的蒸发。其饱和蒸气压与温度的关系为

$$\lg p_{H_2O} = 5.70 - \frac{2126}{T}$$

将其计算为实际数据，如表 1-1-5 所示。

表 1-1-5　不同温度下水的蒸气压

T/K	p	T/K	p
273	0.008174	333	0.206831
283	0.015404	343	0.317504
293	0.027799	353	0.475704
303	0.04825	363	0.697029
313	0.080848	373	1.000618
323	0.131207		

表(1-1-5)说明了以下两个问题。

a. 在海平面高度，大气的总压强为 1（无量纲压强），若水的蒸气压为 1，水的"沸腾蒸发（分解）温度"即为 100℃（373K），这是水在海平面高度开始大量蒸发的温度，也就是水的沸点。

b. 在青藏高原，水所处的环境压强比较低，如西藏的年平均气压为 65.25kPa，是标准压强的 64.39%，这时水的沸腾蒸发（分解）温度（即沸点）为 360K（87℃）；如果把环境压强再降低（如将水放在真空环境下），如低到常温 298K 下平衡蒸气压 3513Pa，此时"沸腾蒸发温度"即沸腾温度变为 298K（25℃），这个温度是与环境总压强相对应的分解温度。所以沸腾分解温度是在分解压等于反应物所处的环境总压强时的温度，当反应所处的环境中的总压强变化时，沸腾分解温度也会随之变化。

这就是说，在目前的大气状态下，按照热力学计算，与常温 298K 对应的平衡蒸气压 3513Pa，当空气中水分的压强大于这个压强时，空气中的水分就处于过

饱和状态，凝结为水，这时我们就会觉得身体内的汗出不来，身上潮湿；而这种情况出现在春天或深秋，就会出现大雾天气；而当气候干燥时，空气中水分的压强小于这个压强值，水就会蒸发。但一旦水所处的环境的总压强等于分解压强时，水就沸腾了。换句话说，水可以在 25℃，也可以在 250℃ 沸腾，条件只有一个，这个温度一定是水的"沸腾分解温度"！

回到碳酸钙分解的问题上，我们一定要纠正过去一个错误的概念，就是碳酸钙的分解一定要在石灰窑中加热才可以，不在石灰窑中就不能分解！现在我们就对这个问题进行总结性讨论：

a. 如果把碳酸钙放到真空或不含 CO_2 的气氛中，在任何温度下，碳酸钙都会分解，因为理论上，只要碳酸钙在某温度的分解压大于其所处的环境中 CO_2 的压强，碳酸钙就会分解，但不能达到如"沸腾分解温度"时的分解；

b. 当某温度时分解压一旦达到环境的总压强，则此时碳酸钙的分解温度就是沸腾分解温度，此时的分解速率达到最大值，况且此时体系温度不会再发生变化，除非分解反应完成！

1.2　极小颗粒 $CaCO_3$ 的分解平衡研究

对于极小颗粒条件下 $CaCO_3$ 的开始分解温度会发生变化，这种变化会随着颗粒度的减小而增大，如下计算。

若化合物为球形的微小颗粒时，则计算其吉布斯自由能时，表面能不能忽略。对 K 个组分组成的体系，吉布斯自由能

$$G = \sum_{i=1}^{K}(u_{i,\mathrm{m}}n_i + \sigma_i A_i) \tag{1-2-1}$$

式中　$u_{i,\mathrm{m}}$——组分 i 不考虑表面能时的摩尔化学势；

σ_i——组分 i 的表面能，$\mathrm{J/m^2}$；

A_i——组分 i 的表面积，$\mathrm{m^2}$；

n_i——组分 i 的物质的量，mol。

此时，i 的化学势 u_i

$$
\begin{aligned}
u_i &= \frac{\partial G}{\partial n_i} = u_{i,\mathrm{m}} + \sigma_i \frac{\partial A_i}{\partial n_i} \\
&= u_{i,\mathrm{m}} + \sigma_i \frac{\partial A_i}{\partial V_i}\frac{\partial V_i}{\partial n_i}
\end{aligned} \tag{1-2-2}
$$

$$\frac{\partial A_i}{\partial V} = \frac{\partial(4\pi r_i^2)}{\partial\left(\dfrac{4}{3}\pi r_i^3\right)} = \frac{2}{r_i}$$

定义 $\dfrac{\partial V}{\partial n_i}=\overline{V_i}$，为 i 的偏摩尔体积，实际上

$$\overline{V_i}=\frac{M_i}{\rho_i}\ \text{代入式}(1\text{-}2\text{-}2)\text{，得}$$

$$u_i=u_{i,\mathrm{m}}+\frac{2M_i\sigma_i}{\rho_i r_i}=u_{i,\mathrm{m}}^{\ominus}+RT\ln a_i+\frac{2M_i\sigma_i}{\rho_i r_i} \tag{1-2-3}$$

这就是若 i 为微小颗粒时，其化学势的表达式。

对球形微小颗粒的 $CaCO_3$ 分解反应

$$CaCO_3 \Longrightarrow CaO+CO_2$$

其标准自由能变化为

$$\Delta_r G^{\ominus}=-RT\ln K^{\ominus}=-RT\ln p_{CO_2}$$

而对于大颗粒的 $CaCO_3$ 分解反应的标准自由能的变化，为区别与微小颗粒的 $CaCO_3$ 分解反应，定义大颗粒的碳酸钙分解反应的标准自由能变化为

$$\Delta_r G_V^{\ominus}=-RT\ln K_V^{\ominus}=-RT\ln p_{CO_2,V}$$

微小颗粒的碳酸钙分解的标准自由能变化为

$$
\begin{aligned}
\Delta_r G^{\ominus}&=u_{CO_2}^{\ominus}+u_{CaO}^{\ominus}-u_{CaCO_3}^{\ominus}\\
&=u_{CO_2}^{\ominus}+\left(u_{CaO,V}^{\ominus}+\frac{2M_{CaO}\sigma_{CaO}}{\rho_{CaO}r_{CaO}}\right)-\left(u_{CaCO_3,V}^{\ominus}+\frac{2M_{CaCO_3}\sigma_{CaCO_3}}{\rho_{CaCO_3}r_{CaCO_3}}\right)\\
&=(u_{CO_2}^{\ominus}+u_{CaO,V}^{\ominus}-u_{CaCO_3,V}^{\ominus})+\left(\frac{2M_{CaO}\sigma_{CaO}}{\rho_{CaO}r_{CaO}}-\frac{2M_{CaCO_3}\sigma_{CaCO_3}}{\rho_{CaCO_3}r_{CaCO_3}}\right)\\
&=\Delta_r G_V^{\ominus}+\left(\frac{2M_{CaO}\sigma_{CaO}}{\rho_{CaO}r_{CaO}}-\frac{2M_{CaCO_3}\sigma_{CaCO_3}}{\rho_{CaCO_3}r_{CaCO_3}}\right)
\end{aligned}
\tag{1-2-4}
$$

式中　$K_V^{\ominus}$，$\Delta_r G_V^{\ominus}$，$p_{CO_2,V}$——大颗粒碳酸钙分解反应的平衡常数、标准自由能变化（J）和对应的分解压；

$u_{CO_2}^{\ominus}$，$u_{CaO}^{\ominus}$，$u_{CaCO_3}^{\ominus}$——CO_2 和小颗粒 CaO、$CaCO_3$ 的标准化学势；

$u_{CaO,V}^{\ominus}$，$u_{CaCO_3,V}^{\ominus}$——大颗粒 CaO、$CaCO_3$ 的标准化学势。

亦即

$$RT\ln p_{CO_2}=RT\ln p_{CO_2,V}+2\left(\frac{M_{CaCO_3}\sigma_{CaCO_3}}{\rho_{CaCO_3}r_{CaCO_3}}-\frac{M_{CaO}\sigma_{CaO}}{\rho_{CaO}r_{CaO}}\right) \tag{1-2-5}$$

其中

$$RT\ln p_{CO_2,V}=u_{CaCO_3,V}^{\ominus}-u_{CaO,V}^{\ominus}-u_{CO_2}^{\ominus} \tag{1-2-6}$$

可见，微小颗粒的 $CaCO_3$ 的分解压与大颗粒碳酸钙比较，取决于分解前后颗

粒的状态，特别是与颗粒度有关的颗粒半径。

式(1-2-5) 亦可用下式表示

$$RT\ln\frac{p_{CO_2}}{p_{CO_2,v}}=2\left(\frac{M_{CaCO_3}\sigma_{CaCO_3}}{\rho_{CaCO_3}r_{CaCO_3}}-\frac{M_{CaO}\sigma_{CaO}}{\rho_{CaO}r_{CaO}}\right) \qquad (1\text{-}2\text{-}7)$$

或变为

$$\ln p_{CO_2}=18.04-\frac{21040}{T}+2\left(\frac{M_{CaCO_3}\sigma_{CaCO_3}}{\rho_{CaCO_3}r_{CaCO_3}}-\frac{M_{CaO}\sigma_{CaO}}{\rho_{CaO}r_{CaO}}\right) \qquad (1\text{-}2\text{-}8)$$

[讨论]

① 微小颗粒的碳酸钙烧制活性石灰时，若分解反应一旦完成立即停止烧制，得到的 CaO 的半径肯定小于微小颗粒的碳酸钙的半径。

此时如果满足以下两个条件：

微小的碳酸钙颗粒和分解得到的 CaO 的摩尔体积近似相等

$$\frac{M_{CaCO_3}}{\rho_{CaCO_3}}\approx\frac{M_{CaO}}{\rho_{CaO}}=\overline{V}$$

微小的碳酸钙颗粒和分解得到的 CaO 的表面能也近似相等

$$\sigma_{CaCO_3}\approx\sigma_{CaO}=\sigma$$

则

$$\frac{M_{CaCO_3}\sigma_{CaCO_3}}{\rho_{CaCO_3}r_{CaCO_3}}-\frac{M_{CaO}\sigma_{CaO}}{\rho_{CaO}r_{CaO}}=\overline{V}\sigma\left(\frac{1}{r_{CaCO_3}}-\frac{1}{r_{CaO}}\right)<0$$

此时，微小颗粒碳酸钙的分解压增加了，增加的多少和 $2\overline{V}\sigma\left(\frac{1}{r_{CaCO_3}}-\frac{1}{r_{CaO}}\right)$ 大小有关，这个值越大，增加的幅度越大。

② 如果分解反应完成后，由于工艺上不可控制的各种原因，使烧制过程还继续进行，由微小颗粒的碳酸钙反应得到的微小颗粒的 CaO 必然会聚合，形成大块的过烧的石灰，则式（1-2-8）就变成

$$\ln p_{CO_2}=18.04-\frac{21040}{T}+\frac{2M_{CaCO_3}\sigma_{CaCO_3}}{\rho_{CaCO_3}r_{CaCO_3}} \qquad (1\text{-}2\text{-}9)$$

这时，微小颗粒碳酸钙烧制活性石灰的分解压必然增加。

【例 1-2-1】 已知如下数据

$$\sigma_{CaCO_3}=0.50J/m^2$$

$$\overline{V}_{CaCO_3}=2\times10^{-5}m^3/mol$$

求纳米级的微小颗粒 $CaCO_3$ 的分解($r=10^{-9}m$)反应的开始分解温度与对应的

分解压的关系。

解 将以上相关数据代入式（1-2-9）得

$$\ln p_{CO_2} = 18.04 - \frac{21040}{T} + \frac{2\sigma_{CaCO_3}}{RTr}\overline{V_{CaCO_3}}$$

$$= 18.04 - \frac{21040}{T} + \frac{2405.6}{T}$$

整理，得式（1-2-10）

$$\ln p_{CO_2} = 18.04 - \frac{18634.4}{T} \tag{1-2-10}$$

再用式（1-2-10）的 $\ln p_{CO_2}$ 对温度 T 作图，如图 1-2-1 所示。可以看出，平衡曲线整体上移。也就是说，对于大块的 $CaCO_3$ 的分解，若换成纳米级的微小颗粒的 $CaCO_3$ 的分解，分解压整体上增加了，开始分解温度也由原来的 1163 K（890℃）减少到 1033 K（760℃），降低了 130℃。

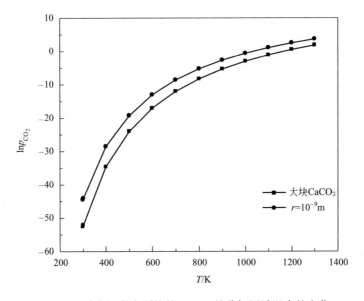

图 1-2-1 纳米级微小颗粒的 $CaCO_3$ 的分解压随温度的变化

1.3 CaCO₃的分解反应动力学

前面从不同方面已经对 $CaCO_3$ 在大气中分解反应的热力学问题进行了比较系统的研究，热力学计算表明，大颗粒的 $CaCO_3$ 在大气中分解反应的沸腾温度为 1163K（890℃），这时分解的速率如何？影响分解速率都有哪些因素？对这些问题，国内外已经发表的文献很多，但研究得都不系统，有的文献严重偏离了化学反应的本质。比如，在烧制石灰时，炉窑的温度要远大于$CaCO_3$在大气中的分解温度，这样的烧制条件会对分解动力学和石灰的活性有多大的影响？从物理化学的理论角度如何解决这个问题，特别是从动力学方面着手如何研究，都是本课题研究的重点。

1.3.1　$CaCO_3$的分解反应动力学的物理模型

对于$CaCO_3$的分解反应 $CaCO_{3(s)} \rightleftharpoons CaO_{(s)} + CO_{2(g)}$，从烧制石灰的实践以及得到的产物，分析$CaCO_3$的分解反应动力学可能的模型，首先根据实验现象对物理模型进行合理的推断，然后推导数学模型。

对于球形的纯$CaCO_3$颗粒，产生CaO的过程分三个阶段。

（1）活性CaO的生成阶段——未反应核模型

致密的固体反应物$CaCO_3$，当达到分解温度时，首先在固相$CaCO_3$的表面上发生分解反应，一个$CaCO_3$产生一个CaO和一个CO_2；反应不断地进行，界面上CaO不断增加，而由于CO_2的离去，使分解产生的CaO周围留下了一些空隙，因此分解得到的CaO具有多孔的特征。随着反应的继续，"固相$CaCO_3$/固相CaO"的界面沿着径向方向向$CaCO_3$的中心移动，致密的$CaCO_3$核心逐渐缩小，同时多孔的CaO产物层不断加厚。多孔的特征一方面可以使后续分解产生的CO_2从其中通过，使反应得以继续；另一方面，由于CO_2不断从其中通过，使得已经多孔疏松的CaO更加疏松。当"固相$CaCO_3$/固相CaO"的界面移动到球形的$CaCO_3$的中心，分解反应结束。其未反应核模型如图1-3-1所示。

（2）过渡过程

当分解反应完成的瞬间，形成了一个完美疏松的CaO，这个CaO有两个明显的特征：一方面是疏松的CaO空隙中充满最后$CaCO_3$分解弥散在其中的CO_2，由于分解反应刚刚结束，它们还没有来得及离去；另一方面，此时的CaO的活性一定达到或接近达到理论活性值。

这时，如果控制不再烧制，疏松的CaO就是理想的活性石灰。这就是石灰烧制的第二个阶段，如图1-3-2所示。

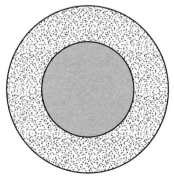

图1-3-1　$CaCO_3$分解的未反应核模型示意图

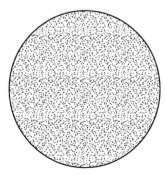

图1-3-2　理想的活性石灰结构图

这个阶段时间很短。其实时间的长短一方面取决于温度的高低，若烧制温度过高，活性的小颗粒的CaO之间互相会凝结，把其中的CO_2逐步从CaO的孔隙中排挤出来；另一方面，也决定于周围环境中CO_2含量的多少。若活性CaO周围的CO_2含量较高，由于没有了$CaCO_3$的分解，CO_2在活性的CaO孔隙中失去了向外扩散的推动力，CaO孔隙中的CO_2就会停留较长时间。若活性CaO周围的CO_2含量较低，其分压小于活性的CaO孔隙中CO_2的分压，CO_2就有了向外扩散的推动力，CaO孔隙中的CO_2的停留时间就会缩短。

这一阶段结束的标志是，随着最后分解反应产生的填充在活性的CaO孔隙中CO_2气体的减少，微小颗粒的活性CaO，由于其表面积很大，在热力学上处于高能量状态，但由于之间充填着CO_2，细小颗粒之间的聚和受到一定程度的限制。但随着CO_2的减少，处于高能量状态的活性CaO开始出现相互凝结的迹象。

（3）过烧阶段

随着填充在活性CaO孔隙中CO_2的进一步减少，更多的细小颗粒的活性CaO合并为较大颗粒，由于结构上表现为相互之间紧密结合成较为坚硬的团块，变得失去活性，如图1-3-3所示。这个阶段维持时间越长，单个CaO高温凝结并合并为较大坚硬的团块CaO越多，石灰中的活性就越低。

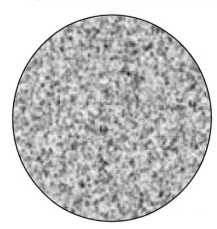

图1-3-3　过烧状态的CaO结构图

1.3.2　$CaCO_3$分解制备活性石灰的未反应核模型

假设$CaCO_3$分解过程生成的固体产物层CaO是多孔的，界面化学反应发生在多孔固体产物层和未反应的固体反应物$CaCO_3$的界面上，反应生成的气体产物CO_2通过多孔的CaO扩散进入周围气相。随着反应的进行，未反应的固体反应核逐渐缩小，直至完全消失，转变为活性CaO。

如此建立的气-固反应速率的模型称为缩小的未反应核模型，或简称为未反应核模型。

大量的实验结果证明了这个模型可广泛应用于如矿石的还原、金属及合金的氧化、碳酸盐的分解、硫化物焙烧等气-固反应。该模型在用于铁矿石的间接还原时获得了成功，目前许多的高炉模型皆引用了该模型的全部或部分。

下面我们用该模型对$CaCO_3$的分解过程进行全面的解析。

根据以上分析以及前面建立的物理模型，$CaCO_3$分解的气-固反应由以下步骤组成。

① 固体反应物$CaCO_3$在半径为r的固-固反应界面反应生成CaO和气体产

物 CO_2；

$$CaCO_{3,r} = CaO_r + CO_{2,r} \quad (1\text{-}3\text{-}1)$$

② 气体产物 CO_2 从 $CaCO_3/CaO$（固-固）反应界面通过多孔的固体产物（CaO）层扩散到达多孔产物层的表面；

$$CO_{2,r} \longrightarrow CO_{2,s} \quad (1\text{-}3\text{-}2)$$

③ 气体产物 CO_2 通过气相扩散边界层扩散到气体体相内；

$$CO_{2,s} \longrightarrow CO_{2,b} \quad (1\text{-}3\text{-}3)$$

这就是 $CaCO_3$ 分解反应的机理。如图 1-3-4 所示。

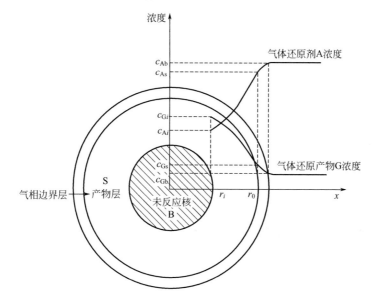

图 1-3-4　$CaCO_3$ 分解的未反应核模型示意图

以上所表示的反应机理是由三个步骤串联组成的。其中第一步为界面化学反应，第二、三步分别为 CO_2 在产物层和气相的扩散。下面分别分析这三种不同类型的步骤的特点，推导其速率的表达式及由它们单独控速时的反应速率。

1.3.3　外扩散为限制环节时的反应模型

如图 1-3-5 所示球形颗粒的半径为 r_0，气体产物通过球形颗粒外气相边界层的速率可以首先用多相反应动力学基本方程表示为

$$J_{CO_2} = k_{CO_2}(c_{CO_{2,s}} - c_{CO_{2,b}}) \quad (1\text{-}3\text{-}4)$$

或

$$r_g = \frac{dn_{CO_2}}{dt} = 4\pi r_0^2 k_{CO_2}(c_{CO_{2,s}} - c_{CO_{2,b}}) \quad (1\text{-}3\text{-}5)$$

式中　$c_{CO_2, b}$——气体 CO_2 在气相内的浓度；

$\qquad c_{CO_2, s}$——气体 CO_2 在球体外表面的浓度；

$\qquad 4\pi r_0^2$——固体反应物原始表面积，设反应过程中由固体反应物生成产物过程中总体积无变化，$4\pi r_0^2$ 也是固体产物层的外表面积；

$\qquad k_{CO_2}$——气相边界层的传质系数。

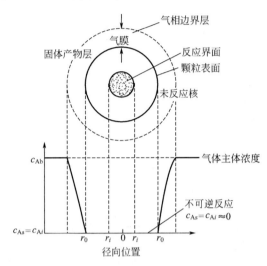

图 1-3-5　外扩散控制时气相边界层中的浓度分布

若界面上化学反应是可逆的，由于外扩散是限制环节，可以认为未反应核的固/固界面上的 CO_2 始终处于平衡状态，并且等于通过产物层 CaO 的 CO_2 气体扩散到气固界面的浓度，可以认为

$$c_{CO_2, e} = c_{CO_2, s} \tag{1-3-6}$$

因此

$$r_g = \frac{dn_{CO_2}}{dt} = 4\pi r_0^2 k_{CO_2}(c_{CO_2, e} - c_{CO_2, b}) \tag{1-3-7}$$

到一定的时间 t，若未反应核的半径为 r_i，则产物气体 CO_2 通过气相边界层的扩散速度应等于未反应核界面上 $CaCO_3$（以 B 表示）分解反应消耗的速率 v_c。则未反应核体积内反应物 B 的物质的量为：

$$n_B = \frac{\frac{4}{3}\pi r_i^3 \rho_B}{M_B}$$

v_c 可表示为

$$v_c = -\frac{dn_B}{dt} = -\frac{4\pi r_i^2 \rho_B}{M_B}\frac{dr_i}{dt} \tag{1-3-8}$$

式中 n_B——固体反应物 $CaCO_3$ 物质的量；

ρ_B——$CaCO_3$ 的密度；

M_B——$CaCO_3$ 的摩尔质量。

由于

$$-\frac{dn_B}{dt}=\frac{dn_{CO_2}}{dt}$$

联立式(1-3-7)、式（1-3-8），得到

$$-\frac{4\pi r_i^2 \rho_B}{M_B}\frac{dr_i}{dt}=4\pi r_0^2 k_{CO_2}(c_{CO_{2,e}}-c_{CO_{2,b}}) \tag{1-3-9}$$

分离变量积分后，得反应时间 t 与未反应核半径的关系式

$$t=\frac{\rho_B r_0}{3M_B k_{CO_2}(c_{CO_{2,e}}-c_{CO_{2,b}})}\left[1-\left(\frac{r_i}{r_0}\right)^3\right] \tag{1-3-10}$$

反应物 B 完全反应时，$r_i=0$，则完全反应时间 t_f 为

$$t_f=\frac{\rho_B r_0}{3M_B k_{CO_2}(c_{CO_{2,e}}-c_{CO_{2,b}})} \tag{1-3-11}$$

如果定义反应物 $CaCO_3$ 消耗的量与其原始量之比为反应分数或转化率以 x_B 表示，可以得出

$$x_B=\frac{\frac{4}{3}\pi r_0^3 \rho_B - \frac{4}{3}\pi r_i^3}{\frac{4}{3}\pi r_0^3 \rho_B}=1-\left(\frac{r_i}{r_0}\right)^3 \tag{1-3-12}$$

由式(1-3-10) 与式（1-3-11）得

$$\frac{t}{t_f}=1-\left(\frac{r_i}{r_0}\right)^3=x_B \tag{1-3-13}$$

可以看出，当外扩散为 $CaCO_3$ 分解的限制环节时，达到某一转化率所需的时间 t 与气相边界层的传质系数 k_g、CO_2 在气相内的浓度 $c_{CO_{2,b}}$ 成反比；与颗粒密度及颗粒的原始半径成正比。

1.3.4 CO_2 在固相产物层中的内扩散为限制环节

若气体产物在固相产物层中的内扩散为限制环节，如图 1-3-6 所示，CO_2 在固相产物层 CaO 中的扩散可由菲克第一定律表示为

$$J_{CO_2}=\frac{1}{4\pi r_i^2}\frac{dn_{CO_2}}{dt}=-D_{eff}\frac{dc_{CO_2}}{dr_i}$$

$$r_D = \frac{dn_{CO_2}}{dt} = -4\pi r_i^2 \quad D_{eff} \frac{dc_{CO_2}}{dr_i} \tag{1-3-14}$$

式中　n_{CO_2}——气体产物 CO_2 通过固体 CaO 产物层的物质的量；

　　　D_{eff}——CO_2 的有效扩散系数。

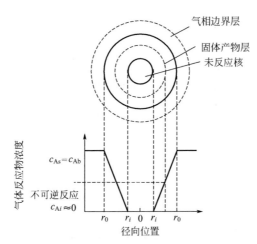

图 1-3-6　CO_2 在产物层中的内扩散控制时，气体产物 CO_2 的浓度分布

气体产物 CO_2 在多孔 CaO 产物层中的扩散和在自由空间的扩散不同，有效扩散系数 D_{eff} 与扩散系数 D 的关系可以如下表示为

$$D_{eff} = \frac{D\varepsilon_p}{\tau} \tag{1-3-15}$$

式中　ε_p——产物层的气孔率；

　　　τ——曲折度系数。

由于产物层中气孔不是直通的，如迷宫一般错综分布。因此，气体的扩散路径比直线距离长得多。

D_{eff} 的值可以通过实验测定，也可以用经验公式求出。

注：式(1-3-14) 在 c_{CO_2} 值较小时成立。

在稳态条件下，可以将内扩散速率看成一个常数，得到

$$dc_{CO_2} = -\frac{1}{4\pi D_{eff}} \frac{dn_{CO_2}}{dt} \frac{dr_i}{r_i^2} \tag{1-3-16}$$

对式(1-3-16) 定积分

$$\int_{c_{CO_2,i}}^{c_{CO_2,s}} dc_A = -\frac{1}{4\pi D_{eff}} \frac{dn_{CO_2}}{dt} \int_{r_i}^{r_0} \frac{dr_i}{r_i^2} \tag{1-3-17}$$

$$r_D = \frac{dn_{CO_2}}{dt} = 4\pi D_{eff} \frac{r_0 r_i}{r_0 - r_i}(c_{CO_{2,i}} - c_{CO_{2,s}}) \tag{1-3-18}$$

由图 1-3-6 可以看出，当 $CaCO_3$ 分解反应由产物层中气体 CO_2 的内扩散控速时，颗粒外表面的浓度 $c_{CO_{2,s}}$ 等于在气相内部本体的浓度 $c_{CO_{2,b}}$，即

$$c_{CO_{2,s}} = c_{CO_{2,b}} \tag{1-3-19}$$

产物层内气体的分布如图 1-3-6 所示，有

$$c_{CO_{2,s}} < c_{CO_{2,i}} \tag{1-3-20}$$

就界面化学反应，这时只有一种情况出现：就是固-固界面是可逆反应，分解产物气体组元 CO_2 在 CaO 固相产物层中的扩散为限制环节，在未反应核表面 CO_2 浓度总是等于化学反应平衡时的浓度

$$c_{CO_{2,i}} = c_{CO_{2,e}} \tag{1-3-21}$$

$$r_D = \frac{dn_{CO_2}}{dt} = 4\pi D_{eff} \frac{r_0 r_i}{r_0 - r_i}(c_{CO_{2,e}} - c_{CO_{2,b}}) \tag{1-3-22}$$

由于

$$\frac{dn_{CO_2}}{dt} = -\frac{dn_B}{dt} = -\frac{4\pi r_i^2 \rho_B}{M_B}\frac{dr_i}{dt} \tag{1-3-23}$$

代入式 (1-3-22) 得

$$\frac{4\pi r_i^2 \rho_B}{M_B}\frac{dr_i}{dt} = -4\pi D_{eff}\frac{r_0 r_i}{r_0 - r_i}(c_{CO_{2,e}} - c_{CO_{2,b}}) \tag{1-3-24}$$

分离变量，积分

$$\int_0^t -\frac{M_B D_{eff}(c_{CO_{2,e}} - c_{CO_{2,b}})}{\rho_B}dt = \int_{r_0}^{r_i}\left(r_i - \frac{r_i^2}{r_0}\right)dr_i \tag{1-3-25}$$

得

$$t = \frac{\rho_B r_0^2}{6D_{eff}M_B(c_{CO_{2,e}} - c_{CO_{2,b}})}\left[1 - 3\left(\frac{r_i}{r_0}\right)^2 + 2\left(\frac{r_i}{r_0}\right)^3\right] \tag{1-3-26}$$

由于

$$x_B = 1 - \left(\frac{r_i}{r_0}\right)^3$$

代入

或

$$t = \frac{\rho_B r_0^2}{6D_{eff}M_B(c_{CO_{2,e}} - c_{CO_{2,b}})}\left[1 - 3(1-x_B)^{2/3} + 2(1-x_B)\right] \tag{1-3-27}$$

颗粒完全反应时，$x_B = 1$，得完全反应时间 t_f

$$t_f = \frac{\rho_B r_0^2}{6 D_{eff} M_B (c_{CO_2,e} - c_{CO_2,b})}$$ (1-3-28)

令 $t_f = a$，上式可改写为

$$t = a[1 - 3(1 - x_B)^{2/3} + 2(1 - x_B)]$$ (1-3-29)

或用无量纲反应时间表示

$$\frac{t}{t_f} = [1 - 3(1 - x_B)^{2/3} + 2(1 - x_B)]$$ (1-3-30)

1.3.5 界面化学反应为限制环节时分解反应速率

当界面化学反应阻力比外扩散、内扩散等其他步骤阻力大得多时，过程为界面化学反应阻力控速。界面化学反应时的特征为：

① 反应机理的表述可以为　$CaCO_{3,r} = CaO_r + CO_{2,r}$

② 气体产物 CO_2 在气相内、固体产物层内及未反应核界面上浓度都相等。即

$$CO_{2,r} = CO_{2,s} = CO_{2,g}$$

其浓度分布如图 1-3-7 所示。

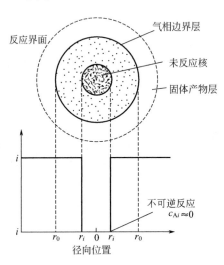

图 1-3-7　界面化学反应控速时，反应物 A 的浓度分布

根据界面化学反应控速时的特征，由于反应速率只和反应物的浓度有关，而该反应物只有纯 $CaCO_3$（假设为 B），所以球形 $CaCO_3$ 颗粒的反应速率方程可以写为

$$\frac{dn_{CO_2}}{dt} = 4\pi r_i^2 k_{rea}$$ (1-3-31)

相当于已假设反应为零级不可逆反应。而

$$-\frac{dn_B}{dt} = -\frac{4\pi r_i^2 \rho_B}{M_B}\frac{dr_i}{dt} \qquad (1\text{-}3\text{-}32)$$

式(1-3-31)、式(1-3-32)相等

$$-\frac{4\pi r_i^2 \rho_B}{M_B}\frac{dr_i}{dt} = 4\pi r_i^2 k_{rea} \qquad (1\text{-}3\text{-}33)$$

分离变量,积分

$$-\int_{r_0}^{r_i} dr_i = \int_0^t \frac{M_B k_{rea}}{\rho_B} dt$$

得

$$t = \frac{\rho_B r_0}{M_B k_{rea}}\left(1 - \frac{r_i}{r_0}\right) \qquad (1\text{-}3\text{-}34)$$

由完全反应时,$r_i=0$、$t=t_f$,得 $\quad t_f = \dfrac{\rho_B r_0}{M_B k_{rea}}$

$$\frac{t}{t_f} = 1 - \frac{r_i}{r_0} = 1 - (1 - x_B)^{1/3} \qquad (1\text{-}3\text{-}35)$$

或

$$t = \frac{\rho_B r_0}{M_B k_{rea}}\left[1 - (1 - x_B)^{1/3}\right] \qquad (1\text{-}3\text{-}36)$$

1.3.6　内、外扩散混合控速时分解反应速率

当内、外扩散速率相差不大时,可以认为 CO_2 气体在气相层中的外扩散及在固相产物层中的内扩散混合控速。推导其反应的速率方程。

CO_2 通过多孔的固体产物层的内扩散

$$J_{CO_2} = \frac{1}{4\pi r_i}\frac{dn_{CO_2}}{dt} = -D_{eff}\frac{dc_{CO_2}}{dr_i}$$

$$r_D = \frac{dn_{CO_2}}{dt} = -4\pi r_i^2 D_{eff}\frac{dc_{CO_2}}{dr_i} \qquad (1\text{-}3\text{-}37)$$

分离变量,积分得 $\quad \displaystyle\int_{c_{CO_2,i}}^{c_{CO_2,s}} dc_{CO_2} = -\frac{r_D}{4\pi D_{eff}}\int_{r_i}^{r_0}\frac{dr_i}{r_i^2}$

稳定条件下，考虑到在未反应核表面 CO_2 浓度总是等于化学反应平衡时的浓度

$$c_{CO_2,i} = c_{CO_2,e}$$

r_D 为一定值，积分后得

$$r_D = 4\pi D_{eff}(c_{CO_2,s} - c_{CO_2,e})\frac{r_0 r_i}{r_0 - r_i} \tag{1-3-38}$$

在产物层外扩散区域

$$\frac{dn_{CO_2}}{dt} = 4\pi r_0^2 k_{CO_2}(c_{CO_2,s} - c_{CO_2,b}) \tag{1-3-39}$$

在达到稳定时，外扩散速率等于通过固体产物层的内扩散速率，即式（1-3-38）、式（1-3-39）相等，于是

$$\frac{dn_{CO_2}}{dt} = 4\pi D_{eff}\frac{r_0 r_i}{r_0 - r_i}(c_{CO_2,s} - c_{CO_2,e}) = 4\pi r_0^2 k_{CO_2}(c_{CO_2,s} - c_{CO_2,b}) \tag{1-3-40}$$

或

$$\frac{c_{CO_2,e} - c_{CO_2,s}}{\dfrac{r_0}{D_{eff}}\left(1 - \dfrac{r_0}{r_i}\right)} = \frac{c_{CO_2,s} - c_{CO_2,b}}{\dfrac{1}{k_{CO_2}}} \tag{1-3-41}$$

利用合分比

若

$$\frac{a_1}{b_1} = \frac{a_2}{b_2} = r_g$$

则

$$\frac{a_1 + a_2}{b_1 + b_2} = r_g$$

整理后得

$$J_g = \frac{c_{CO_2,e} - c_{CO_2,b}}{\dfrac{r_0}{D_{eff}}\left(1 - \dfrac{r_0}{r_i}\right) + \dfrac{1}{k_{CO_2}}} \tag{1-3-42}$$

或

$$\frac{1}{4\pi r_0^2}\frac{dn_{CO_2}}{dt} = \frac{c_{CO_2,e} - c_{CO_2,b}}{\dfrac{r_0}{D_{eff}}\left(1 - \dfrac{r_0}{r_i}\right) + \dfrac{1}{k_{CO_2}}}$$

由于

$$\frac{dn_{CO_2}}{dt} = -\frac{dn_B}{dt} = -\frac{4\pi r_i^2 \rho_B}{M_B}\frac{dr_i}{dt} \tag{1-3-43}$$

代入式（1-3-40）得

$$\frac{\rho_B r_i^2}{r_0^2 M_B}\frac{\mathrm{d}r_i}{\mathrm{d}t}=-\frac{c_{CO_2,e}-c_{CO_2,b}}{\dfrac{r_0}{D_{eff}}\left(1-\dfrac{r_0}{r_i}\right)+\dfrac{1}{k_{CO_2}}} \tag{1-3-44}$$

分离变量，积分得

$$t=\frac{\rho_B r_0^2}{6D_{eff}M_B(c_{CO_2,e}-c_{CO_2,b})}\left[1-3\left(\frac{r_i}{r_0}\right)^2+2\left(\frac{r_i}{r_0}\right)^3\right]$$

$$+\frac{\rho_B r_0}{3M_B k_g(c_{CO_2,e}-c_{CO_2,b})}\left[1-\left(\frac{r_i}{r_0}\right)^3\right] \tag{1-3-45}$$

这恰好是外扩散和内扩散分别为限制环节时所用的时间之和，即

$$t=t_{内}+t_{外}$$

式中　$t_{内}$——内扩散为限制环节时所用的时间；

　　　$t_{外}$——外扩散为限制环节时所用的时间。

或

$$t=\frac{\rho_B r_0^2}{6D_{eff}M_B(c_{CO_2,e}-c_{CO_2,b})}\left[1+2(1-x_B)-3(1-x_B)^{\frac{2}{3}}\right]+\frac{\rho_B r_0}{3M_B k_g(c_{CO_2,e}-c_{CO_2,b})}x_B$$

$$\tag{1-3-46}$$

式中　第一、二项分别表示外扩散、内扩散的贡献。

由理想气体状态方程

$$p_{CO_2}V=n_{CO_2}RT \tag{1-3-47}$$

　　式(1-3-36) 中的 CO_2 的浓度在动力学中为体积摩尔浓度，即

$$c_{CO_2}=\frac{n_{CO_2}}{V}=\frac{p_{CO_2}}{RT}$$

$$t=\frac{RT\rho_B r_0^2}{6D_{eff}M_B(p_{CO_2,e}-p_{CO_2,b})}\left[1-3\left(\frac{r_i}{r_0}\right)^2+2\left(\frac{r_i}{r_0}\right)^3\right]$$

$$+\frac{RT\rho_B r_0}{3M_B k_g(p_{CO_2,e}-p_{CO_2,b})}\left[1-\left(\frac{r_i}{r_0}\right)^3\right] \tag{1-3-48}$$

式中　$p_{CO_2,e}$，$p_{CO_2,s}$——石灰石在温度 T 下分解的平衡的 CO_2 压强和外界环境 CO_2
　　　　　　　　　　压强；

　　　R——气体摩尔常数，8.314J/(K·mol)；

　　　T——分解温度，K。

　　把 $\rho_{CaCO_3}=2700kg/m^3$；$M_{CaCO_3}=100\times10^{-3}kg/mol$ 代入式(1-3-48)，可变为

$$t=\frac{3.7413\times10^4 Tr_0^2}{D_{eff}(p_{CO_{2,e}}-p_{CO_{2,b}})}\left[1-3\left(\frac{r_i}{r_0}\right)^2+2\left(\frac{r_i}{r_0}\right)^3\right]+\frac{7.4826\times10^4 Tr_0}{k_g(p_{CO_{2,e}}-p_{CO_{2,b}})}\left[1-\left(\frac{r_i}{r_0}\right)^3\right]$$

$$(1\text{-}3\text{-}49)$$

讨论

① 对于半径为 r_0 的石灰石，在温度为 T 的条件下，需要满足的基本条件为：

a. $p_{CO_{2,e}}-p_{CO_{2,b}}>0$，也就是说，分解的 CO_2 平衡压强必须始终大于分解的外界环境 CO_2 压强，这个差值越大，分解时间越短；

b. 分解时间与 T 的一次方成正比，但同时也和 r_0 的 2 次方成正比，所以石灰石分解的主要影响因素是，应该有一个合适的粒度。

② 对于半径为 r_0 的石灰石，在温度为 T 的条件下，完全分解时，$r_i=0$，由 (1-3-38) 可得所需的时间为

$$t_f=\frac{3.7413\times10^4 Tr_0}{p_{CO_{2,e}}-p_{CO_{2,b}}}\left(\frac{r_0}{D_{eff}}+\frac{2}{k_g}\right)$$

$$(1\text{-}3\text{-}50)$$

可以看出，要知道这个时间，关键是：

a. 温度 T、石灰石半径 r_0 是可以知道的；$p_{CO_{2,e}}$ 可以由式（1-1-12）求得；$p_{CO_{2,b}}$ 是外界 CO_2 压强，也可以测量。

b. 要求得 t_f，关键要求得 D_{eff}、k_g 即可。

参 考 文 献

[1] 张家芸. 冶金物理化学. 北京：冶金工业出版社，2006.
[2] 郭汉杰. 冶金物理化学教程. 第 2 版. 北京：冶金工业出版社，2006.
[3] 伊赫桑·巴伦主编. 纯物质热化学数据手册. 程乃良等译. 北京：科学出版社，2003.
[4] 高盘良. 物理化学学习指南. 北京：高等教育出版社，2005：97-98.
[5] 初建民，高士林. 冶金石灰生产技术手册. 北京：冶金工业出版社，2009.
[6] 丁仲礼，段晓男，葛全胜，张志强. 2050 年大气 CO_2 浓度控制：各国排放权计算中国科学 D 辑：地球科学，2009，39（8）：1009-1027.

第2章 石灰石中$CaCO_3$的分解机理

石灰石是以$CaCO_3$为主要成分的一种矿石，活性石灰的应用及活性石灰的研究近年非常活跃[1~10]，但对活性石灰的生成原理的研究不是很多，到目前也没有一个确切的定义。对于含有一定杂质（如SiO_2、MgO等）的石灰石，其中的$CaCO_3$在特定条件下，如何分解形成具有一定结构及化学性质的CaO？

特定条件是：

① $CaCO_3$分解形成CaO，生成反应的温度是多少？

② 石灰石中的$CaCO_3$及其他组分对分解反应及分解后形成的CaO的结构是如何影响的？

③ 含有主要成分的$CaCO_3$原料的粒度与分解时间等因素的关系如何？

这些问题都需要用现代物理化学的原理和方法去研究和解释。

按照现代物理化学的观点，形成具有高活性的CaO的最佳结构具有两个特点：

① CaO相互之间没有烧结形成的聚合态（物理反应）；

② CaO和原料中其他组分没有发生化学反应（化学反应）。

从第一章中所进行的对$CaCO_3$的分解反应热力学理论研究发现，纯$CaCO_3$的分解温度由不同研究者或不同热力学数据计算为$850\sim910℃$，作者推荐$890℃$。本章研究在小于等于开始分解温度的条件下，相对短的煅烧时间（轻烧）和大于开始分解温度，在较长的煅烧时间的情况下（过烧），$CaCO_3$分解的机理。

研究的石灰石样品从河北宣化钢铁公司石灰厂随机选取的，用原子吸收光谱测定样品中的化学成分，其测定结果如表 2-0-1 所示。

表 2-0-1　石灰石样品的化学成分　　　　单位：％

样品	$CaCO_3$	SiO_2	Al_2O_3	Fe_2O_3	MnO	其他
1 号样品	97.29	0.98	0.38	0.98	0.03	0.34
2 号样品	98.41	0.76	0.14	0.43	0.05	0.21
3 号样品	94.45	2.50	0.63	1.71	0.05	0.66
4 号样品	97.23	0.85	0.14	1.50	0.09	0.19
5 号样品	95.90	0.94	0.35	2.33	0.15	0.33
6 号样品	77.61	3.75	8.52	2.93	0.10	7.09
7 号样品	96.19	1.83	0.37	1.27	0.09	0.25
8 号样品	95.78	1.36	0.44	2.06	0.07	0.29

2.1 CaCO₃ 分解反应的热分析研究方法

2.1.1 热分析曲线动力学分析

热分析研究石灰石的分解的动力学是目前普遍使用的和相对成熟的方法，近几年研究非常活跃[11~36]。

对于石灰石的分解反应

$$CaCO_3(s) \longrightarrow CaO(s) + CO_2(g)$$

定义转化率 α，指上述分解的反应过程，在某一特定时间和温度分解剩余的碳酸钙的量与起始量相比较得到的转化率，为无量纲的量。

$$\alpha = (M_i - M_t)/(M_i - M_f) \tag{2-1-1}$$

式中　M_i——碳酸钙的起始量，mg；

　　　M_t——在测定的时间温度时的量，mg；

　　　M_f——分解完成时的最终量，mg。

其动力学方程有两种不同表达方式，如式（2-1-2a）和式（2-1-2b）

$$\frac{d\alpha}{dT} = kf(\alpha) \quad （等温） \tag{2-1-2a}$$

$$\beta \frac{d\alpha}{dT} = kf(\alpha) \quad （非等温） \tag{2-1-2b}$$

式中　k——反应速率常数；

　　　β——升温速率，K/s；

　　　$f(\alpha)$——与反应速率有关的函数，也叫机理函数。

反应的动力学机理函数 $f(\alpha)$ 是表示固体物质反应速率 k 与转化率 α 之间所遵循的某种函数关系，直接决定 TG 曲线的形状。

如第一章的未反应核模型，由于动力学机理函数是建立在反应物颗粒具有规则的几何形状和各向同性的反应活性的假设之上，按控制反应速率的步骤推导出来的，所以动力学结果对反应界面和反应物的几何形状的依赖性很强。实际样品颗粒的几何形状的非规整性和非均相反应本身的复杂性，虽然这些动力学机理函数能对许多固相物质的热分解反应过程作出基本描述，但也常会有实际 TG 曲线和理想模型不相符的情况。

在均相或者多相反应中，反应的整个过程遵循某一个动力学规律，但由于分解反应的复杂性，在有些情况下，分解过程的控速环节可能是一个，也可能要有 2 个或者 3 个甚至更多的过程，所以引起反应的数学表达式的复杂性。这在第一章的未反应核模型可以清楚地看到，当分解反应有内外扩散联合控速时，反应的动力学方程式要比单独内扩散或外扩散复杂得多。

对于公式(2-1-2)中的速率常数 k，根据 Arrhenius 公式

$$k = A\mathrm{e}^{-E/RT} \tag{2-1-3}$$

或

$$\ln k = -\frac{E}{RT} + \ln A$$

非等温反应动力学的处理方法可分为微商法、积分差减微商法、最大速率法以及初始速率法等[1]。应用较为广泛的几种数学处理方法分为微分法和积分法，如表 2-1-1 所示。

表 2-1-1　常用的积分法和微分法[2]

积分法	微分法
1. Doyle 法	1. Freeman-Carroll 法
2. Coats-Redfern 法	2. Newkirk 法
3. Broido 法	3. A char 法
4. Ozawa 法	4. Vachuska-Voboril 法
5. Flynn-Wall-Ozawa(FWO)法	5. Friedman 法
	6. A char-Brindley-Sharp(ABS)法
	7. Kissinger 法
	8. 扩展的 Friedman 法
	9. Kissinger-A kahira-Sunose(KAS)法

而在表 2-1-1 中，目前应用最多的方法有如下三种：Ozawa 法，Kissinger 法及 Coats-Redfern 法。

（1）Flynn-Wall-Ozawa（FWO）法[3]

Ozawa 法是积分法的最常用的处理方法。

根据式(2-1-2b) 和 Arrhenius 公式(2-1-3) 联立后得

$$\frac{\mathrm{d}\alpha}{\mathrm{d}T} = \frac{A}{\beta} f(\alpha)\mathrm{e}^{-E/RT} \tag{2-1-4}$$

分离变量后，对两边定积分，得

$$\int_0^\alpha \frac{\mathrm{d}\alpha}{f(\alpha)} = \frac{A}{\beta} \int_0^T \mathrm{e}^{-\frac{E}{RT}} \mathrm{d}T \tag{2-1-5}$$

令

$$u = \frac{E}{RT}$$

则

$$\mathrm{d}T = -\frac{E}{Ru^2} \mathrm{d}u \tag{2-1-6}$$

将式(2-1-6) 代入式(2-1-5)，并令

$$P(u) = \int_{\infty}^{u} \frac{-e^{-u}}{u^2} du \qquad (2\text{-}1\text{-}7)$$

定义积分形式的动力学机理表达式(2-1-8)

$$G(\alpha) = \frac{A}{\beta} \int_{0}^{T} e^{-\frac{E}{RT}} dT = \frac{AE}{\beta R} P(u) \qquad (2\text{-}1\text{-}8)$$

对 $P(u)$ 作 Doyle 一级近似，如式(2-1-9) 所示

$$\lg P(u) = -2.315 - 0.4567 \frac{E}{RT} \qquad (2\text{-}1\text{-}9)$$

联立式(2-1-9) 和式(2-1-8)，则得 Ozawa 公式(2-1-10)

$$\lg \beta = \lg \left[\frac{AE}{RG(\alpha)} \right] - 2.315 - 0.04567 \frac{E}{RT} \qquad (2\text{-}1\text{-}10)$$

式中　A——指前因子，无量纲数；

　　　β——升温速率，K/s；

　　　E——表观活化能，J/mol；

　　　R——气体摩尔常数，8.314J/(mol·K)；

　$G(\alpha)$——积分形式表达的动力学机理函数；

　　　T——温度，K。

由式(2-1-10) 可以看出，其中的表观活化能 E，可以用如下两种方法求得。

① 由于不同的升温速率 β_i 下各个 DTG 曲线的分解反应最大速率对应的峰值温度 T_{pi} 处，各个转化率 α 值近似相等，因此可以用式(2-1-10) 中所示的 $\lg\beta$-$\frac{1}{T}$ 成线性关系来确定活化能 E 值。

令　　　　　　　　　　$Z_i = \lg \beta_i$

$$y_i = \frac{1}{T_{pi}} (i = 1, 2, \cdots, L)$$

$$a = -0.4567 \frac{E}{R}$$

$$b = \lg \frac{AE}{RG(\alpha)} - 2.315$$

代入公式(2-1-10)，得到线性方程组式 (2-1-11)

$$Z_i = a y_i + b \qquad (2\text{-}1\text{-}11)$$

式中　$i = 1, 2, \cdots, L$。

解方程组式 (2-1-11)，可得到 E 值。

② 在不同升温速率 β_i 下，$i=1,2,\cdots,L$，选择不同温度 T_{ij} 下的转化率 α_{ij} 如下

$$
\left.
\begin{aligned}
&\beta_1 : T_{11} , T_{12} , \cdots , T_{1k_1}\\
&\quad \alpha_{11} , \alpha_{12} , \cdots , \alpha_{1k_1}\\
&\beta_2 : T_{21} , T_{22} , \cdots , T_{2k_2}\\
&\quad \alpha_{21} , \alpha_{22} , \cdots , \alpha_{2k_2}\\
&\cdots\cdots\\
&\beta_L : T_{L1} , T_{L2} , \cdots , T_{Lk_L}\\
&\quad \alpha_{L1} , \alpha_{L2} , \cdots , \alpha_{Lk_L}
\end{aligned}
\right\}
\tag{2-1-12}
$$

则 $G(\alpha)$ 是一个恒定值，由于 $\lg\beta \dfrac{1}{T}$ 成线性关系，从斜率可求出 E 值。

式中，T_{ij} 和 $\alpha_{ij}(i=1,2,\cdots,L;j=1,2,\cdots,k_i)$ 为互相对应的反应温度和反应转化率；k_i 为升温速率为 β_i 时的实验中所取得的数据点个数。

实际计算中，α 分别取 0.10，0.15，0.20，$\cdots$，0.80。

利用原始数据表和抛物线插入方法可以计算得出这些 α 对应的 T 值。

对应于任意一个 α 值，均可以得出对应的一组 (β_i,T_i)，代入方程式（2-1-10）就可以得到一个线性方程组，每个 α 值都可以对应求出一个 E 值，对所有这些 E 值进行逻辑分析，确定出合理的表观活化能值。

Ozawa 法的特点是避开了选择反应机理函数而直接求出 E 值，避免了因反应机理函数的假设不同而可能带来的误差。因此，它往往被其他学者用来检验其假设反应机理函数的方法求出的活化能，这是 Ozawa 法的一个突出优点。

（2）Kissinger 法[19]

Kissinger 法是微分法最具代表的方法之一。

根据公式（2-1-2a）和式（2-1-3），假设 $f(\alpha)=(1-\alpha)^n$
得式（2-1-13）

$$
\frac{\mathrm{d}\alpha}{\mathrm{d}t}=A\mathrm{e}^{-\frac{E}{RT}}(1-\alpha)^n
\tag{2-1-13}
$$

两边对时间 t 求导，得式（2-1-14）

$$
\begin{aligned}
\frac{\mathrm{d}}{\mathrm{d}t}\left[\frac{\mathrm{d}\alpha}{\mathrm{d}t}\right]
&=\left[A(1-\alpha)^n\frac{\mathrm{d}\mathrm{e}^{-\frac{E}{RT}}}{\mathrm{d}t}+A\mathrm{e}^{-\frac{E}{RT}}\frac{\mathrm{d}(1-\alpha)^n}{\mathrm{d}t}\right]\\
&=A(1-\alpha)^n\mathrm{e}^{-\frac{E}{RT}}\frac{E}{RT^2}\frac{\mathrm{d}T}{\mathrm{d}t}-A\mathrm{e}^{-\frac{E}{RT}}n(1-\alpha)^{n-1}\frac{\mathrm{d}\alpha}{\mathrm{d}t}\\
&=\frac{\mathrm{d}\alpha}{\mathrm{d}t}\frac{E}{RT^2}\frac{\mathrm{d}T}{\mathrm{d}t}-A\mathrm{e}^{-\frac{E}{RT}}n(1-\alpha)^{n-1}\frac{\mathrm{d}\alpha}{\mathrm{d}t}\\
&=\frac{\mathrm{d}\alpha}{\mathrm{d}t}\left[\frac{E\dfrac{\mathrm{d}T}{\mathrm{d}t}}{RT^2}-A\mathrm{e}^{-\frac{E}{RT}}n(1-\alpha)^{n-1}\right]
\end{aligned}
\tag{2-1-14}
$$

令 $\dfrac{\mathrm{d}}{\mathrm{d}t}\left[\dfrac{\mathrm{d}\alpha}{\mathrm{d}t}\right]=0$ 时，有 $T=T_\mathrm{p}$，得

$$\frac{E}{RT_\mathrm{p}^2}\frac{\mathrm{d}T}{\mathrm{d}t}=An(1-\alpha_\mathrm{p})^{n-1}\mathrm{e}^{-\frac{E}{RT}} \tag{2-1-15}$$

Kissinger 认为，$n(1-\alpha_\mathrm{p})^{n-1}$ 与升温速率 β 无关，其值近似等于 1，因此得式 (2-1-16)

$$\frac{E\beta}{RT_\mathrm{p}^2}=A\mathrm{e}^{-\frac{E}{RT}} \tag{2-1-16}$$

两边取对数，即得 Kissinger 方程式 (2-1-17)

$$\ln\left(\frac{\beta_i}{T_{\mathrm{p}i}^2}\right)=\ln\frac{A_\mathrm{k}R}{E_\mathrm{k}}-\frac{E_\mathrm{k}}{R}\frac{1}{T_{\mathrm{p}i}} \quad (i=1,2,\cdots) \tag{2-1-17}$$

由 $\ln\left(\dfrac{\beta_i}{T_{\mathrm{p}i}^2}\right)-\dfrac{1}{T_{\mathrm{p}i}}$ 作图，得到一条直线，由直线斜率得 E，截距得 A。

(3) Coats-Redfern 法[16]

Coats-Redfern 法是另外一种积分法的代表。

Coats-Redfern 通过数学处理，对式 (2-1-7) 的 $P(u)$ 进行一级近似处理，如式 (2-1-18) 所示

$$\int_0^T \mathrm{e}^{-\frac{E}{RT}}\,\mathrm{d}T=\frac{RT^2}{E}\left(1-\frac{2RT}{E}\right)\mathrm{e}^{-\frac{E}{RT}} \tag{2-1-18}$$

由式 (2-1-5) 及 $f(\alpha)=(1-\alpha)^n$，可得

$$\int_0^\alpha \frac{\mathrm{d}\alpha}{(1-\alpha)^n}=\frac{A}{\beta}\frac{RT^2}{E}\left(1-\frac{2RT}{E}\right)\mathrm{e}^{-\frac{E}{RT}} \tag{2-1-19}$$

两边取对数

当 $n\neq1$ 时，$\quad \ln\left[\dfrac{1-(1-\alpha)^{1-n}}{T^2(1-n)}\right]=\ln\left[\dfrac{AR}{\beta E}\left(1-\dfrac{2RT}{E}\right)\right]-\dfrac{E}{RT} \tag{2-1-20}$

当 $n=1$ 时，$\quad \ln\left[\dfrac{-\ln(1-\alpha)}{T^2}\right]=\ln\left[\dfrac{AR}{\beta E}\left(1-\dfrac{2RT}{E}\right)\right]-\dfrac{E}{RT} \tag{2-1-21}$

式 (2-1-20) 和式 (2-1-21) 即为 Coarts-Redfern 方程。

若 $\alpha\rightarrow0$，化学反应为零级，则式 (2-1-20) 变为

$$\ln\left(\frac{\alpha}{T^2}\right)=\ln\left[\frac{AR}{\beta E}\left(1-\frac{2RT}{E}\right)\right]-\frac{E}{RT} \tag{2-1-22}$$

由 Frank-Kameneskii 近似式

$$P(u)=\frac{\mathrm{e}^{-u}}{u^2} \tag{2-1-23}$$

若将式(2-1-9)与 Frank-Kameneskii 近似式结合，并取对数，则可得到 Coarts-Redfern 积分式

$$\ln\left[\frac{G(\alpha)}{T^2}\right]=\ln\left(\frac{AR}{\beta E}\right)-\frac{E}{RT} \tag{2-1-24}$$

固定升温速率 β，由 $\ln\left[\dfrac{G(\alpha)}{T^2}\right]-\dfrac{1}{T}$ 的直线关系，从斜率可得 E，从截距可得 A。

2.1.2 反应机理函数的推断

在非等温动力学分析中，在相同实验条件下，不同研究者求得的同一物质的动力学参数出入颇大，其原因之一，就是选择的 $G(\alpha)$ 或 $f(\alpha)$ 的形式与实际发生的动力学过程有差异。因此，选择较合理的机理函数非常重要。

潘云祥于 1998 年提出了双外推法[20]，认为反应物固体样品在一定的加热速率的热场中受热过程是非等温过程，样品自身的热传导造成了样品本身及样品与热场之间始终处于一种非热平衡状态，由此得到的反应机理及动力学参数显然与真实情况有一定的偏离，这种偏离与热平衡状态的偏离程度和加热速率密切相关。加热速率越大，偏离越大；加热速率越小，偏离越小。

如果将加热速率外推为零，就可以获得理论上的样品处于热平衡态下的有关参数，能反映出过程的真实情况。

另外，一个样品在不同转化率时，其表观活化能等动力学参数往往发生变化，而且呈现规律性的变化。如果获得转化率为零时的有关动力学参数，则可认为它是体系处于原始状态时的参数。

双外推法将实验样品的加热速率和转化率双双外推至零，然后求样品在热平衡状态下的 $E_{\beta\rightarrow0}$ 和原始状态下的 $E_{\alpha\rightarrow0}$ 值，两者相结合确定一个固相反应的最概然机理函数。

根据 Coats-Redfern 积分式

$$\ln\left[\frac{G(\alpha)}{T^2}\right]=\ln\left(\frac{AR}{\beta E}\right)-\frac{E}{RT} \tag{2-1-25}$$

加热速率 β 一定时，式(2-1-25)呈线性关系，由此可求出反应的表观活化能 E 及指前因子 A。

可以看出，在式(2-1-25)中，如果 $G(\alpha)$ 函数式越接近过程的真实情况，则该直线的线性关系越好，求得的反应的表观活化能 E 及指前因子 A 就越准确。

在一个加热速率下，从如表 2-1-2 所示的 $G(\alpha)$ 函数式中选择出线性关系最好，且动力学参数符合热分解反应的一般规律的函数式，由此计算出相应的动力学参数，改变加热速率，根据下式，将加热速率外推为零，进一步筛选函数式

$$E=a_1+b_1\beta+c_1\beta^2+d_1\beta^3,\ E_{\beta\rightarrow0}=a_1 \tag{2-1-26}$$

$$\ln A = a_2 + b_2\beta + c_2\beta^2 + d_2\beta^3 , \ \ln A_{\beta \to 0} = a_2 \qquad (2\text{-}1\text{-}27)$$

表 2-1-2　30 种机理函数的积分式

函数序号	函数名称	机理	积分形式的机理函数 $G(\alpha)$
1	抛物线法则	一维扩散	α^2
2	Valensi 方程	二维扩散	$\alpha+(1-\alpha)\ln(1-\alpha)$
3	Ginstling-Brounshtein 方程	三维扩散，圆柱形对称	$1-\dfrac{2}{3}\alpha-(1-\alpha)^{2/3}$
4	Jander 方程	三维扩散，球形对称，$n=2$	$[1-(1-\alpha)^{1/3}]^2$
5	Jander 方程	三维扩散，$n=\dfrac{1}{2}$	$[1-(1-\alpha)^{1/3}]^{1/2}$
6	Jander 方程	二维扩散，$n=\dfrac{1}{2}$	$[1-(1-\alpha)^{1/2}]^{1/2}$
7	反 Jander 方程	三维扩散	$[(1+\alpha)^{1/3}-1]^2$
8	Zhuralev-Lesokin-Tempelman 方程	三维扩散	$[(1-\alpha)^{1/3}-1]^2$
9	Mample 单行法则，一级	随机成核和随后成长单核心	$-\ln(1-\alpha)$
10	Avranmi-Erofeev 方程	随机成核和随后成长 $n=\dfrac{2}{3}$	$[-\ln(1-\alpha)]^{2/3}$
11	Avranmi-Erofeev 方程	随机成核和随后成长 $n=\dfrac{1}{2}$	$[-\ln(1-\alpha)]^{1/2}$
12	Avranmi-Erofeev 方程	随机成核和随后成长 $n=\dfrac{1}{3}$	$[-\ln(1-\alpha)]^{1/3}$
13	Avranmi-Erofeev 方程	随机成核和随后成长 $n=4$	$[-\ln(1-\alpha)]^4$
14	Avranmi-Erofeev 方程	随机成核和随后成长 $n=\dfrac{1}{4}$	$[-\ln(1-\alpha)]^{1/4}$
15	Avranmi-Erofeev 方程	随机成核和随后成长 $n=2$	$[-\ln(1-\alpha)]^2$
16	Avranmi-Erofeev 方程	随机成核和随后成长 $n=3$	$[-\ln(1-\alpha)]^3$
17	收缩圆柱体（面积）	相边界反应，圆柱对称 $n=\dfrac{1}{2}$	$1-(1-\alpha)^{1/2}$
18	反应级数	$n=3$	$1-(1-\alpha)^3$
19	反应级数	$n=2$	$1-(1-\alpha)^2$
20	反应级数	$n=4$	$1-(1-\alpha)^4$
21	收缩球状（体积）	相边界反应，球形对称 $n=\dfrac{1}{3}$	$1-(1-\alpha)^{1/3}$
22	反应级数	$n=\dfrac{1}{4}$	$1-(1-\alpha)^{1/4}$
23	幂函数法则	相边界反应，$n=1$	α
24	幂函数法则	$n=\dfrac{3}{2}$	$\alpha^{3/2}$
25	幂函数法则	$n=\dfrac{1}{2}$	$\alpha^{1/2}$
26	幂函数法则	$n=\dfrac{1}{3}$	$\alpha^{1/3}$
27	幂函数法则	$n=\dfrac{1}{4}$	$\alpha^{1/4}$
28	二级	化学反应	$(1-\alpha)^{-1}$
29	反应级数	化学反应	$(1-\alpha)^{-1}-1$
30	2/3 级	化学反应	$(1-\alpha)^{-1/2}$

根据 Ozawa 公式，当转化率 α 一定时，$G(\alpha)$ 一定，由 $\lg\beta - \frac{1}{T}$ 的直线关系，求出对应于一定的 α 时的表观活化能 E 值。按照下式

$$E = a_3 + b_3\alpha + c_3\alpha^2 + d_3\alpha^3, \ E_{\alpha \to 0} = a_3 \tag{2-1-28}$$

将 α 外推为零，可以得到无任何副反应干扰、体系处于原始活动状态下的 $E_{\alpha \to 0}$。

将选定的几个函数 $G(\alpha)$ 式的 $E_{\alpha \to 0}$ 值与 $E_{\beta \to 0}$ 值相比较，相同或者相近者，则表明其相应的函数 $G(\alpha)$ 即是过程最概然机理函数。

2.1.3 利用热分析方法对碳酸钙分解研究进展

碳酸钙分解反应作为一种典型的气-固反应，往往成为研究反应动力学教科书的典型案例，也形成了这一类反应的相对完整的动力学机理。但是迄今所得到的碳酸钙分解反应动力学的结果都存在争论，一些问题仍在重复研究。很多研究者都为碳酸钙分解过程得到了各种模型，但似乎这些模型相互之间都无法验证，或无法用以解释他人的试验数据。如目前公认的三大类理论模型：小颗粒模型(grain model)、空隙结构模型（structural pore development model）以及收缩核模型（shrinking core model）。这三种模型在很多情况下都很难解释其他人的试验数据，也难以互相之间验证。

关于 $CaCO_3$ 分解反应的速率控制机理，众多研究结果也存有重大分歧。

Satterfield 对于直径 2cm 的圆柱形 $CaCO_3$ 颗粒的研究发现[23]，热传递是分解速率的主要控制因素。

Hill 对 1cm 直径的球形 $CaCO_3$ 颗粒的分解过程进行研究，得出分解速率的限制环节是热传递和 CO_2 的内扩散。

Cotant 用沉降炉研究粉状 $CaCO_3$ 细颗粒的热分解，发现化学反应在分解过程中占主导地位[21]，是整个过程的限制环节。

Beruto 等采用 TGA 方法研究了粉状 $CaCO_3$ 细颗粒后也发现化学反应是分解反应的控速因素。

Mckevan[22]，Satterfield[23]，Ingraham 等[24] 经过研究也认为反应速率主要受化学反应控制。

Khinast 等[25] 在研究 $CaCO_3$ 的分解时认为，$CaCO_3$ 颗粒内的化学反应和传质均是反应速率的控制因素，但到底哪一步是限制环节，取决于对二者有重要影响的颗粒的结构、起始粒径和 CO_2 分压。

余兆南[26]、范浩杰等[34] 对不同粒径的石灰石进行热重研究时认为，$CaCO_3$ 热分解是受 3 种机理控制，即传热、CO_2 内扩散和化学反应；另外范浩杰等[34] 研究还认为，较细的石灰石颗粒的热分解主要受化学反应控制，并且在化学反应控速

机理中，单步随机成核机理较适合石灰石的热分解。

郑瑛等[27,31]的研究认为，对较大石灰石颗粒或在温度较高时，传热传质是反应速率的控制环节，且存在明显的 $CaCO_3$-CaO 界面，可用收缩核模型来描述；而对于较小的颗粒或较低的煅烧温度，化学反应是整个反应的控制环节，可用均匀转化的模型来描述。之后，郑瑛等[28]在升温速率为 $5\sim30K/min$ 的范围内利用热天平对 $CaCO_3$ 的分解又进行了研究，确定了 $CaCO_3$ 分解的最可能机理是 $n=2/3$ 的成核与生长过程。

仲兆平等[29]对粒径 $53\mu m\sim1mm$ 之间的石灰石颗粒进行的热分解研究发现，石灰石粒径的大小对煅烧反应速率没有影响，对该结论的解释是由于煅烧过程中石灰石颗粒产生的"爆玉米花"效应所致。

齐庆杰等[33]在研究炉内喷钙脱硫时指出，相界反应（球形对称）机理是众多化学反应控速机理中的主要机理。

王世杰等[30]应用高精度的热重分析仪对 3 种石灰石生料及相应的石灰石的分解动力学进行了研究，结果表明：生料及其石灰石热分解过程受化学反应控制，并且符合相边界反应的收缩圆柱体模型。

陈鸿伟等[35]在电站锅炉的 $CaCO_3$ 固硫研究中发现，在不同的煅烧温度（800℃，850℃）下，两种不同的颗粒粒径（$50\mu m$，$84\mu m$）和三种不同 CO_2 浓度（空气，$0.15atm$，$0.3atm$）下，通过对石灰石颗粒进行热重分析试验，得出化学反应和 CO_2 的扩散对石灰石煅烧起着主导作用的结论。

对于以上研究的结果，综合多数人的研究发现：

① 对于大颗粒 $CaCO_3$ 而言，产物层的 CO_2 内扩散和热传递是整个分解反应的联合控速环节。

② 随着 $CaCO_3$ 颗粒尺寸的减小，以上两个环节联合控速逐步减弱，逐步过渡到化学反应控速。但一般冶金用活性石灰平均粒径为 $5\sim40mm$、特征粒径为 $30mm$ 左右，这时似乎化学反应不能成为决定整个分解过程的限制环节。

虽然综合以上研究者的结果，可以得出基本统一的结论，但他们都基本上是研究纯 $CaCO_3$ 颗粒时的结果，对于 $CaCO_3$ 颗粒中含有其他杂质元素时，对 $CaCO_3$ 颗粒分解的影响没有涉及。有必要对含有杂质的 $CaCO_3$ 颗粒从分解温度、粒度及碳酸钙的化学成分等方面对碳酸钙的热分解进行系统研究。

2.2 轻烧石灰石煅烧的分解机理

在小于或等于 $CaCO_3$ 的开始分解温度时煅烧，使石灰石分解，一般称为轻烧。从河北宣化钢铁公司石灰厂选取 8 个石灰石样品，选取 2 号样进行研究。本节研究在小于等于开始分解温度的条件下，石灰石中的 $CaCO_3$ 的分解机理。

研究的焙烧温度为 800℃、850℃ 和 900℃。

2.2.1 轻烧石灰石 CaCO₃ 分解的热重分析

先将石灰石清洗，在 110℃ 下干燥 8h，破碎筛分至大小为 5mm 左右，质量小于 100mg 的石灰石颗粒作为煅烧原料，使颗粒大小小于坩埚内径。

将石灰石颗粒放入综合热分析仪中快速升温至预定温度（其中预定温度分别为 800℃、850℃ 和 900℃，升温速率为 30℃/min），在预定温度下保温 1h，记录观察相关数据。实验时间到达后将温度降到室温，取出样品，拍照，测量长宽高等数据，然后放入试样袋中待用。实验结果如图 2-2-1～图 2-2-3 所示。

图 2-2-1 是预定温度为 800℃ 的实验结果，从其中碳酸钙的分解曲线可以看到，样品的分解温度为 645℃，初始分解时间在 21.5min 附近，而最大失重速率，也就是分解反应速率最大的时间出现在 25.6min，此时的分解速率为 3.079%/min。

从图 2-2-1 可以看出，从加热到分解完成时间共约 60min，但从开始分解到完全分解只经过 38min，尺寸约为 5mm 的石灰石颗粒就完全分解。

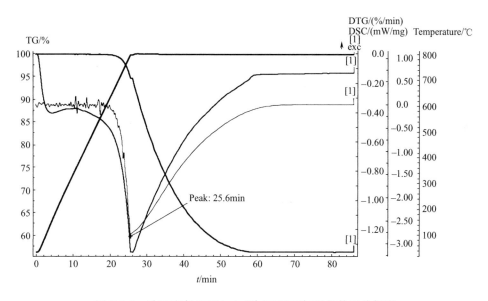

图 2-2-1　升温速率 30℃/min 到 800℃ 下恒温的热重分析图

图 2-2-2 是石灰石样品在 850℃ 恒温下的分解曲线。从其中碳酸钙的分解曲线可以看到，样品的起始分解温度在 643.8℃，初始分解时间在 20.6min 附近，最大失重速率在 27.4min 出现，为 6.614%/min。分解完成时间在 38.6min 左右，大约经过 18min 石灰石颗粒完全分解。

图 2-2-3 是石灰石样品在 900℃ 恒温下的分解曲线。从图 2-2-3 中碳酸钙的分解

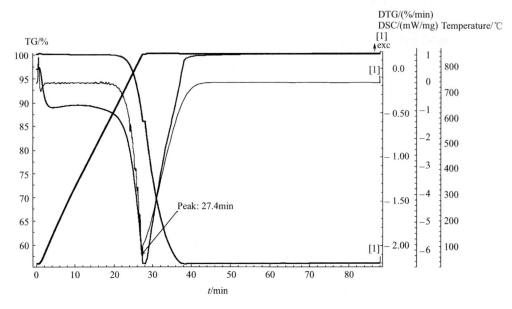

图 2-2-2　升温速率 30℃/min 到 850℃下恒温的热重分析图

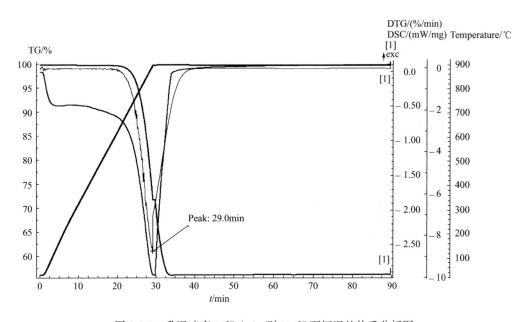

图 2-2-3　升温速率 30℃/min 到 900℃下恒温的热重分析图

曲线可以看到，样品的起始分解温度在 640.8℃，初始分解时间在 20.5min 附近，最大失重速率在 29.0min 出现，为 9.482 ％/min。分解完成时间在 34min 左右，大约经过 14min 石灰石颗粒完全分解。

将这些参数都列到一张表中，如表 2-2-1 所示。

表 2-2-1　在实验温度下石灰石的分解实验参数

实验温度/℃	T_{max}/℃	V_{max}/(%/min)	t_{max}/min	T_0/℃	t_0/min	t_f/min	Δt/min
800	768	3.08	25.6	645	21.5	60	38
850	822	6.61	27.4	618	20.6	39	18
900	870	9.48	29	615	20.5	34	14

注：T_{max}——升温速率为 30℃/min，由室温升高到恒温度 T 的过程中，分解反应最大时的温度；

　　V_{max}——分解反应最大速率，%/min；

　　t_{max}——分解反应达到最大速率的时间，min；

　　T_0——分解反应开始的温度，℃；

　　t_0——开始分解时的时间，min；

　　t_f——分解完成时的时间，min；

　　Δt——从开始分解到分解完成所用的时间，min。

从以上三个温度下的分解反应可以看出，由于测试仪器的限制，只能分别以升温速率为 30℃/min 升温到制定的温度 800℃、850℃及 900℃，然后恒温，直至分解结束。三次实验升高到 800℃所用的时间都为 26.7min。而分解的特点各不相同，如表 2-2-2 所示。

表 2-2-2　三次不同温度实验分解特点描述

温度	分解温度(℃)/时间(min)	到达 800℃时间/min	到达 850℃时间/min	达到 900℃时间/min	完全分解时间/min
800℃	645/21.5	26.7	—	—	60
850℃	618/20.6	26.7	28.3	—	39
900℃	615/20.5	26.7	28.3	30	34

第一次实验开始分解时是 21.5min，在达到 800℃恒温时已经发生分解反应 5.2min，分解完成共需要 38min，在 800℃恒温下反应了 32.8min；第二次实验在到达 800℃温度所用的 26.7min 的基础上，再以 30℃/min 升温到 850℃，用了 1.67min 的升温时间，然后在 850℃下保温；第三次实验依次进行。

制定的三个最终温度的分解研究有如下特点。

① 分解达到最大速率的时间和温度都是在接近于恒温前的时间和温度。如实验温度是 800℃时，分解达到最大速率的温度是 768℃，按照 30℃/min 升温速率，从室温到此时所用的时间为 25.6min，而达到 800℃的时间是 26.7min。这就是说，在接近于恒温前的 1min，分解速率达到最大值，其他两次实验也有类似的情况。

② 虽然分解反应的限制环节没有进行研究，但分解反应的最大值和完全分解所用的时间随着分解温度的提高所呈现的规律，与阿伦尼乌斯公式的描述一致的。

2.2.2　轻烧样品煅烧前后的扫描电镜分析

在轻烧反应的前提下，样品煅烧前后表面对比情况如图 2-2-4～图 2-2-6 所示，其中图 2-2-4 为设定温度为 800℃恒温下煅烧 1h 前后石灰石样品的形貌对比；图 2-

2-5 为设定温度为 850℃恒温下，煅烧 1h 前后石灰石样品的形貌对比；图 2-2-6 为设定温度为 900℃恒温下，煅烧 1h 前后石灰石样品的形貌对比。

从图 2-2-4～图 2-2-6 可以看出，随着煅烧温度的升高，石灰的颜色逐渐变白。在 800℃恒温下煅烧 1h，得到的石灰不是很白，可能是由于温度稍低，石灰的表面有残留物未排除，但在温度升高后的 850℃和 900℃，颜色变白。

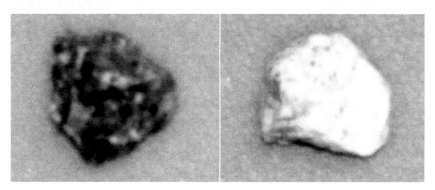

图 2-2-4   800℃恒温下煅烧 1h 前后样品对比

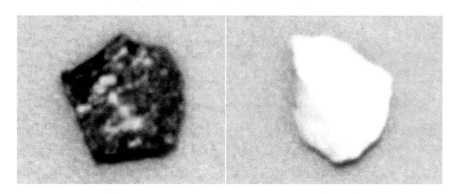

图 2-2-5   850℃恒温下煅烧 1h 前后样品对比

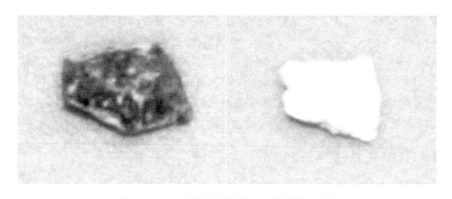

图 2-2-6   900℃恒温下煅烧 1h 前后样品对比

本实验样品通过扫描电镜分析，如图 2-2-7 所示，为石灰石颗粒样品煅烧 1h 后显微结构，其中煅烧温度分别为 800℃、850℃、900℃，放大倍数为 1000 倍；如图 2-2-8 所示为石灰石颗粒煅烧 1h 后显微结构，其中煅烧温度分别为 800℃、850℃、900℃，放大倍数为 2000 倍。

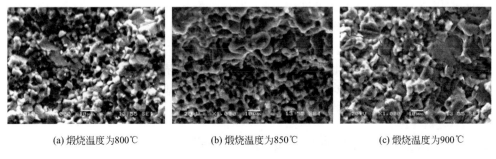

(a) 煅烧温度为800℃   (b) 煅烧温度为850℃   (c) 煅烧温度为900℃

图 2-2-7　样品煅烧 1h 后显微结构（放大倍数为 1000 倍）

(a) 煅烧温度为800℃   (b) 煅烧温度为850℃   (c) 煅烧温度为900℃

图 2-2-8　样品煅烧 1h 后显微结构（放大倍数为 2000 倍）

可以看出，石灰的活性度主要与石灰的物理性质（如气孔率、体积密度、结晶情况）有关。若石灰石长时间煅烧温度过高，CaO 结构单元的结构和大小虽不变，但各单元结合、烧结成块，使煅烧后的石灰气孔率和比表面积降低。煅烧温度的高低对生石灰的气孔率和比表面积大小有一定的影响。

由以上电镜的形貌图片观察可得，通过 1h 的煅烧，在 800℃，石灰石颗粒可形成多孔隙结构，颗粒间基本上没有相互聚合的迹象，因而比表面积较大，生成了具有较高活性的生石灰。而当温度上升到 850℃和 900℃，由于内部具有较大孔隙，加上碳酸钙分解早已结束，因此煅烧过程伴随着 CaO 的再结晶，而后形成比表面积较小的 CaO 粗晶粒，图片的形貌上看到开始相互黏结。而烧结时，在晶粒合并的同时，完成在 CaO 最初结晶时晶格缺陷修正中包含的愈合过程，使得石灰石晶粒迅速长大。由于气孔率和比表面积降低，石灰石的活性度自然降低。

通过热重分析的方法对轻烧状态不同温度下石灰石颗粒的热重分析以及扫描电镜的分析得出以下结论。

① 通过对比不同温度下的热重分析图，我们发现碳酸钙颗粒的初始分解温度

大约在 640～675℃之间，对于最大失重速率，相比三种反应温度，在 900℃时最大，为 9.48%/min；在 850℃时次之，为 6.61%/min；反应温度在 800℃时最小，为 3.08%/min。

对于分解完成时间，反应温度在 900℃时用时最短，为 14min，反应温度在 850℃时用时为 18min，反应温度在 800℃时用时最长，为 38min，说明在一定范围内，温度越高，碳酸钙分解速率越快。

② 如果用 $CaCO_3$ 分解后形成的 CaO 的颗粒度表示石灰的活性的话，则可以通过三个温度下显微结构的比较三个温度下样品煅烧 1h 石灰颗粒的活性在 800℃下，颗粒相互之间黏结的最少，小颗粒的 CaO 最多，因此活性最高，850℃次之，900℃最低。

2.2.3　轻烧工艺下碳酸钙分解动力学的研究

在第一章中，利用未反应核模型的研究中，假设界面化学反应为限制环节时，得到式(1-3-36)

$$t = \frac{\rho_B r_0}{M_B k_{rea}} \left[1 - (1 - x_B)^{1/3} \right]$$

或

$$\frac{M_B k_{rea}}{\rho_B r_0} t = 1 - (1 - x_B)^{1/3}$$

假设

$$k = \frac{M_B k_{rea}}{\rho_B r_0}$$

得

$$kt = 1 - (1 - x_B)^{1/3} \tag{2-2-1}$$

式中，k 为分解反应表观速率常数；x_B 为碳酸钙在时间 t 时的分解率；t 为分解反应时间。通过热重实验数据可以计算在三个不同温度 800℃、850℃、900℃下，不同分解时间的分解率 x_B，然后对于每个温度的数据，以 $1-(1-x_B)^{1/3}$ 对时间 t 作图，如图 2-2-9 所示。从图上线段的斜率即可求出三个温度的反应表观速率

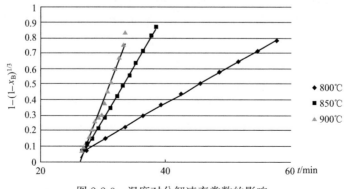

图 2-2-9　温度对分解速率常数的影响

常数 k_1,k_2,k_3，如表 2-2-3 所示。

表 2-2-3　三个不同温度的反应表观速率常数值

温度/℃	1073	1123	1173
常数 k/min	0.023	0.069	0.108
$\ln k$	-3.772	-2.674	-2.226
$\frac{1}{T}\times 10^3$	0.9320	0.8905	0.8525

由阿伦尼乌斯公式

$$k=Ae^{-\frac{E}{RT}} \tag{2-2-2}$$

式中　E——活化能，J/mol；

　　　A——指前因子；

　　　R——摩尔气体常数，J/(mol·K)；

　　　T——热力学温度，K。

式(2-2-2) 亦可写成

$$\ln k=\ln A-\frac{E}{RT} \tag{2-2-3}$$

从公式(2-2-3) 可知，在不同温度下求得 k 值，并计算 $\ln k$ 及 $\frac{1}{T}$ 值，如表 2-2-3 所示，$\ln k$ 与 $\frac{1}{T}$ 值作图得到一条直线，直线的斜率即是 $-\frac{E}{R}$，由此可求得活化能 E 值，如图 2-2-10 所示。

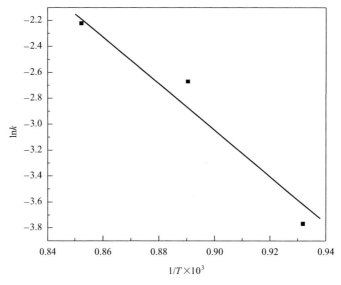

图 2-2-10　温度和反应速率常数的关系

由图 2-1-10 可计算得轻烧情况下石灰石分解的两个重要参数：

表观活化能 $\qquad E=162.54\text{kJ/mol}$

指前因子 $\qquad A=2.064\times10^6$

2.3 过烧石灰石中 $CaCO_3$ 煅烧分解反应机理

石灰石的过烧是石灰生产过程中不可避免的现象。过烧时石灰石分解的机理与轻烧时有何区别？

石灰石样品采用宣化钢铁公司的优质石灰石，选取表 2-0-1 中的 1~4 号样品作为研究对象。热重实验采用德国耐弛公司生产的 STA 449C 综合热分析仪，它采用了 TG-DTA（或 DSC）联用技术。

将石灰石试样破碎，再用研钵研磨，将试样制成质量小于 100 mg 的石灰石颗粒，用清水冲洗去除试样表面灰尘，放入烘箱中 110℃下烘干，将烘干的样品放入干燥器里待检测。

过烧石灰石煅烧实验方法，如表 2-3-1 所示。

① 将选取的样品用电子天平称取质量，然后放入刚玉坩埚中。

② 接通仪器电源，将刚玉坩埚用钳子放入热重分析仪中进行煅烧，升温速率为 30℃/min，加热到煅烧温度 1100℃后保持恒温，恒温时间为 60min，冷却至室温后，将样品取出放置于自封袋中并标好，然后放入干燥器中待检测。

③ 重复上述①、②步骤，将热重分析仪分别加热到 1200℃和 1300℃。

表 2-3-1　石灰石尺寸和质量

煅烧温度/℃	样品外观尺寸/mm	样品质量/mg
1100	3.8×4.2	49.123
1200	4.0×4.2	54.738
1300	4.1×3.9	48.598

2.3.1 过烧后所得石灰样品微观结构的分析

活性石灰质量受恒温时间的影响较大。如果恒温时间过短，中心不易达到 $CaCO_3$ 的分解温度，因而出现未烧透现象，一般称作生烧，此时活性度较低；恒温时间过长，易形成 CaO 的晶粒之间的黏结，晶粒过大，即晶体在烧结过程中慢慢发育完全，活性石灰向非活性石灰转化，从而降低石灰的活性。

本试验选用的恒温时间都为 60min。

石灰石煅烧前后形貌对比如图 2-3-1～图 2-3-3 所示。可以肯定的是，三个样品都处于过烧状态，过烧的情况逐级加重。从煅烧所得的石灰的颜色来看，与轻烧的情况相反，随着最终温度的增加，石灰表面的温度逐渐变深。过烧度的增加，石灰表面开始发生 CaO 与其中的 SiO_2 等成分的反应。

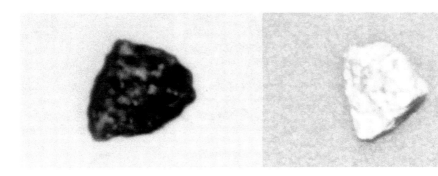

图 2-3-1　煅烧温度为 1100℃的石灰石煅烧前后形貌对比

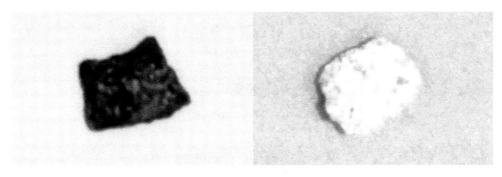

图 2-3-2　煅烧温度为 1200℃的石灰石煅烧前后形貌对比

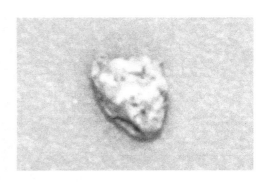

图 2-3-3　煅烧温度为 1300℃的石灰石煅烧前后形貌对比

　　将煅烧好的石灰样品经喷碳处理后在 JSM-5610LV（日）型扫描电镜进行微观结构的观察，其显微结构如图 2-3-4 所示。

　　由图 2-3-4 可以看出，在煅烧温度为 1100℃、1200℃、1300℃的三种情况下，石灰石均发生了过烧现象，所得石灰的表面几乎看不到细小的、均匀的 CaO 晶体，取而代之的是 CaO 晶体得到了比较充分的发育，气孔空隙几乎完全收缩。同时，从图中还可以看出，从煅烧温度依次为 1100℃、1200℃、1300℃的三个图中，不管是选用表 2-0-1 中 1~4 号的哪个样，都出现了同样的规律，即随着煅烧温度的

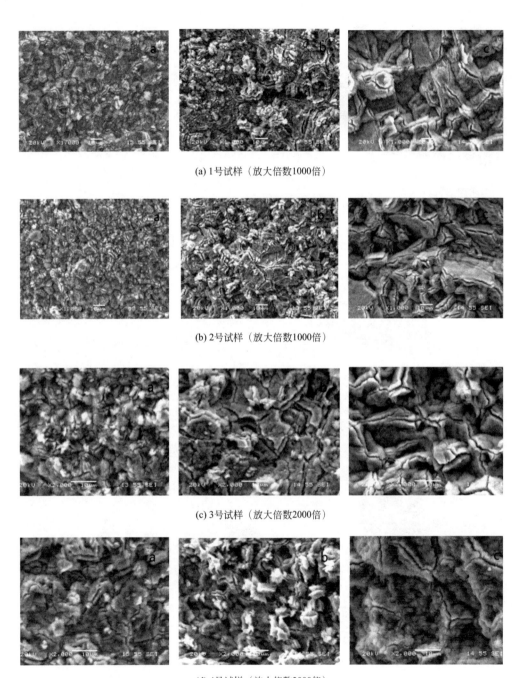

(a) 1号试样（放大倍数1000倍）

(b) 2号试样（放大倍数1000倍）

(c) 3号试样（放大倍数2000倍）

(d) 4号试样（放大倍数2000倍）

图 2-3-4　不同煅烧温度下 4 个石灰石样品煅烧后得到
的石灰的扫描电镜照片（保温时间皆为 60min）
从左到右，煅烧温度分别为 1100℃、1200℃、1300℃

升高，CaO 烧结的板块越大，说明石灰的活性降低。

2.3.2 过烧石灰石中 CaCO₃ 热分解的热重曲线

选用表 2-0-1 中的 4 号样，有目的地设计了 3 个温度下石灰石过烧热分解过程得到的 TG-DTG 曲线，如图 2-3-5～图 2-3-7 所示。

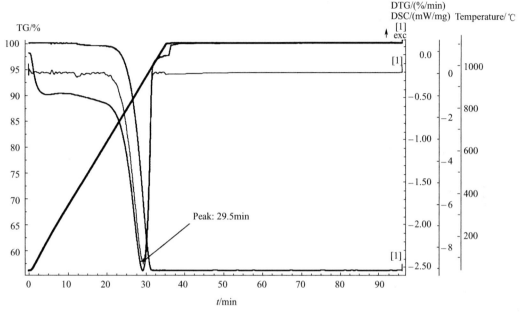

图 2-3-5　煅烧温度为 1100℃ 的热重曲线

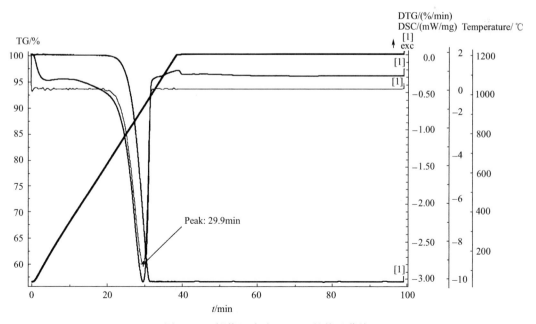

图 2-3-6　煅烧温度为 1200℃ 的热重曲线

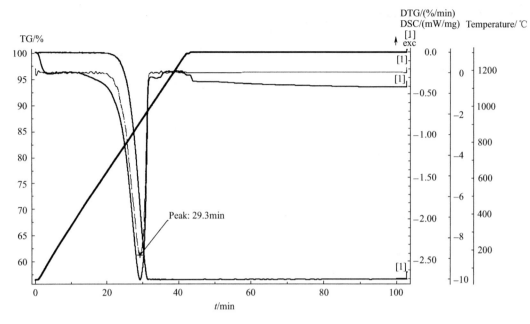

图 2-3-7　煅烧温度为 1300℃ 的热重曲线

分析不同煅烧温度得到的热分解曲线的变化。

图 2-3-5～图 2-3-7 表明，各个不同的煅烧温度下的石灰石开始分解温度、分解结束温度、最大失重速率及最大失重速率对应的温度，如表 2-3-2 所示。

表 2-3-2　不同的煅烧温度下的开始分解温度、分解结束温度、最大失重速率及最大失重速率对应的温度

温度/℃	初始分解 T/℃	分解结束 T/℃	最大失重速率/（%/mm）	最大失重 T/℃
1100	641	984	9.064	910
1200	690	989	10.017	929
1300	675	974	8.691	900

从图 2-3-5～图 2-3-7 及表 2-3-2 中，三个成分相同样品实验条件是，首先都以 30℃/min 的升温速率加热，最终温度分别升高到 1100℃、1200℃ 和 1300℃，然后煅烧 1h。

不管最终升高哪个温度，在升高到该温度前的 980℃ 左右，即从室温开始升温 32min 左右，远低于最终温度时，石灰石的分解已经结束。后面的升温和 1h 的保温，对于 $CaCO_3$ 的分解而言都已经是多余的，只是在恶化 CaO 的活性。如图 2-3-4 所示已经清楚地看出，由于石灰过烧煅烧后的微观形貌，CaO 已经完全失去了刚开始分解的颗粒状，而形成了相互烧结在一起的板状结构。

2.4 石灰石中二氧化硅含量对分解的影响

在实际生产过程中，制取活性石灰的石灰石原料中的碳酸钙原料绝对不会是纯的，肯定或多或少含有杂质成分。如表 2-0-1 中在企业随机挑选的 8 个石灰石样品中，成分完全不一样。杂质成分主要是 SiO_2、MnO、Fe_2O_3、Al_2O_3 等。可以看出，其中对石灰石中 $CaCO_3$ 分解影响最大的是 SiO_2。因为分解形成的是碱性最强的 CaO，而 SiO_2 又是杂质成分中酸性最强的组分，况且量又相对较大，有必要在实验室研究不同的 SiO_2 含量对分解产生的影响，以指导生产工艺。

目前这一工作很少有学者全面研究。

2.4.1 实验方法及结果

选用来自宣化钢铁公司石灰厂的如表 2-0-1 所示的样品 1 号、3 号、7 号样，3 组样品的二氧化硅含量分别为 0.76％、1.83％和 2.50％。

每组样品都破碎到 150～200 目，分别在 10℃/min、20℃/min 和 30℃/min 不同的升温速率进行热重实验，共 9 组数据。

下面是热分析的结果。

（1）二氧化硅含量为 0.76％的热重分析结果

如图 2-4-1～图 2-4-3 所示，分别是二氧化硅含量为 0.76％，在 10℃/min、

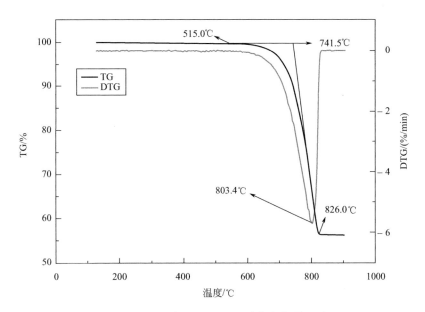

图 2-4-1　SiO_2 含量 0.76％（10℃/min）在氮气保护下升温至 1000℃

20℃/min 和 30℃/min 不同的升温速率进行的热重实验。

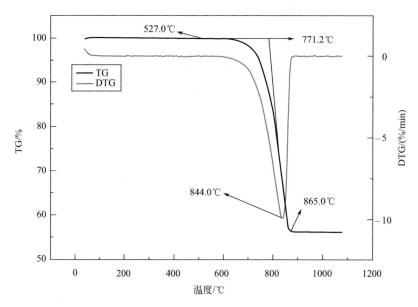

图 2-4-2　SiO₂ 含量 0.76％（20℃/min）
在氮气保护下升温至 1100℃

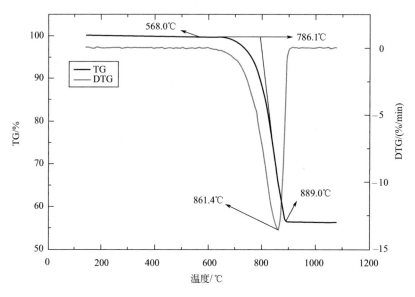

图 2-4-3　SiO₂ 含量 0.76％（30℃/min）
在氮气保护下升温至 1200℃

（2）二氧化硅含量为 1.83％的热重分析结果

如图 2-4-4~图 2-4-6 所示，分别是二氧化硅含量为 1.83％ 在 10℃/min、20℃/min 和 30℃/min 不同的升温速率进行热重实验的结果。

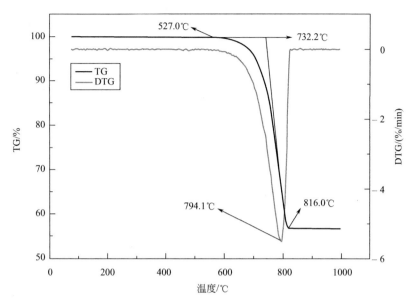

图 2-4-4   SiO₂ 含量 1.83％（10℃/min）
在氮气保护下升温至 1000℃

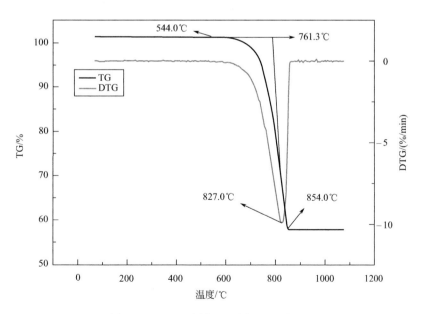

图 2-4-5   SiO₂ 含量 1.83％（20℃/min）
在氮气保护下升温至 1100℃

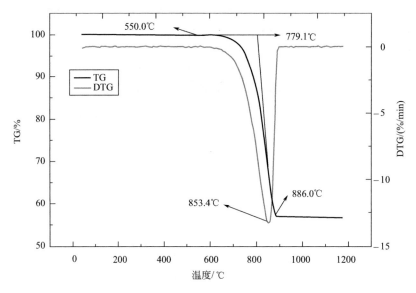

图 2-4-6　SiO₂ 含量 1.83％ （30℃/min）
在氮气保护下升温至 1200℃

（3）二氧化硅含量为 2.50％的热重分析结果

如图 2-4-7～图 2-4-9 所示，分别是二氧化硅含量为 2.50％在 10℃/min、20℃/min 和 30℃/min 不同的升温速率进行的热重实验结果。

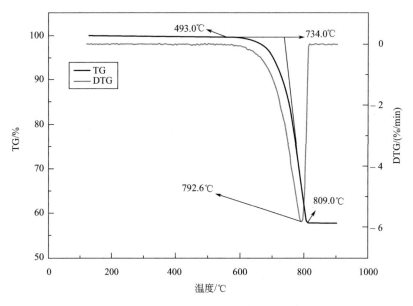

图 2-4-7　SiO₂ 含量 2.50％ （10℃/min）
在氮气保护下升温至 1000℃

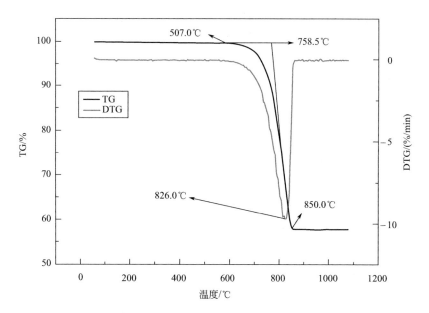

图 2-4-8　SiO₂ 含量 2.50％（20℃/min）
在氮气保护下升温至 1100℃

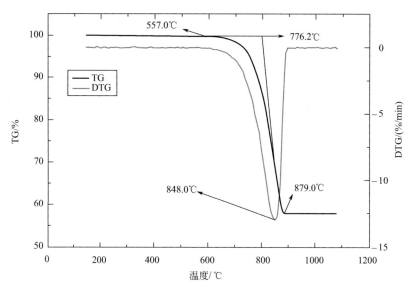

图 2-4-9　SiO₂ 含量 2.50％（30℃/min）
在氮气保护下升温至 1200℃

　　根据以上热重实验结果，从中提取每次实验的开始分解温度、外推开始分解温度、DTG 曲线上分解的极大峰值位置所对应的温度 T_p 及分解终止温度，如表 2-4-1所示。

表 2-4-1　各组实验样品在不同升温速率下得出的数据

升温速率/(℃/min)	SiO₂ 含量 0.76%				SiO₂ 含量 1.83%				SiO₂ 含量 2.5%			
	开始分解温度/℃	外推开始温度/℃	T_{p}/℃	终止温度/℃	开始分解温度/℃	外推开始温度/℃	T_{p}/℃	终止温度/℃	开始分解温度/℃	外推开始温度/℃	T_{p}/℃	终止温度/℃
10	515.0	741.5	803.4	826.0	527.0	732.2	794.1	816.0	493.0	734.0	792.6	809.0
20	527.0	771.2	844.0	865.0	544.0	761.3	827.0	854.0	507.0	758.5	826.0	850.0
30	568.0	786.1	861.4	889.0	550.0	779.1	853.4	886.0	557.0	776.2	848.0	879.0

从表 2-4-1 可看出以下规律：

① 随着升温速率的增加，开始分解温度、外推开始温度、DTG 曲线上极大峰值位置所对应的温度 T_{p}、终止温度都逐渐增加。

② 在同一升温速率下，随着 SiO₂ 含量的升高，DTG 曲线上极大峰值位置所对应的温度 T_{p} 和分解终止温度随之降低。这说明碳酸钙中的 SiO₂ 的含量确实对碳酸钙分解产生了影响，而这个影响是降低了各种形态分解温度，包括开始分解温度、外推起始温度、DTG 曲线上极大峰值位置所对应的温度 T_{p}、终止温度。

对于热重实验的结果，不同 SiO₂ 含量样品的活化能和指前因子的计算方法采用热分析曲线动力学分析——微分法中的 Kissinger 法。

由 Kissinger 方程

$$\ln\left(\frac{\beta_i}{T_{\mathrm{p}i}^2}\right)=\ln\frac{A_{\mathrm{k}}R}{E_{\mathrm{k}}}-\frac{E_{\mathrm{k}}}{R}\frac{1}{T_{\mathrm{p}i}} \quad i=1,2,3,\cdots$$

由 $\ln\left(\dfrac{\beta_i}{T_{\mathrm{p}i}^2}\right)$ 对 $\dfrac{1}{T_{\mathrm{p}i}}$ 作图，得到一条直线，从直线斜率求 E_{k}，从截距求 A_{k}。

2.4.2　碳酸钙中 SiO₂ 含量为 0.76% 时的分析

利用 Kissinger 方程，对碳酸钙中 SiO₂ 含量为 0.76% 时所得的 $\ln\left(\dfrac{\beta_i}{T_{\mathrm{p}i}^2}\right)$ 对 $\dfrac{1}{T_{\mathrm{p}i}}$ 作图，得到一条直线，如图 2-4-10 所示。

将图 2-4-10 所得的直线的线性关系与 Kissinger 方程作对比，可得该直线的斜率为 $-\dfrac{E_{\mathrm{k}}}{R}=-20.431\times10^3$，求出表观活化能为

$$E_{\mathrm{k}}=20.431\times10^3\times8.314=169863.334\mathrm{J/mol}=169.86\mathrm{kJ/mol}$$

再从图 2-4-10 中所得出的线性关系得知该直线的截距为 3.2108，与 Kissinger

方程作对比，可得出 $\ln \dfrac{A_k R}{E_k} = 3.2108$，由求出的 $E_k = 169.86 \text{kJ/mol}$ 和 $R = 8.314$，可求出

$$A_k = \frac{e^{3.2108} \times 169.86 \times 10^3}{8.314} = 506656.74$$

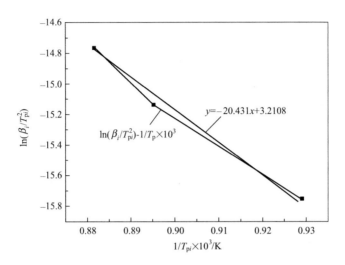

图 2-4-10　SiO_2 含量为 0.76% 时的 $\ln\left(\dfrac{\beta_i}{T_{pi}^2}\right)$-$\dfrac{1}{T_{pi}}$ 图

由于 A_k 的值过大，所以用 $\ln A_k$ 表示反应的指前因子。

$$\ln A_k = \ln 506656.74 = 13.14$$

所以，当碳酸钙中的 SiO_2 含量为 0.76% 时，该样品分解反应的表观活化能为 169.86kJ/mol，指前因子 $\ln A_k$ 为 13.14。

2.4.3　碳酸钙中 SiO_2 含量为 1.83% 时的分析

利用 Kissinger 方程，对碳酸钙中 SiO_2 含量为 1.83% 时所得的 $\ln\left(\dfrac{\beta_i}{T_{pi}^2}\right)$ 对 $\dfrac{1}{T_{pi}}$ 作图，得到一条直线，如图 2-4-11 所示。

将图 2-4-11 所得出的一条直线的线性关系与 Kissinger 方程作对比，得到该直线的斜率为 $-\dfrac{E_k}{R} = -20.45 \times 10^3$，求出样品中 SiO_2 含量为 1.83% 时分解反应的表观活化能

$$E_k = 20.45 \times 10^3 \times 8.314$$
$$= 170021.3 \text{J/mol} = 170.02 \text{kJ/mol}$$

从图 2-4-11 中所得出的线性关系得知该直线的截距为 3.25，与 Kissinger 方程作对比，可得出

$$\ln \frac{A_k R}{E_k} = 3.25$$

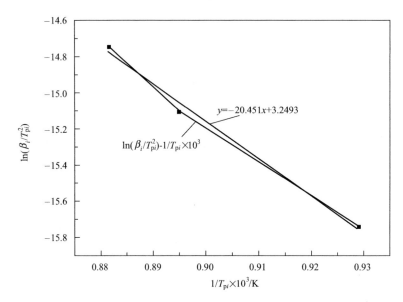

图 2-4-11　样品中 SiO_2 含量为 1.83% 时 $\ln\left(\dfrac{\beta_i}{T_{pi}^2}\right) - \dfrac{1}{T_{pi}}$ 图

已知

$$E_k = 170.02\text{kJ/mol}, \quad R = 8.314\text{J/(mol·K)}$$

可求出

$$A_k = \frac{e^{3.25} \times 170.02 \times 10^3}{8.314} = 527408.42$$

或用 $\ln A_k$ 表示反应的指前因子

$$\ln A_k = \ln 527408.42 = 13.18$$

根据计算，当碳酸钙中的 SiO_2 含量为 1.83% 时，该样品的表观活化能为 170.02kJ/mol，指前因子 $\ln A_k$ 为 13.18。

2.4.4　碳酸钙中 SiO_2 含量为 2.50% 时的分析

利用 Kissinger 方程，对碳酸钙中 SiO_2 含量为 2.50% 时所得的 $\ln\left(\dfrac{\beta_i}{T_{pi}^2}\right)$ 对 $\dfrac{1}{T_{pi}}$

作图，得到一条直线，如图 2-4-12 所示。

将图 2-4-12 所得出的线性关系与 Kissinger 方程作对比，得到该直线的斜率为

$-\dfrac{E_k}{R}=-20.56\times10^3$，可求出表观活化能

$$E_k=20.56\times10^3\times8.314=170935.84\mathrm{J/mol}=170.94\mathrm{kJ/mol}$$

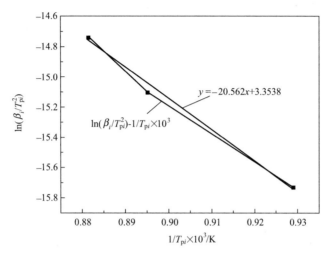

图 2-4-12　样品中 SiO_2 含量为

2.50% 时 $\ln\left(\dfrac{\beta_i}{T_{pi}^{2}}\right)-\dfrac{1}{T_{pi}}$ 图

从图 2-4-12 中所得出的线性关系得知，该直线的截距为 3.35，与 Kissinger 方程作对比，可得出 $\ln\dfrac{A_kR}{E_k}=3.35$，已知 $E_k=170.94\mathrm{kJ/mol}$，$R=8.314\mathrm{J/(mol\cdot K)}$，可求出

$$A_k=\frac{\mathrm{e}^{3.35}\times170.94\times10^3}{8.314}=586030.46\mathrm{s}^{-1}$$

或用 $\ln A_k$ 表示反应的指前因子，得

$$\ln A_k=\ln586030.46=13.28$$

所以当碳酸钙中的二氧化硅含量为 2.50% 时，该样品分解反应的表观活化能为 $170.94\mathrm{kJ/mol}$，指前因子 $\ln A_k=13.28$。

将三种不同 SiO_2 含量所得到的 $\ln\left(\dfrac{\beta_i}{T_{pi}^{2}}\right)$ 对 $\dfrac{1}{T_{pi}}$ 作的图合并到一张图上，便于比较，如图 2-4-13 所示。

综合上述数据，可将不同的 SiO_2 含量所对应的表观活化能和指前因子如表 2-4-2 所示，以便比较。

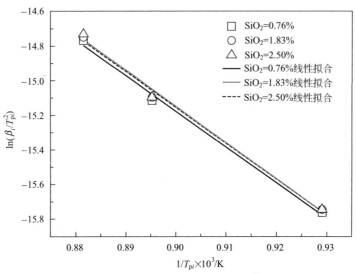

图 2-4-13　不同 SiO_2 含量的样品所得到的 $\ln\left(\dfrac{\beta_i}{T_{\mathrm{p}i}^2}\right)$-$\dfrac{1}{T_{\mathrm{p}i}}$ 的斜率图

表 2-4-2　不同的 SiO_2 含量所对应的表观活化能和指前因子

碳酸钙中 SiO_2 含量/%	0.76	1.83	2.50
表观活化能 E_k/(kJ/mol)	169.86	170.02	170.94
指前因子 $\ln A_k$	13.14	13.18	13.28

根据 Kissinger 方程，由 $\ln\left(\dfrac{\beta_i}{T_{\mathrm{p}i}^2}\right)$ 对 $\dfrac{1}{T_{\mathrm{p}i}}$ 作图所得的斜率是和表观活化能成正比的，所以斜率越大，表观活化能越大。从图 2-4-13 看出相比较之下，由二氧化硅含量为 0.76% 所画出的 $\ln\left(\dfrac{\beta_i}{T_{\mathrm{p}i}^2}\right)$-$\dfrac{1}{T_{\mathrm{p}i}}$ 曲线的斜率比其他两条曲线来得小。而由含有 1.83% 二氧化硅的样品所得到的曲线斜率也稍微比含有 2.50% 二氧化硅样品所画出的曲线斜率小。从这三组样品所得出的结果能看出二氧化硅的含量越低，碳酸钙分解反应的活化能也就越低，这更有利于分解反应的进行（如图 2-4-14，图 2-4-15 所示）。

从图 2-4-14 和图 2-4-15 可以看出，碳酸钙分解反应中的表观活化能和指前因子是随着 SiO_2 含量的增加而增加的。说明了在低二氧化硅含量的碳酸钙的情况下，活化能小，而有利于制备活性石灰。而 SiO_2 含量的增加，为什么提高了碳酸钙分解的活化能，其机理还有待进一步研究。

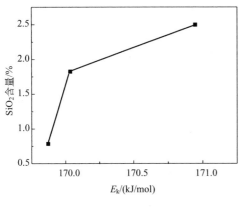

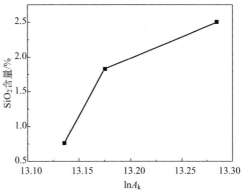

图 2-4-14　表观活化能随着 SiO_2
　　　　　　含量变化的曲线

图 2-4-15　指前因子随着 SiO_2
　　　　　　含量变化的曲线

2.5　石灰石的粒度对碳酸钙分解速率的影响

2.5.1　实验方法及结果

本文选取表 2-0-1 中 2 号样，即碳酸钙中的 SiO_2 含量为 0.76％的低硅含量为研究对象，如下方式对样品进行处理：

① 清洗试验用石灰石样品，并在 105℃干燥箱中干燥 2h；

② 取出干燥后的石灰石，破碎；

③ 筛分破碎后的石灰石，分别应得到 30～50 目、50～100 目、100～150 目、150～200 目四种不同粒度范围的石灰石细小颗粒，如表 2-5-1 所示。

表 2-5-1　四种粒度石灰石的目数与粒度

目数/目	30～50	50～100	100～150	150～200
粒度/μm	270～590	150～270	106～150	74～106

每种粒度的样品取样质量：25～30mg，进行热重分析。

升温速率：10K/min，20K/min，30K/min；

目标温度：1273K（升温速率 10K/min 时），1373K（升温速率 20K/min 时），1473K（升温速率 30K/min 时）；

气氛：N_2，流速为 60mL/min。

最后，根据热重曲线数据，使用式（2-1-25）和式（2-1-26），可分析求出各种粒度石灰石的最概然机理函数，分析在此四种粒度下石灰石分解速率的控制机理。

（1）粒度为 74～106μm 石灰石的热重分析曲线

① 石灰石样品粒度为 74～106μm，升温速率 β＝10K/min 时热重分析。

实验条件：称取质量为 30.345mg、粒度为 74～106μm 的石灰石，以 10K/min 的升温速率、60mL/min 的 N_2 气流速，在热重分析仪中加热至 1273K 后停止升温，自然冷却至室温后停止，取出样品。样品在加热前为灰黑色粉末状固体，实验完成后取出的样品为白色粉末状固体。

TG 和 DTG 曲线如图 2-5-1 所示，并分析得知，其反应峰值速率对应的温度为 T_p＝1076.4K。

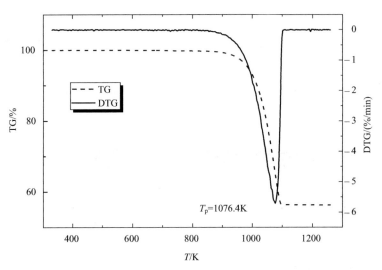

图 2-5-1　粒度为 74～106μm，β＝10K/min 的 TG 及 DTG 曲线

② 粒度为 74～106μm，β＝20K/min 石灰石的热重分析曲线

实验条件：称取质量为 30.192mg、粒度为 74～106μm 的石灰石，以 20K/min 的升温速率、60mL/min 的 N_2 气流速，在热重分析仪中加热至 1373K 后停止升温，自然冷却至室温后停止，取出样品。

其结果如图 2-5-2 所示。

根据分析得知，其反应峰值速率对应的温度为 T_p＝1117.0K。

③ 粒度为 74～106μm，β＝30K/min 石灰石的热重分析曲线

实验条件：称取质量为 29.364mg、粒度为 74～106μm 的石灰石，以 30K/min 的升温速率、60mL/min 的 N_2 气流速，在热重分析仪中加热至 1473K 后停止升温，自然冷却至室温后停止，取出样品。

其结果如图 2-5-3 所示。

根据分析得知，其反应峰值速率对应的温度为 T_p＝1134.4K。

从以上三种升温速率所得的 TG 及 DTG 曲线分析知，当升温速率加大时，石灰石的分解出现了温度滞后现象，即当升温速率较大时出现反应峰值速率的温度比升温速率较小时反应峰值速率的温度高。

（2）粒度为 106～150μm 石灰石的热重分析曲线

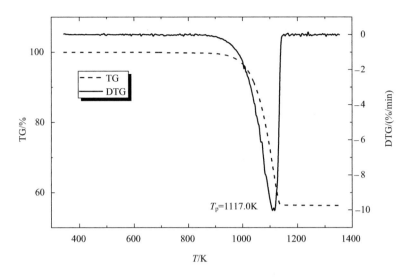

图 2-5-2　粒度为 $74\sim106\mu m$，$\beta=20K/min$ 的 TG 及 DTG 曲线

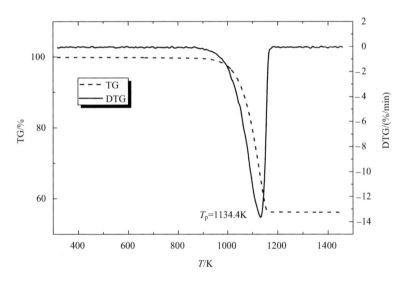

图 2-5-3　粒度为 $74\sim106\mu m$，$\beta=30K/min$ 的 TG 及 DTG 曲线

① 粒度为 $106\sim150\mu m$，$\beta=10K/min$ 石灰石的热重分析曲线

实验条件：称取质量为 32.248mg、粒度为 $106\sim150\mu m$ 的石灰石，以 10K/min 的升温速率、60mL/min 的 N_2 气流速，在热重分析仪中加热至 1273K 后停止升温，自然冷却至室温后停止，取出样品。其结果如图 2-5-4 所示。

根据分析得知，其反应峰值速率对应的温度为 $T_p=1080.7K$。

② 粒度为 $106\sim250\mu m$，$\beta=20K/min$ 石灰石的热重分析曲线

实验条件：称取质量为 28.623mg、粒度为 $106\sim150\mu m$ 的石灰石，以 20K/min 的升温速率、60mL/min 的 N_2 气流速，在热重分析仪中加热至 1373K 后停止升温，

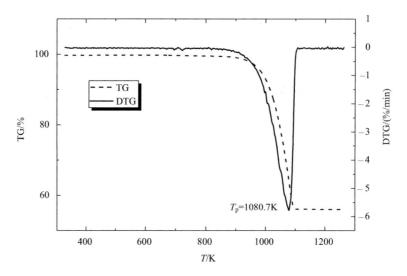

图 2-5-4　粒度为 $106\sim150\mu m$，$\beta=10K/min$ 的 TG 及 DTG 曲线

自然冷却至室温后停止，取出样品。

其结果如图 2-5-5 所示。

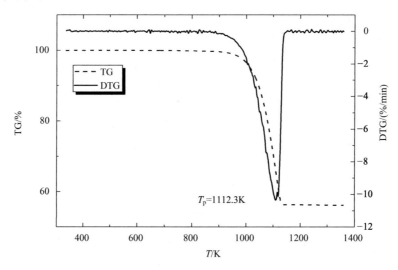

图 2-5-5　粒度为 $106\sim250\mu m$，$\beta=20K/min$ 的 TG 及 DTG 曲线

根据分析得知，其反应峰值速率对应的温度为 $T_p=1112.3K$。

③ 粒度为 $106\sim150\mu m$，$\beta=30K/min$ 石灰石的热重分析曲线

实验条件：称取质量为 26.530mg、粒度为 $106\sim150\mu m$ 的石灰石，以 30K/min 的升温速率、60mL/min 的 N_2 气流速，在热重分析仪中加热至 1473K 后停止升温，自然冷却至室温后停止，取出样品。

其结果如图 2-5-6 所示。

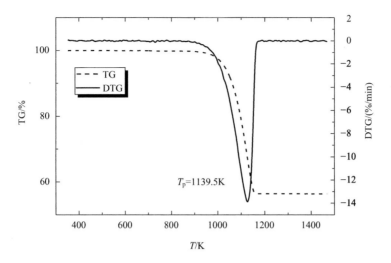

图 2-5-6　粒度为 $106\sim150\mu m$，$\beta=30K/min$ 的 TG 及 DTG 曲线

根据分析得知，其反应峰值速率对应的温度为 $T_p=1139.5K$。

（3）粒度为 $150\sim270\mu m$ 石灰石的热重曲线

① 粒度为 $150\sim270\mu m$，$\beta=10K/min$ 石灰石的热重分析曲线

实验条件：称取质量为 29.349mg、粒度为 $150\sim270\mu m$ 的石灰石，以 10K/min 的升温速率、60mL/min 的 N_2 气流速，在热重分析仪中加热至 1273K 后停止升温，自然冷却至室温后停止，取出样品。

其结果如图 2-5-7 所示。

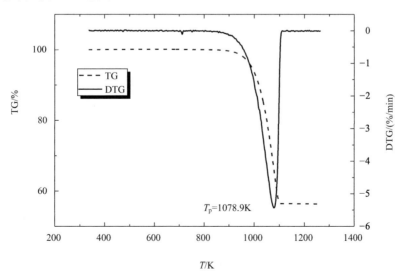

图 2-5-7　粒度为 $150\sim270\mu m$，$\beta=10K/min$ 的 TG 及 DTG 曲线

根据分析得知，其反应峰值速率对应的温度为 $T_p=1078.9K$。

② 粒度为 150～270μm，β＝20K/min 石灰石的热重曲线

实验条件：称取质量为 28.892mg、粒度为 150～270μm 的石灰石，以 20K/min 的升温速率、60mL/min 的 N_2 气流速，在热重分析仪中加热至 1373K 后停止升温，自然冷却至室温后停止，取出样品。

其结果如图 2-5-8 所示。

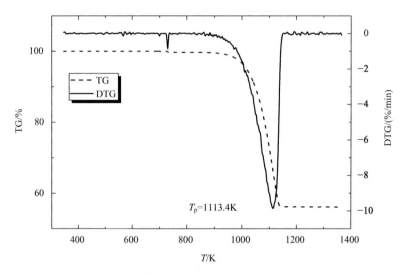

图 2-5-8　粒度为 150～270μm，β＝20K/min 的 TG 及 DTG 曲线

根据分析得知，其反应峰值速率对应的温度为 T_p＝1113.4K。

③ 粒度为 150～270μm，β＝30K/min 石灰石的热重曲线

实验条件：称取质量为 29.788mg、粒度为 150～270μm 的石灰石，以 30K/min 的升温速率、60mL/min 的 N_2 气流速，在热重分析仪中加热至 1473K 后停止升温，自然冷却至室温后停止，取出样品。

其结果如图 2-5-9 所示。

根据分析得知，其反应峰值速率对应的温度为 T_p＝1136.5K。

（4）粒度为 270～590μm 粒度石灰石的热重曲线

① 粒度 270～590μm，β＝10K/min 石灰石的热重曲线

实验条件：称取质量为 27.682mg、粒度为 270～590μm 的石灰石，以 10K/min 的升温速率、60mL/min 的 N_2 气流速，在热重分析仪中加热至 1273K 后停止升温，自然冷却至室温后停止，取出样品。

其结果如图 2-5-10 所示。

根据分析得知，其反应峰值速率对应的温度为 T_p＝1079.4K。

② 粒度为 270～590μm，β＝20K/min 石灰石的热重曲线

实验条件：称取质量为 27.268mg、粒度为 270～590μm 的石灰石，以 20K/min 的升温速率、60mL/min 的 N_2 气流速，在热重分析仪中加热至 1373K 后停止升温，

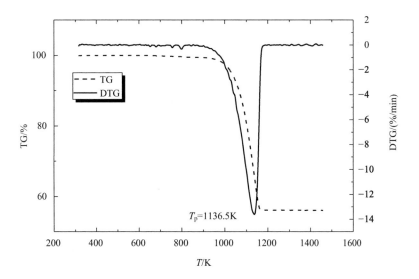

图 2-5-9　粒度为 150~270μm，β＝30K/min 的 TG 及 DTG 曲线

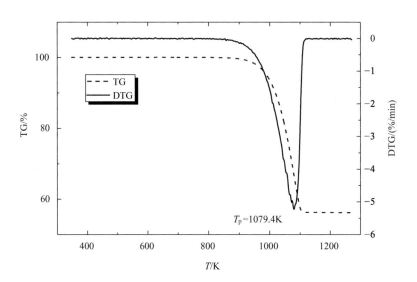

图 2-5-10　粒度 270~590μm，β＝10K/min 的 TG 及 DTG 曲线

自然冷却至室温后停止，取出样品。

其结果如图 2-5-11 所示。

根据分析得知，其反应峰值速率对应的温度为 T_p＝1116.7K。

③ 粒度为 270~590μm，β＝30K/min 石灰石的热重曲线

实验条件：称取质量为 24.392mg、粒度为 270~590μm 的石灰石，以 30K/min 的升温速率、60mL/min 的 N_2 气流速，在热重分析仪中加热至 1473K 后停止升温，自然冷却至室温后停止，取出样品。

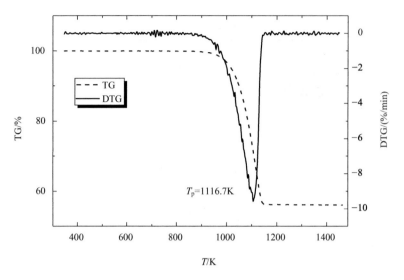

图 2-5-11　粒度为 $270\sim590\mu m$，$\beta=20K/min$ 的 TG 及 DTG 曲线

其结果如图 2-5-12 所示。

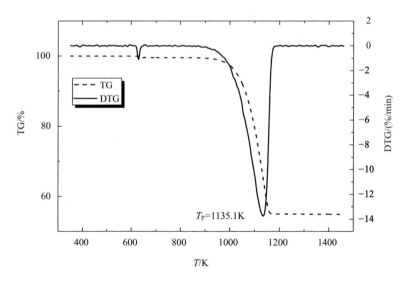

图 2-5-12　粒度为 $270\sim590\mu m$，$\beta=30K/min$ 的 TG 及 DTG 曲线

根据分析得知，其反应峰值速率对应的温度为 $T_p=1135.1K$。

2.5.2　利用 Kissinger 法求动力学参数

（1）粒度为 $74\sim106\mu m$ 石灰石的动力学参数

粒度为 $74\sim106\mu m$ 石灰石的热分析实验结果如图 2-5-1～图 2-5-3 所示，其中不同升温速率下得到的峰值温度如表 2-5-2 所示。

表 2-5-2　粒度为 74～106μm 石灰石的 T_p、$β$ 数据

升温速率 $β$/(K/min)	10	20	30
峰值温度 T_p/K	1076.4	1117.0	1134.4

对表 2-5-2 中的数据，依据 Kissinger 法变化为 $\ln\dfrac{β}{T_p^2} - \dfrac{1}{T}$，然后进行线性拟合，如图 2-5-13 所示，并由式(2-1-17)得知，该拟合直线的方程为

$$\ln\frac{β}{T_p^2} = -20431.34\frac{1}{T} + 3.21$$

则由直线的斜率

$$-20431.34 = -\frac{E}{R}$$

得
$$E = 169.9\text{kJ/mol}$$

由直线的截距

$$3.21 = \ln\frac{AR}{E}$$

得
$$\ln A = 13.14$$

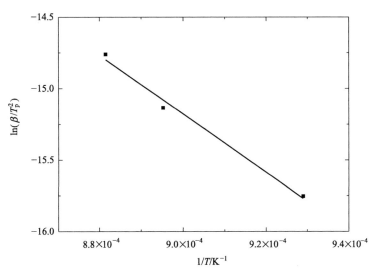

图 2-5-13　粒度为 74～106μm 的 $\ln\dfrac{β}{T_p^2} - \dfrac{1}{T}$ 拟合直线

(2) 粒度为 106～150μm 石灰石的动力学参数

同理根据粒度为 106～150μm 石灰石的热分解实验结果如图 2-5-4～图 2-5-6 所示，其中不同升温速率下得到的峰值温度如表 2-5-3 所示。

表 2-5-3　粒度为 106～150μm 石灰石的 T_p、β 数据

升温速率 β/(K/min)	10	20	30
峰值温度 T_p/K	1080.7	1112.3	1139.5

对表 2-5-2 中的数据，依据 Kissinger 法变化为 $\ln\dfrac{\beta}{T_p^2}$ - $\dfrac{1}{T}$。对数据进行 $\ln\dfrac{\beta}{T_p^2}$-$\dfrac{1}{T}$ 线性拟合，如图 2-5-14 所示。

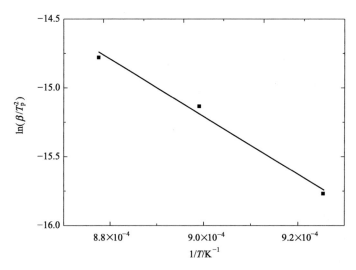

图 2-5-14　粒度为 106～150μm 的 $\ln\dfrac{\beta}{T_p^2}$ - $\dfrac{1}{T}$ 拟合直线

根据分析及式(2-1-17) 得知，该拟合直线的方程为

$$\ln\frac{\beta}{T_p^2}=-20914.46\frac{1}{T}+3.62$$

则由斜率

$$-20914.46=-\frac{E}{R}$$

得　　　　　　　　　　　　$E=173.9\text{kJ/mol}$

由直线的截距

$$3.62=\ln\frac{AR}{E}$$

得　　　　　　　　　　　　$\ln A=13.56$

（3）粒度为 150～270μm 石灰石的动力学参数

根据粒度为 150~270μm 石灰石的热分析实验结果图 2-5-7~图 2-5-9 中数据分析，其中不同升温速率下得到的峰值温度如表 2-5-4 所示。

表 2-5-4　粒度为 150~270μm 石灰石的 T_p、β 数据

升温速率 $\beta/(K/min)$	10	20	30
峰值温度 T_p/K	1078.9	1113.4	1136.5

对其进行 $\ln\dfrac{\beta}{T_p^2}-\dfrac{1}{T}$ 线性拟合如图 2-5-15 所示，根据分析及式（2-1-17）得知，该拟合直线的方程为

$$\ln\frac{\beta}{T_p^2}=-21241.28\,\frac{1}{T}+3.93$$

则由直线的斜率

$$-21241.28=-\frac{E}{R}$$

得

$$E=176.6\mathrm{kJ/mol}$$

由直线截距

$$3.93=\ln\frac{AR}{E}$$

得

$$\ln A=13.90$$

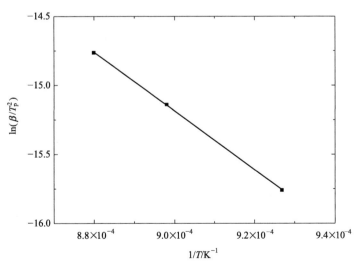

图 2-5-15　粒度为 150~270μm 的 $\ln\dfrac{\beta}{T_p^2}-\dfrac{1}{T}$ 拟合直线

（4）粒度为 $270\sim590\mu m$ 石灰石的动力学参数

根据粒度为 $270\sim590\mu m$ 石灰石实验结果如图 2-5-10～图 2-5-12 所示分析，将其中不同升温速率下得到的峰值温度如表 2-5-5 所示。

表 2-5-5　粒度为 $270\sim590\mu m$ 石灰石的 T_p、β 数据

升温速率 $\beta/(K/min)$	10	20	30
峰值温度 T_p/K	1079.4	1116.7	1135.1

对其进行 $\lg\dfrac{\beta}{T_p^2}-\dfrac{1}{T}$ 线性拟合，如图 2-5-16 所示，根据分析及式（2-1-17）得知，该拟合直线的方程为

$$\ln\frac{\beta}{T_p^2}=-21677.66\frac{1}{T}+4.31$$

则由直线的斜率

$$-21677.66=-\frac{E}{R}$$

得
$$E=180.2kJ/mol$$

由直线的截距

$$4.31=\ln\frac{AR}{E}$$

得
$$\ln A=14.30$$

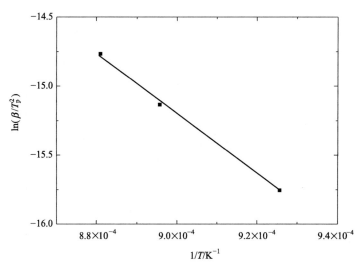

图 2-5-16　粒度为 $270\sim590\mu m$ 的 $\ln\dfrac{\beta}{T_p^2}-\dfrac{1}{T}$ 拟合直线

通过对不同粒度石灰石热分解所得的动力学参数的分析，将所得的结果综合，如表 2-5-6 所示。

表 2-5-6　不同粒度石灰石的动力学参数

粒度/μm	E/(kJ/mol)	ln$A$	r(相关系数)
74~106	169.9	13.14	0.99523
106~150	173.9	13.56	0.99478
150~270	176.6	13.90	0.99968
270~590	180.2	14.30	0.99816

以粒度为横坐标，表观活化能为纵坐标作图，如图 2-5-17 所示。

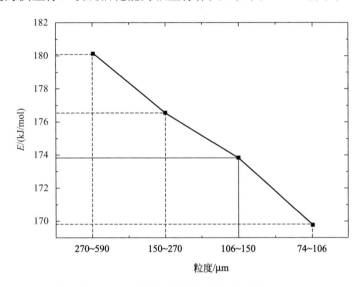

图 2-5-17　不同粒度石灰石的表观活化能

表观活化能作为化学反应动力学的一个重要指标，可以衡量反应的难易程度。

从表 2-5-6 及图 2-5-17 可以发现，随石灰石粒度的增大，石灰石分解的表观活化能增加，说明分解反应难度增大。分析其原因，也不难理解，随粒度增大，石灰石颗粒的比表面积减小，必然引起分解反应的难度增加；从另一方面，随粒度增大，石灰石颗粒内分解后产生的 CO_2 内扩散的阻力增大；还有，随粒度增大，石灰石颗粒内部的传热阻力也必然增大。综合以上因素，都可以解释粒度增大，石灰石分解反应的表观活化能变大，使分解反应阻力增大。

2.5.3　利用双外推法确定不同粒度的石灰石中钛酸钙分解的活化能

在对石灰石分解反应的非等温动力学分析过程中，在相同的实验条件下，不同研究者求得的同一物质的动力学参数出入很大，其原因之一，就是选择的动力学机理函数的积分式或者微分式与实际发生的动力学过程有差异。因此，选择正确的动力学机理函数就显得十分重要。

最概然机理函数的推断方法由多种，本文利用双外推法确定活化能 $E_{\alpha \to 0}$。

（1）74~106μm 粒度石灰石分解反应的 $E_{\alpha \to 0}$

根据前面 74～106μm 粒度石灰石分解反应如图 2-5-1～图 2-5-3 所示的实验结果，整理得到不同转化率对应的各升温速率下的温度的数据，如表 2-5-7 所示。

表 2-5-7　74～106μm 石灰石对应一定 α 和 β 的 T 值

转化率 α/%	温度 T/K		
	$\beta=10$K/min	$\beta=20$K/min	$\beta=30$K/min
0.85	1080.8	1119.4	1141.0
0.80	1076.9	1115.2	1136.2
0.75	1073.2	1110.6	1131.3
0.70	1069.2	1106.3	1126.4
0.65	1065.0	1101.7	1121.4
0.60	1060.8	1097.1	1116.3
0.55	1056.3	1092.2	1111.0
0.50	1051.5	1086.9	1105.5
0.45	1046.3	1081.7	1099.7
0.40	1041.0	1075.6	1093.3
0.35	1034.7	1068.5	1086.2
0.30	1027.8	1061.0	1078.3
0.25	1019.6	1052.4	1069.3
0.20	1009.9	1042.0	1058.5
0.15	998.0	1028.6	1044.8

根据表 2-5-7 所得数据，可得三个不同升温速率下转化率 α 与温度 T 之间的关系，如图 2-5-18 所示。

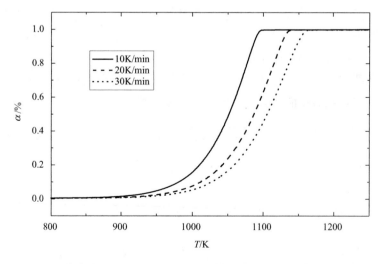

图 2-5-18　粒度为 74～106μm，不同 β 的转化率（α）与温度的关系曲线

固定转化率 α，则 $G(\alpha)$ 一定，作 $\lg\beta - \dfrac{1}{T}$ 的拟合直线，可得不同转化率下的活化能 E 的值，如表 2-5-8 所示。

表 2-5-8　粒度为 74～106μm 不同转化率下的活化能 E

转化率 α/%	活化能 E/(kJ/mol)	线性相关系数 r
0.85	177.1275	0.99968
0.80	178.2282	0.99954
0.75	180.6008	0.99961
0.70	181.765	0.99945
0.65	182.7159	0.99938
0.60	183.959	0.99925
0.55	184.8746	0.99915
0.50	185.5374	0.99919
0.45	185.358	0.99884
0.40	187.279	0.99892
0.35	188.0737	0.99917
0.30	189.0857	0.99913
0.25	188.8847	0.99901
0.20	189.3697	0.99899
0.15	192.1619	0.99931

根据表 2-5-8，按照式（2-1-22），将不同 α 对应的 E 作多项式拟合，如图 2-5-19 所示。

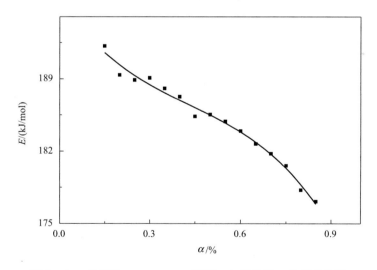

图 2-5-19　粒度为 74～106μm，不同 α 与活化能 E 的拟合曲线

拟合出的多项式为

$$E = 196.49 - 41.51\alpha^1 + 63.85\alpha^2 - 49.59\alpha^3$$

将 α 外推至 0，则

$$E_{\alpha\to0} = 196.49\text{kJ/mol}$$

（2）106～150μm 粒度石灰石分解反应的 $E_{\alpha\to0}$

从 106～150μm 粒度石灰石分解得到的如图 2-5-4～图 2-5-6 所示实验结果中提取数据，整理得到不同转化率对应的各升温速率下的数据，如表 2-5-9 所示。

表 2-5-9　106～150μm 石灰石对应一定 α 和 β 的 T 值

转化率 α/%	温度 T/K		
	β=10K/min	β=20K/min	β=30K/min
0.85	1084.2	1115.5	1136.1
0.80	1080.4	1111.2	1131.3
0.75	1076.7	1107.0	1126.5
0.70	1072.5	1102.6	1121.8
0.65	1068.3	1098.2	1117.0
0.60	1064.2	1093.5	1112.0
0.55	1059.6	1088.6	1106.8
0.50	1054.7	1083.5	1101.3
0.45	1049.6	1077.9	1095.4
0.40	1044.0	1072.3	1089.0
0.35	1037.9	1065.3	1082.0
0.30	1030.9	1057.8	1074.1
0.25	1022.7	1049.2	1065.0
0.20	1012.8	1039.3	1054.4
0.15	1000.4	1026.5	1041.1

由表 2-5-9 可得转化率 α 与温度 T 之间的关系，如图 2-5-20 所示。

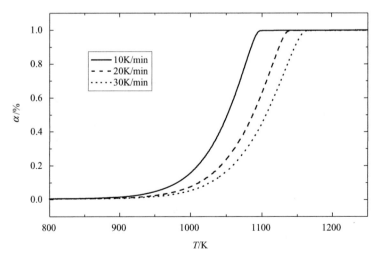

图 2-5-20　粒度为 106～150μm，不同 β 的转化率（α）与温度的关系曲线

固定转化率 α，则 $G(\alpha)$ 一定，作 $\lg\beta-\dfrac{1}{T}$ 的拟合直线，可得不同转化率下的活化能 E 的值，如表 2-5-10 所示。

表 2-5-10　粒度为 106~150μm 不同转化率下的活化能 E

转化率 $\alpha/\%$	活化能 $E/(kJ/mol)$	线性相关系数 r
0.85	206.6576	0.99982
0.80	209.0419	0.99986
0.75	211.9343	0.99991
0.70	212.2971	0.99994
0.65	213.0497	0.99997
0.60	215.2974	0.99996
0.55	216.0323	0.99998
0.50	216.5989	1.00000
0.45	218.1503	0.99999
0.40	219.1372	0.99996
0.35	221.1784	1.00000
0.30	222.579	1.00000
0.25	223.4511	0.99998
0.20	222.3197	0.99985
0.15	221.4269	-0.99976

根据表 2-5-10，按照式(2-1-22)将不同 α 对应的 E 作多项式拟合，如图 2-5-21 所示。拟合得到的多项式

$$E=220.37+24.08\alpha^1-77.94\alpha^2+37.54\alpha^3$$

将 α 外推至 0，则

$$E_{\alpha\to0}=220.37kJ/mol$$

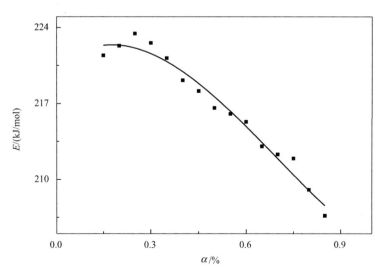

图 2-5-21　粒度为 106~150μm，不同 α 与活化能 E 的拟合曲线

(3) 150~270μm 粒度石灰石分解反应的 $E_{\alpha\to0}$

根据150～270μm粒度石灰石分解所得的如图2-5-7～图2-5-9所示实验结果，提取数据，如表2-5-11所示，转化率α与温度T之间的关系如图2-5-22所示。

表 2-5-11   150～270μm 石灰石对应一定 **α** 和 **β** 的 **T** 值

转化率 α/%	温度 T/K		
	β＝10K/min	β＝20K/min	β＝30K/min
0.85	1084.0	1120.9	1143.6
0.80	1080.0	1116.2	1138.7
0.75	1075.9	1111.7	1133.9
0.70	1071.9	1107.2	1129.0
0.65	1067.7	1102.7	1124.2
0.60	1063.3	1097.7	1118.9
0.55	1058.7	1092.6	1113.6
0.50	1053.8	1087.2	1107.9
0.45	1048.6	1081.5	1101.7
0.40	1042.9	1075.2	1095.1
0.35	1036.8	1068.8	1087.9
0.30	1030.0	1060.6	1079.6
0.25	1021.9	1051.8	1070.1
0.20	1012.4	1042.2	1058.9
0.15	1000.8	1028.9	1044.7

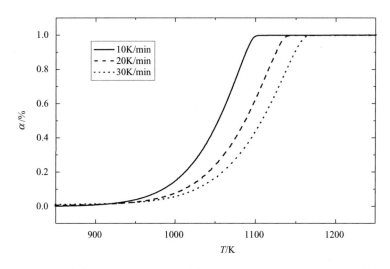

图 2-5-22   粒度为 150～270μm，不同 β 的转化率（α）与温度的关系曲线

固定转化率 α，则 $G(α)$ 一定，作 $\lg β \text{-} \dfrac{1}{T}$ 的拟合直线，可得不同转化率下的活化能 E 的值，如表 2-5-12 所示。

表 2-5-12　粒度为 150～270μm 不同转化率下的活化能 E

转化率 $\alpha/\%$	活化能 $E/(kJ/mol)$	线性相关系数 r
0.85	180.64	1.00000
0.80	182.03	1.00000
0.75	182.74	1.00000
0.70	184.10	1.00000
0.65	184.50	1.00000
0.60	185.87	1.00000
0.55	186.57	1.00000
0.50	187.50	1.00000
0.45	188.96	1.00000
0.40	190.06	1.00000
0.35	191.50	0.99997
0.30	194.82	0.99999
0.25	197.05	1.00000
0.20	199.45	0.99974
0.15	206.10	0.99977

根据表 2-5-12，按照式（2-1-22）将不同 α 对应的 E 作多项式拟合，如图 2-5-23 所示，由此得

$$E=223.86-155.72\alpha^1+226.26\alpha^2-121.39\alpha^3$$

将 α 外推至 0，则

$$E_{\alpha\to0}=223.86kJ/mol$$

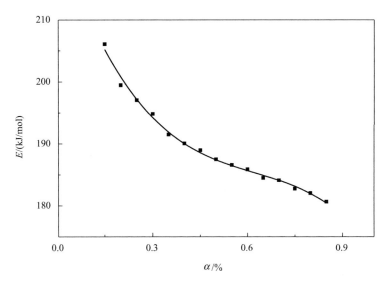

图 2-5-23　粒度为 150～270μm，不同 α 与活化能 E 的拟合曲线

（4）270～590μm 粒度石灰石分解反应的 $E_{\alpha\to0}$

根据 270～590μm 粒度石灰石热分解所得的如图 2-5-10～图 2-5-12 所示的实验结果，提取数据并整理，如表 2-5-13 所示。

表 2-5-13　270～590μm 石灰石对应一定 α 和 β 的 T 值

转化率 α/%	温度 T/K		
	β=10K/min	β=20K/min	β=30K/min
0.85	1087.3	1125.1	1142.1
0.80	1082.9	1120.3	1137.2
0.75	1078.8	1115.6	1132.3
0.70	1074.5	1111.0	1127.3
0.65	1069.9	1106.1	1122.4
0.60	1065.4	1101.0	1117.1
0.55	1061.0	1095.8	1111.5
0.50	1055.6	1090.6	1106.0
0.45	1050.2	1084.2	1099.5
0.40	1044.3	1077.8	1092.6
0.35	1038.0	1070.8	1085.3
0.30	1030.7	1062.8	1076.9
0.25	1022.5	1053.9	1067.3
0.20	1013.1	1043.8	1056.4
0.15	1001.1	1030.7	1042.8

由表 2-5-13 中数据，可得转化率 α 与温度 T 之间的关系如图 2-5-24 所示。

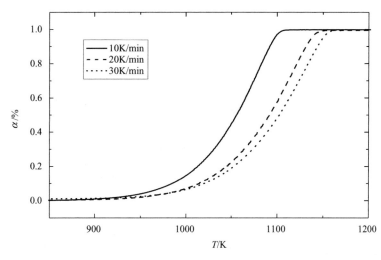

图 2-5-24　粒度为 270～590μm，不同 β 的转化率（α）与温度的关系曲线

固定转化率 α＝0.85，则 $G(\alpha)$ 一定，作 $\lg\beta\text{-}\dfrac{1}{T}$ 的拟合直线，如图 2-5-25 所示。

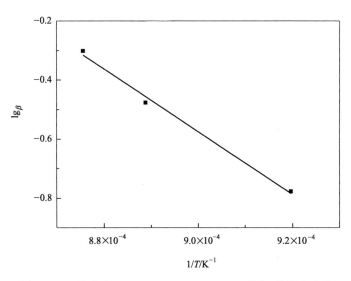

图 2-5-25　粒度为 270~590μm，$\alpha=0.85$，不同 β 的拟合直线

从图 2-5-25 的拟合直线，可得

$$-10622.1=-0.4567\frac{E}{R}$$

$$E=193.37\text{kJ/mol}$$

且线性相关系数为：　　　　　　　　$r=0.99703$

同理，可得其他转化率下的活化能 E，如表 2-5-14 所示。

表 2-5-14　粒度为 270~590μm 不同转化率下的活化能 E

转化率 $\alpha/\%$	活化能 $E/(\text{kJ/mol})$	线性相关系数 r
0.85	193.3702	0.99703
0.80	193.5955	0.99711
0.75	194.9688	0.99720
0.70	195.6806	0.99692
0.65	195.2199	0.99707
0.60	196.5426	0.99716
0.55	199.3557	0.99713
0.50	197.3959	0.99668
0.45	199.9201	0.99710
0.40	201.3843	0.99678
0.35	203.0545	0.99680
0.30	204.7454	0.99670
0.25	207.1728	0.99616
0.20	209.6093	0.99539
0.15	212.2568	0.99533

根据表 2-5-14，按照式(2-1-22) 将不同 α 对应的 E 作多项式拟合，如图 2-5-26 所示。

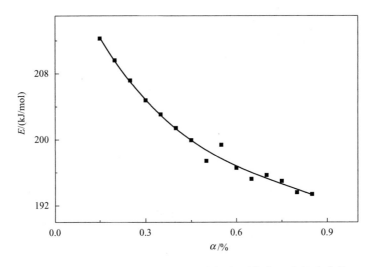

图 2-5-26　粒度为 $270\sim590\mu m$，不同 α 与活化能 E 的拟合曲线

由图 2-5-26 得多项式

$$E=223.36-86.53\alpha^1+94.89\alpha^2-40.82\alpha^3$$

将 α 外推至 0，则

$$E_{\alpha\to0}=223.36\text{kJ/mol}$$

将不同粒径下，由外推法求得所得的石灰石分解反应的活化能进行比较，如表 2-5-15 所示。

表 2-5-15　外推法求得的不同粒径石灰石分解的活化能 $E_{\alpha\to0}$ 的比较

粒度/μm	74～106	106～150	150～270	270～590
活化能/(kJ/mol)	196.49	220.37	223.86	223.36

对于不同粒度石灰石分解反应，在不同升温速率 β、转化率 α 与温度 T 的关系，利用 Coats-Redfern 积分公式确定 $E_{\beta\to0}$，然后与 Ozawa 法求得的不同粒度石灰石分解的活化能 $E_{\alpha\to0}$ 进行比较，以确定不同粒度石灰石分解的最概然机理函数。

2.5.4　不同粒度石灰石分解的最概然机理函数的确定

由图 2-5-18、图 2-5-20、图 2-5-22、图 2-5-24 知，粒度为 $74\sim106\mu m$、$106\sim150\mu m$、$150\sim270\mu m$、$270\sim590\mu m$ 时，分解反应都从 900K 附近开始，升温速率越快，α-T 曲线右移，发生了不同程度的反应速率峰值温度的滞后现象。并且，升

温速率越快，曲线变化越平缓；升温速率越慢，曲线越陡峭。

根据表 2-1-2 中 30 种机理函数积分式，求出对应不同转化率 α 的函数值，如表 2-5-16 所示。由此确定不同粒度下石灰石分解反应的机理函数。

表 2-5-16　30 种机理函数积分式对应不同转化率 α 的函数值

函数序号	函数值							
	$\alpha=0.15$	$\alpha=0.20$	$\alpha=0.25$	$\alpha=0.30$	$\alpha=0.35$	$\alpha=0.40$	$\alpha=0.45$	$\alpha=0.50$
1	0.0225	0.0400	0.0625	0.0900	0.1225	0.1600	0.2025	0.2500
2	0.0119	0.0215	0.0342	0.0503	0.0700	0.0935	0.1212	0.1534
3	0.0027	0.0049	0.0079	0.0116	0.0163	0.0220	0.0287	0.0367
4	0.0028	0.0051	0.0084	0.0126	0.0179	0.0245	0.0326	0.0426
5	0.2296	0.2677	0.3024	0.3348	0.3657	0.3957	0.4251	0.4542
6	0.2794	0.3249	0.3660	0.4042	0.4402	0.4748	0.5083	0.5412
7	0.0023	0.0039	0.0060	0.0084	0.0111	0.0141	0.0174	0.0209
8	0.0021	0.0035	0.0051	0.0070	0.0091	0.0113	0.0136	0.0160
9	0.1625	0.2231	0.2877	0.3567	0.4308	0.5108	0.5978	0.6931
10	0.2978	0.3679	0.4358	0.5029	0.5704	0.6390	0.7097	0.7832
11	0.4031	0.4724	0.5364	0.5972	0.6563	0.7147	0.7732	0.8326
12	0.5457	0.6065	0.6601	0.7092	0.7552	0.7994	0.8424	0.8850
13	0.0007	0.0025	0.0068	0.0162	0.0344	0.0681	0.1277	0.2308
14	0.6349	0.6873	0.7324	0.7728	0.8101	0.8454	0.8793	0.9124
15	0.0264	0.0498	0.0828	0.1272	0.1856	0.2609	0.3574	0.4805
16	0.0043	0.0111	0.0238	0.0454	0.0799	0.1333	0.2137	0.3330
17	0.0780	0.1056	0.1340	0.1633	0.1938	0.2254	0.2584	0.2929
18	0.3859	0.4880	0.5781	0.6570	0.7254	0.7840	0.8336	0.8750
19	0.2775	0.3600	0.4375	0.5100	0.5775	0.6400	0.6975	0.7500
20	0.4780	0.5904	0.6836	0.7599	0.8215	0.8704	0.9085	0.9375
21	0.0527	0.0717	0.0914	0.1121	0.1338	0.1566	0.1807	0.2063
22	0.0398	0.0543	0.0694	0.0853	0.1021	0.1199	0.1388	0.1591
23	0.1500	0.2000	0.2500	0.3000	0.3500	0.4000	0.4500	0.5000
24	0.0581	0.0894	0.1250	0.1643	0.2071	0.2530	0.3019	0.3536
25	0.3873	0.4472	0.5000	0.5477	0.5916	0.6325	0.6708	0.7071
26	0.5313	0.5848	0.6300	0.6694	0.7047	0.7368	0.7663	0.7937
27	0.6223	0.6687	0.7071	0.7401	0.7692	0.7953	0.8190	0.8409
28	1.1765	1.2500	1.3333	1.4286	1.5385	1.6667	1.8182	2.0000
29	0.1765	0.2500	0.3333	0.4286	0.5385	0.6667	0.8182	1.0000
30	1.0847	1.1180	1.1547	1.1952	1.2403	1.2910	1.3484	1.4142

函数序号	函数值							
	$\alpha=0.55$	$\alpha=0.60$	$\alpha=0.65$	$\alpha=0.70$	$\alpha=0.75$	$\alpha=0.80$	$\alpha=0.85$	$\alpha=0.90$
1	0.3025	0.3600	0.4225	0.4900	0.5625	0.6400	0.7225	0.8100
2	0.1907	0.2335	0.2826	0.3388	0.4034	0.4781	0.5654	0.6697
3	0.0461	0.0571	0.0700	0.0852	0.1031	0.1247	0.1510	0.1846
4	0.0546	0.0693	0.0872	0.1093	0.1369	0.1724	0.2197	0.2871
5	0.4834	0.5130	0.5434	0.5749	0.6083	0.6444	0.6846	0.7320
6	0.5737	0.6063	0.6391	0.6725	0.7071	0.7435	0.7828	0.8269
7	0.0247	0.0288	0.0330	0.0374	0.0421	0.0468	0.0518	0.0569
8	0.0185	0.0210	0.0236	0.0263	0.0290	0.0317	0.0344	0.0371
9	0.7985	0.9163	1.0498	1.2040	1.3863	1.6094	1.8971	2.3026
10	0.8607	0.9434	1.0329	1.1317	1.2433	1.3734	1.5325	1.7437
11	0.8936	0.9572	1.0246	1.0973	1.1774	1.2686	1.3774	1.5174
12	0.9277	0.9713	1.0163	1.0638	1.1150	1.1719	1.2379	1.3205
13	0.4066	0.7049	1.2147	2.1012	3.6934	6.7096	12.9533	28.1101
14	0.9453	0.9784	1.0122	1.0475	1.0851	1.1263	1.1736	1.2318
15	0.6376	0.8396	1.1021	1.4496	1.9218	2.5903	3.5991	5.3019
16	0.5091	0.7693	1.1570	1.7452	2.6642	4.1689	6.8279	12.2081
17	0.3292	0.3675	0.4084	0.4523	0.5000	0.5528	0.6127	0.6838
18	0.9089	0.9360	0.9571	0.9730	0.9844	0.9920	0.9966	0.9990
19	0.7975	0.8400	0.8775	0.9100	0.9375	0.9600	0.9775	0.9900
20	0.9590	0.9744	0.9850	0.9919	0.9961	0.9984	0.9995	0.9999
21	0.2337	0.2632	0.2953	0.3306	0.3700	0.4152	0.4687	0.5358
22	0.1810	0.2047	0.2308	0.2599	0.2929	0.3313	0.3777	0.4377
23	0.5500	0.6000	0.6500	0.7000	0.7500	0.8000	0.8500	0.9000
24	0.4079	0.4648	0.5240	0.5857	0.6495	0.7155	0.7837	0.8538
25	0.7416	0.7746	0.8062	0.8367	0.8660	0.8944	0.9220	0.9487
26	0.8193	0.8434	0.8662	0.8879	0.9086	0.9283	0.9473	0.9655
27	0.8612	0.8801	0.8979	0.9147	0.9306	0.9457	0.9602	0.9740
28	2.2222	2.5000	2.8571	3.3333	4.0000	5.0000	6.6667	10.0000
29	1.2222	1.5000	1.8571	2.3333	3.0000	4.0000	5.6667	9.0000
30	1.4907	1.5811	1.6903	1.8257	2.0000	2.2361	2.5820	3.1623

（1）74～106μm 粒度石灰石分解的机理函数的确定

根据表 2-5-7 和表 2-5-16，可以计算出对应于不同的机理函数，石灰石在不同升温速率 β 下分解的动力学参数，以函数 1 的计算为例，不同转化率 α 的函数值如表 2-5-17 所示。

表 2-5-17　74～106μm 粒度石灰石分解的第一种机理函数积分式对应不同转化率 α 的函数值

转化率	$\alpha=0.15$	$\alpha=0.20$	$\alpha=0.25$	$\alpha=0.30$	$\alpha=0.35$	$\alpha=0.40$	$\alpha=0.45$	$\alpha=0.50$
函数值	0.0225	0.0400	0.0625	0.0900	0.1225	0.1600	0.2025	0.2500
转化率	$\alpha=0.55$	$\alpha=0.60$	$\alpha=0.65$	$\alpha=0.70$	$\alpha=0.75$	$\alpha=0.80$	$\alpha=0.85$	$\alpha=0.90$
函数值	0.3025	0.3600	0.4225	0.4900	0.5625	0.6400	0.7225	0.8100

根据粒度为 74～106μm 石灰石分解对应于一定的转化率 α 和升温速率 β 的温度值 T，对表 2-5-17 中数据和升温速率 $\beta=10\text{K/min}$ 的数据作关于 $\ln\left[\dfrac{G(\alpha)}{T^2}\right]-\dfrac{1}{T}$ 的线性拟合直线，如图 2-5-27 所示。

根据图 2-5-27 的线性拟合数据，从斜率 $-\dfrac{E}{RT}$ 可以求得活化能 E 值，从截距 $\ln\left(\dfrac{AR}{\beta E}\right)$ 可以求得 $\ln A$。

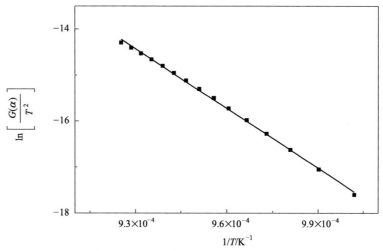

图 2-5-27　粒度为 74～106μm，机理函数

$1(\beta=10\text{K/min})\ln\left[\dfrac{G(\alpha)}{T^2}\right]-\dfrac{1}{T}$ 线性拟合直线

根据分析得知，拟合直线为

$$\ln\left[\frac{G(\alpha)}{T^2}\right]=-43107.1\frac{1}{T}+25.63$$

则

$$-43107.1=-\frac{E}{R}$$

$$E=358.4\text{kJ/mol}$$

且

$$25.63=\ln\frac{AR}{E}$$

$$\ln A=34.5$$

以相同方法，可求出升温速率 $\beta=20\text{K/min}$、$\beta=30\text{K/min}$ 时的 E 和 $\ln A$，同时也考察了拟合过程的线性相关系数 r，如表 2-5-18 所示。

表 2-5-18　粒度为 74～106μm，机理函数 1 在不同升温速率 β 下分解的动力学参数

函数	β=10K/min			β=20K/min			β=30K/min		
	$E/(kJ/mol)$	$\ln A$	r	$E/(kJ/mol)$	$\ln A$	r	$E/(kJ/mol)$	$\ln A$	r
1	358.4	34.5	0.9993	354.2	32.6	−0.9988	347.8	31.2	0.9979

将不同升温速率得到的活化能，根据式(5-1-20) 和式(5-1-21)，进行多项式拟合，如图 2-5-28 和图 2-5-29 所示，然后可求得 $E_{\beta \to 0}$ 和 $\ln A_{\beta=0}$。

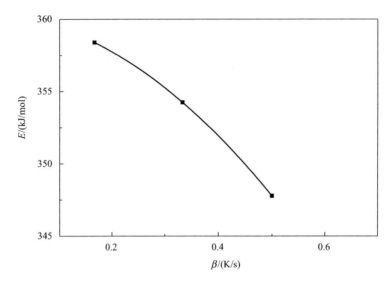

图 2-5-28　粒度为 74～106μm，机理函数 1 在不同升温速率 β 与 E 的拟合曲线

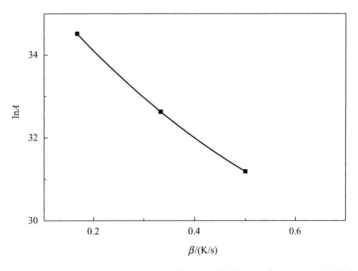

图 2-5-29　粒度为 74～106μm，机理函数 1 在不同升温速率 β 与 lnA 的拟合曲线

根据分析得知，$E_{\beta \to 0} = 364.23kJ/mol$，$\ln A_{\beta \to 0} = 36.23$

重复以上方法，可以求得对应于表 2-1-2 中对应的 30 种机理函数积分式的函数值所对应与不同升温速率下的动力学参数，同时也考察其相关性系数 r，如表 2-5-19 所示。

表 2-5-19　对应不同的机理函数，74～106μm 粒度石灰石在不同
升温速率 β 下分解的动力学参数

函数	$\beta=10K/min$			$\beta=20K/min$		
	$E/(kJ/mol)$	$\ln A$	r	$E/(kJ/mol)$	$\ln A$	r
1	358.39	34.51	0.9993	354.24	32.63	0.9988
2	392.22	38.05	0.9997	387.99	36.03	0.9999
3	406.47	38.32	0.9992	402.21	36.24	0.9997
4	435.68	41.95	0.9968	431.39	39.76	0.9978
5	96.15	3.88	0.9962	94.65	3.27	0.9973
6	90.80	3.38	0.9985	89.31	2.79	0.9992
7	327.46	28.38	0.9980	323.48	26.63	0.9971
8	298.74	24.71	0.9957	294.92	23.09	0.9943
9	232.98	20.93	0.9897	230.52	19.70	0.9915
10	149.65	11.04	0.9890	147.82	10.19	0.9909
11	107.98	5.99	0.9883	106.46	5.33	0.9902
12	66.31	0.78	0.9865	65.11	0.31	0.9887
13	982.99	107.40	0.9906	974.89	102.74	0.9922
14	45.48	−1.96	0.9842	44.43	−2.34	0.9867
15	482.99	50.00	0.9903	478.64	47.63	0.9920
16	732.99	78.76	0.9905	726.77	75.25	0.9922
17	198.63	15.89	0.9986	196.21	14.80	0.9993
18	101.96	5.13	0.9567	99.90	4.43	0.9515
19	129.74	8.41	0.9834	127.52	7.59	0.9805
20	82.08	2.71	0.9254	80.15	2.09	0.9180
21	209.33	16.85	0.9966	206.89	15.71	0.9977
22	214.96	17.27	0.9953	212.52	16.11	0.9965
23	170.68	13.02	0.9992	168.32	12.04	0.9986
24	264.54	23.83	0.9992	261.28	22.40	0.9988
25	76.83	1.85	0.9989	75.36	1.31	0.9982
26	45.55	−2.13	0.9985	44.38	−2.52	0.9975
27	29.90	−4.28	0.9980	28.88	−4.61	0.9965
28	134.07	10.40	0.7695	133.39	9.75	0.7758
29	321.78	32.03	0.9506	319.31	30.47	0.9541
30	58.52	0.39	0.7257	57.90	0.02	0.7307

函数	$\beta=30K/min$			$\beta\rightarrow0K/min$	
	$E/(kJ/mol)$	$\ln A$	r	$E/(kJ/mol)$	$\ln A$
1	347.78	31.19	0.997863	364.23	36.23
2	381.28	34.50	0.99984	398.25	39.88
3	395.42	34.68	0.999948	412.56	40.20
4	424.43	38.12	0.998798	441.89	43.91
5	92.67	2.82	0.998587	98.03	4.54
6	87.36	2.35	0.9998	92.66	4.04
7	317.37	25.29	0.99563	333.01	30.00
8	289.15	21.84	0.992293	304.01	26.23
9	226.77	18.80	0.993591	236.38	22.03
10	145.21	9.58	0.993154	152.05	11.82
11	104.43	4.85	0.992662	109.89	6.63
12	63.65	−0.03	0.991479	67.73	—
13	960.82	99.29	0.994164	995.31	111.51
14	43.26	−2.61	0.989937	46.66	—
15	471.45	45.88	0.993984	489.35	52.10
16	716.14	72.65	0.994105	742.33	81.87
17	192.64	13.98	0.999798	201.90	16.90
18	97.21	3.88	0.944826	104.55	5.88
19	124.50	6.96	0.976443	132.59	9.22
20	77.75	1.61	0.908945	84.43	3.51
21	203.26	14.87	0.998735	212.64	17.89
22	208.85	15.26	0.997829	218.29	18.33
23	164.93	11.29	0.997552	173.82	13.95
24	256.36	21.31	0.997765	269.02	25.16
25	73.51	0.91	0.996734	78.62	2.65
26	43.04	−2.82	0.995518	46.89	—
27	27.80	−4.85	0.993622	31.03	—
28	132.38	9.35	0.78522	134.98	10.94
29	315.23	29.37	0.958864	325.39	33.37
30	57.24	−0.21	0.739969	59.19	—

比较表 2-5-19 及表 2-5-7 部分求得的粒度为 74～106μm 石灰石分解的 $E_{\alpha\rightarrow0}=196.49kJ/mol$，可知最概然机理函数为 17 号函数，函数机理为相边界反应，圆柱对称，$n=\dfrac{1}{2}$，函数积分方程为

$$G(\alpha)=1-(1-\alpha)^{1/2}$$

（2）106～150μm 粒度石灰石机理函数的确定

根据表 2-5-9 和表 2-5-16，可以计算出对应于不同的机理函数，石灰石在不同升温速率 β 下分解的动力学参数，如表 2-5-20 和表 2-5-21 所示。

表 2-5-20　对应不同的机理函数，106～150μm 粒度石灰石在不同

升温速率 β 下分解的动力学参数 （一）

函数	$\beta=10$K/min			$\beta=20$K/min		
	$E/$(kJ/mol)	ln$A$	r	$E/$(kJ/mol)	ln$A$	r
1	360.13	34.58	0.9992	359.07	33.31	0.9988
2	394.18	38.13	0.9999	393.28	36.77	1.0000
3	408.52	38.41	0.9994	407.71	37.01	0.9997
4	437.92	42.05	0.9971	437.29	40.58	0.9979
5	96.67	3.91	0.9965	96.16	3.50	0.9975
6	91.28	3.40	0.9987	90.74	3.00	0.9993
7	329.01	28.44	0.9978	327.88	27.25	0.9970
8	300.11	24.76	0.9954	298.92	23.66	0.9941
9	234.23	20.99	0.9902	233.83	20.17	0.9917
10	150.46	11.08	0.9895	150.03	10.51	0.9912
11	108.57	6.02	0.9888	108.14	5.58	0.9906
12	66.69	0.80	0.9871	66.24	0.48	0.9891
13	988.15	107.64	0.9910	987.96	104.55	0.9925
14	45.75	−1.95	0.9849	45.29	−2.20	0.9872
15	485.54	50.12	0.9907	485.20	48.55	0.9922
16	736.84	78.95	0.9909	736.58	76.61	0.9924
17	199.65	15.94	0.9988	199.03	15.20	0.9994
18	102.36	5.13	0.9555	101.38	4.65	0.9509
19	130.31	8.43	0.9828	129.38	7.86	0.9801
20	82.35	2.71	0.9236	81.36	2.28	0.9172
21	210.42	16.90	0.9969	209.87	16.13	0.9978
22	216.09	17.32	0.9956	215.57	16.55	0.9967
23	171.52	13.06	0.9991	170.76	12.39	0.9986
24	265.83	23.89	0.9992	264.91	22.92	0.9987
25	77.22	1.87	0.9988	76.60	1.50	0.9981
26	45.79	−2.12	0.9984	45.22	−2.39	0.9974
27	30.07	−4.27	0.9978	29.53	−4.50	0.9964
28	135.00	10.46	0.7711	135.53	10.06	0.7773
29	323.60	32.12	−0.9514	323.84	31.11	−0.9546
30	58.96	0.42	−0.7276	58.99	0.19	−0.7333

比较表 2-5-21 及由前得到的 $E_{\alpha \to 0} = 220.37 \text{kJ/mol}$，可知最概然机理函数为 22 号函数，函数机理为相边界反应，圆柱对称 $n = \dfrac{1}{4}$，函数积分方程为

$$G(\alpha) = 1 - (1-\alpha)^{1/4}$$

表 2-5-21　对应不同的机理函数，106～150μm 粒度石灰石在不同
升温速率 β 下分解的动力学参数（二）

函数	$\beta = 30\text{K/min}$			$\beta \to 0\text{K/min}$	
	$E/(\text{kJ/mol})$	$\ln A$	r	$E/(\text{kJ/mol})$	$\ln A$
1	350.02	31.60	0.9977	366.67	36.27
2	383.76	34.95	0.9998	400.98	39.93
3	398.00	35.15	1.0000	415.41	40.25
4	427.22	38.63	0.9989	444.99	43.97
5	93.42	2.96	0.9987	98.72	4.53
6	88.07	2.48	0.9999	93.31	4.03
7	319.39	25.66	0.9954	335.20	30.03
8	290.97	22.18	0.9919	305.96	26.25
9	228.37	19.09	0.9938	238.08	22.06
10	146.30	9.77	0.9934	153.15	11.84
11	105.26	5.01	0.9929	110.69	6.63
12	64.22	0.08	0.9918	68.23	3.24
13	967.02	100.40	0.9944	1002.43	111.67
14	43.71	−2.53	0.9903	47.00	—
15	474.58	46.45	0.9942	492.86	52.18
16	720.80	73.49	0.9943	747.65	81.99
17	193.99	14.23	0.9999	203.31	16.92
18	97.87	4.01	0.9439	105.13	5.86
19	125.36	7.12	0.9759	133.41	9.21
20	78.26	1.72	0.9076	84.86	3.46
21	204.69	15.13	0.9989	214.14	17.91
22	210.32	15.52	0.9980	219.84	18.35
23	166.08	11.50	0.9974	174.99	13.96
24	258.05	21.62	0.9976	270.83	25.18
25	74.12	1.02	0.9966	79.15	2.59
26	43.46	−2.74	0.9953	47.21	—
27	28.13	−4.79	0.9934	31.24	—
28	133.53	9.55	0.7867	136.17	10.98
29	317.46	29.76	−0.9594	327.84	33.44
30	57.84	−0.10	−0.7422	59.73	—

（3）150～270μm 粒度石灰石机理函数的确定

对石灰石粒度为 150～270μm 的分解反应，重复以上计算处理，如表 2-5-22 和表 2-5-23 所示。

表 2-5-22　对应不同的机理函数，150～270μm 粒度石灰石在不同

升温速率 β 下分解的动力学参数（一）

函数	$\beta=10$K/min			$\beta=20$K/min		
	E/(kJ/mol)	$\ln A$	r	E/(kJ/mol)	$\ln A$	r
1	366.93	35.39	0.9982	349.47	32.06	0.9984
2	402.03	39.07	0.9999	382.95	35.44	0.9999
3	416.84	39.40	0.9999	397.07	35.64	0.9999
4	447.21	43.15	0.9986	426.04	39.13	0.9984
5	98.97	4.20	0.9983	93.30	3.10	0.9981
6	93.41	3.67	0.9997	88.00	2.62	0.9996
7	335.01	29.16	0.9960	319.00	26.10	0.9963
8	305.38	25.40	0.9928	290.73	22.59	0.9932
9	239.66	21.64	0.9931	227.68	19.36	0.9926
10	154.07	11.52	0.9927	145.92	9.96	0.9921
11	111.27	6.36	0.9922	105.04	5.16	0.9916
12	68.48	1.03	0.9910	64.15	0.18	0.9902
13	1009.94	110.20	0.9937	963.56	101.42	0.9933
14	47.08	−1.76	0.9896	43.71	−2.44	0.9885
15	496.42	51.41	0.9935	472.98	46.97	0.9931
16	753.18	80.87	0.9936	718.27	74.25	0.9932
17	203.93	16.46	0.9997	193.61	14.49	0.9996
18	103.84	5.32	0.9476	98.13	4.21	0.9479
19	132.51	8.70	0.9779	125.47	7.34	0.9783
20	83.39	2.84	0.9133	78.60	1.90	0.9130
21	215.05	17.46	0.9985	204.22	15.39	0.9983
22	220.90	17.91	0.9975	209.80	15.79	0.9972
23	174.91	13.47	0.9979	165.93	11.75	0.9981
24	270.92	24.50	0.9981	257.70	21.97	0.9983
25	78.90	2.08	0.9973	74.16	1.16	0.9975
26	46.90	−1.97	0.9965	43.57	−2.64	0.9966
27	30.90	−4.15	0.9952	28.27	−4.70	0.9951
28	140.14	11.10	0.7854	132.37	9.62	0.7808
29	332.16	33.14	−0.9577	315.91	30.07	−0.9566
30	61.52	0.76	−0.7450	57.38	−0.05	−0.7358

表 2-5-23　对应不同的机理函数，150～270μm 粒度石灰石在不同

函数	$\beta=30K/min$			$\beta\rightarrow0K/min$	
	$E/(kJ/mol)$	$\ln A$	r	$E/(kJ/mol)$	$\ln A$
1	334.75	29.67	0.9987	383.79	38.52
2	366.79	32.82	0.9999	420.51	42.48
3	380.30	32.93	0.9997	436.01	42.94
4	408.01	36.22	0.9979	467.79	46.93
5	88.57	2.31	0.9975	104.50	5.65
6	83.50	1.86	0.9993	98.68	5.15
7	305.56	23.91	0.9969	350.43	32.08
8	278.46	20.59	0.9941	319.48	28.09
9	217.50	17.71	0.9917	251.34	23.84
10	139.03	8.83	0.9911	162.03	13.11
11	99.80	4.28	0.9904	117.37	7.71
12	60.56	−0.43	0.9888	72.73	—
13	923.70	95.05	0.9925	1055.20	118.31
14	40.95	−2.93	0.9866	50.42	—
15	452.90	43.74	0.9923	519.29	55.56
16	688.30	69.46	0.9924	787.24	86.99
17	184.91	13.07	0.9994	213.95	18.40
18	93.49	3.42	0.9496	109.30	6.61
19	119.70	6.37	0.9796	139.24	10.12
20	74.76	1.23	0.9146	87.94	4.33
21	195.05	13.90	0.9978	225.59	19.49
22	200.39	14.26	0.9967	231.71	19.99
23	158.42	10.51	0.9985	183.59	15.18
24	246.59	20.16	0.9986	283.69	26.91
25	70.26	0.49	0.9979	83.50	4.48
26	40.87	−3.12	0.9971	50.16	—
27	26.18	−5.10	0.9957	33.50	—
28	125.52	8.52	0.7744	147.98	12.62
29	301.85	27.81	−0.9545	348.17	36.06
30	53.81	−0.65	−0.7251	65.72	—

比较表 2-5-23 及前面得到的 $E_{\alpha\rightarrow0}=223.86kJ/mol$，可知最概然机理函数为 21 号函数，函数机理为相边界反应，球形对称，反应级数 $n=\dfrac{1}{3}$，函数积分方程为

$$G(\alpha)=1-(1-\alpha)^{1/3}$$

（4）270～590μm 粒度石灰石机理函数的确定

对石灰石粒度为 270～590μm 的分解反应，继续重复以上计算处理，如表 2-5-24 和表 2-5-25 所示。

表 2-5-24　对应不同的机理函数，270～590μm 粒度石灰石在
不同升温速率 β 下分解的动力学参数（一）

函数	β＝10K/min			β＝20K/min		
	$E/(kJ/mol)$	$\ln A$	r	$E/(kJ/mol)$	$\ln A$	r
1	355.94	34.03	0.9976	346.32	31.59	0.9973
2	390.19	37.60	0.9998	379.81	34.95	0.9997
3	404.65	37.89	1.0000	393.95	35.15	1.0000
4	434.32	41.55	0.9990	422.96	38.63	0.9991
5	95.73	3.77	0.9988	92.48	2.97	0.9990
6	90.30	3.26	0.9999	87.17	2.49	0.9999
7	324.86	27.90	0.9952	315.95	25.64	0.9948
8	296.01	24.23	0.9917	287.77	22.15	0.9911
9	232.63	20.76	0.9940	226.16	19.11	0.9944
10	149.37	10.92	0.9936	144.88	9.79	0.9940
11	107.75	5.89	0.9932	104.24	5.02	0.9936
12	66.12	0.71	0.9922	63.60	0.09	0.9925
13	981.91	106.76	0.9945	957.66	100.44	0.9949
14	45.31	−2.02	0.9908	43.28	−2.52	0.9912
15	482.39	49.67	0.9943	469.99	46.47	0.9947
16	732.15	78.28	0.9945	713.82	73.51	0.9948
17	197.73	15.67	0.9999	192.02	14.23	0.9999
18	100.15	4.84	0.9441	96.64	3.99	0.9414
19	128.06	8.13	0.9758	123.91	7.11	0.9744
20	80.26	2.42	0.9085	77.22	1.69	0.9043
21	208.59	16.64	0.9989	202.64	15.13	0.9991
22	214.31	17.07	0.9981	208.23	15.53	0.9983
23	169.40	12.77	0.9973	164.32	11.50	0.9970
24	262.67	23.47	0.9975	255.32	21.61	0.9972
25	76.13	1.71	0.9965	73.32	1.02	0.9960
26	45.04	−2.23	0.9954	42.99	−2.73	0.9945
27	29.50	−4.37	0.9936	27.82	−4.78	0.9922
28	136.51	10.62	0.7894	132.64	9.61	0.7897
29	323.05	32.00	−0.9598	314.63	29.81	−0.9607
30	59.69	0.50	−0.7482	57.48	−0.06	−0.7457

表 2-5-25 对应不同的机理函数，270～590μm 粒度石灰石在不同升温速率 β 下分解的动力学参数（二）

函数	β=30K/min			β→0K/min	
	$E/(kJ/mol)$	lnA	r	$E/(kJ/mol)$	lnA
1	331.76	29.41	0.9983	369.64	36.59
2	363.64	32.54	0.9999	405.30	40.40
3	377.09	32.65	0.9998	420.37	40.80
4	404.68	35.93	0.9983	451.27	44.68
5	87.76	2.23	0.9980	100.28	4.94
6	82.71	1.79	0.9996	94.62	4.44
7	302.75	23.66	0.9963	337.35	30.27
8	275.83	20.35	0.9932	307.37	26.42
9	215.75	17.56	0.9925	242.32	22.58
10	137.87	8.73	0.9920	155.97	12.22
11	98.93	4.20	0.9914	112.80	7.00
12	60.00	−0.49	0.9899	69.64	—
13	916.63	94.45	0.9932	1019.46	113.51
14	40.53	−2.98	0.9879	48.06	—
15	449.37	43.44	0.9930	501.36	53.12
16	683.00	69.01	0.9931	760.41	83.38
17	183.30	12.92	0.9996	205.95	17.27
18	92.38	3.31	0.9468	104.45	5.85
19	118.42	6.25	0.9780	133.44	9.26
20	73.79	1.13	0.9109	83.81	3.58
21	193.40	13.75	0.9982	217.27	18.31
22	198.72	14.11	0.9972	223.23	18.79
23	156.94	10.38	0.9981	176.46	14.16
24	244.35	19.96	0.9983	273.05	25.43
25	69.53	0.42	0.9974	79.87	3.68
26	40.39	−3.17	0.9963	47.69	—
27	25.83	−5.14	0.9946	31.61	—
28	124.95	8.48	0.7780	143.43	11.94
29	299.77	27.64	−0.9562	336.60	34.46
30	53.53	−0.67	−0.7290	63.38	—

比较表 2-5-25 及前面计算的 $E_{\alpha \to 0} = 223.36\text{kJ/mol}$，可知最概然机理函数为 22 号函数，函数机理为相边界反应，反应级数 $n = \dfrac{1}{4}$，函数积分方程为

$$G(\alpha) = 1 - (1-\alpha)^{1/4}$$

上述处理得到的不同粒度石灰石最概然机理函数如表 2-5-26 所示。可以看出，对于粒度为 $74 \sim 590\mu\text{m}$ 的石灰石，其反应机理均为相边界反应，其反应机理函数积分式可以写为一个通式

$$G(\alpha) = 1 - (1-\alpha)^n$$

通式中的 n 值，根据石灰石粒度的不同，在 $0.25 \sim 0.5$ 之间变化。

表 2-5-26 不同粒度石灰石最概然机理函数

粒度/μm	函数序号	函数名称	反应机理	函数积分式
$74 \sim 106$	17	收缩圆柱体（面积）	相边界反应，圆柱对称 $n = \dfrac{1}{2}$	$1 - (1-\alpha)^{1/2}$
$106 \sim 150$	22	反应级数	$n = \dfrac{1}{4}$	$1 - (1-\alpha)^{1/4}$
$150 \sim 270$	21	收缩球状（体积）	相边界反应，球形对称 $n = \dfrac{1}{3}$	$1 - (1-\alpha)^{1/3}$
$270 \sim 590$	22	反应级数	$n = \dfrac{1}{4}$	$1 - (1-\alpha)^{1/4}$

2.5.5　石灰石分解反应速率限制性环节分析

下面对石灰石热分解的三种控制机理，即传热、CO_2 内扩散和界面化学反应进行研究。

根据表 2-5-7、表 2-5-9、表 2-5-13、表 2-5-15，对于各种粒度的石灰石的分解反应，从分解率 $\alpha = 0.15$ 至 $\alpha = 0.85$，不同升温速率条件下分解所需时间不同，如表 2-5-27 所示。

表 2-5-27 不同粒度石灰石以不同升温速率从 $\alpha = 0.15$ 至 $\alpha = 0.85$ 的平均反应时间

粒度/μm	$74 \sim 106$			$106 \sim 150$		
升温速率/(K/min)	10	20	30	10	20	30
$T_{\alpha=0.15}$/K	998.0	1028.6	1044.8	1000.4	1026.5	1041.1
$T_{\alpha=0.85}$/K	1080.8	1119.4	1141.0	1084.2	1115.5	1136.1
t/min	8.28	4.54	3.20	8.38	4.45	3.17
大小关系	$t_{\beta=10\text{K/min}} > t_{\beta=20\text{K/min}} > t_{\beta=30\text{K/min}}$			$t_{\beta=10\text{K/min}} > t_{\beta=20\text{K/min}} > t_{\beta=30\text{K/min}}$		

粒度/μm	150～270			270～590		
升温速率/(K/min)	10	20	30	10	20	30
$T_{\alpha=0.15}$/K	1000.8	1028.9	1044.7	1001.1	1030.7	1042.8
$T_{\alpha=0.85}$/K	1084.0	1120.9	1143.6	1087.3	1125.1	1142.1
t/min	8.32	4.60	3.30	8.62	4.72	3.31
大小关系	$t_{\beta=10K/min}>t_{\beta=20K/min}>t_{\beta=30K/min}$			$t_{\beta=10K/min}>t_{\beta=20K/min}>t_{\beta=30K/min}$		

从表 2-5-27 可知，对于粒度范围 74～590μm 的石灰石，以不同升温速率条件，石灰石的分解率从 $\alpha=0.15$ 至 $\alpha=0.85$，所需分解时间的大小关系为

$$t_{\beta=10K/min}>t_{\beta=20K/min}>t_{\beta=30K/min}$$

而这一关系对于四种不同的粒度都有统一的趋势，如图 2-5-30 所示。

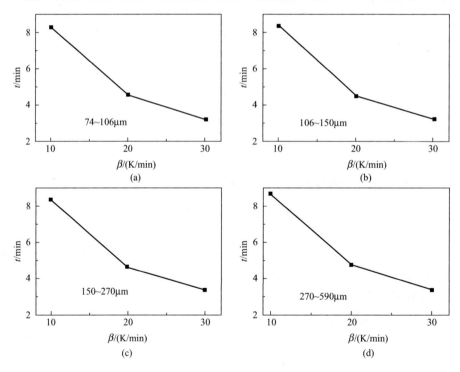

图 2-5-30　不同粒度石灰石以不同升温速率从
$\alpha=0.15$ 至 $\alpha=0.85$ 的时间

这就是说，对于粒度范围 74～590μm 的石灰石，升温速率越快，反应越快；对应于温度越高，反应速率越快。这正是化学反应动力学的阿伦尼乌斯公式的规律

$$k=Ae^{-\frac{E}{RT}}$$

根据表 2-5-27 中数据，在升温速率 β 一定时，不同粒度的石灰石分解，从分解率 $\alpha=0.15$ 至 $\alpha=0.85$ 所需的时间也是不同的，通过作图得出其规律，如图 2-5-31 所示。

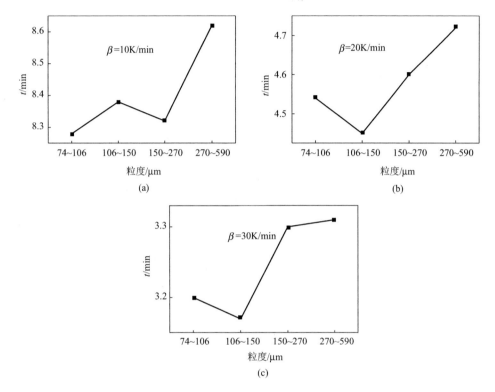

图 2-5-31　不同粒度，相同升温速率 β 时从 $\alpha=0.15$ 至 $\alpha=0.85$ 所用的时间

由图 2-5-31 可知，当升温速率一定时，不同粒度的石灰石分解反应从分解率 $\alpha=0.15$ 至 $\alpha=0.85$ 所需的时间所呈现的规律为：

随着粒度的增加，分解率 $\alpha=0.15$ 至 $\alpha=0.85$ 所需的时间增加，到一定粒度时减少，然后，再增加的趋势，但是增加的时间变化不大。

可以认为粒度对石灰石分解反应速率的控制没有界面化学反应的控制明显。

所以，可以推断，在粒度为 $74\sim590\mu m$ 的石灰石的分解反应，界面化学反应是石灰石分解反应的限制性环节。

最后把石灰石的粒度对碳酸钙分解反应的研究进行一下总结。

在升温速率为 10 K/min、20K/min、30K/min 的条件下，利用热重分析法对 $74\sim106\mu m$、$106\sim150\mu m$、$150\sim270\mu m$、$270\sim590\mu m$ 的四种粒度的低硅含量石灰石（SiO_2 含量 $=0.76\%$）在氮气气氛下进行了热分解过程的动力学研究，得出不同粒度、不同升温速率石灰石的热重分析曲线。

应用 Kissinger 积分法和 Ozawa 微分法，求得不同粒径、SiO_2 含量为 0.76%

的石灰石的活化能。Kissinger 法求出 $74\sim106\mu m$、$106\sim150\mu m$、$150\sim270\mu m$、$270\sim590\mu m$ 四种石灰石中碳酸钙分解的表观活化能分别为 169.9kJ/mol、173.9kJ/mol、176.6kJ/mol、180.2kJ/mol，利用 Ozawa 法得到了石灰石分解的表观活化能随转化率的变化规律，并将转化率外推为零，得到了理论上四种不同粒度石灰石刚开始分解为 CaO 时的表观活化能 $E_{\alpha\to0}$ 分别为 196.5kJ/mol、220.4kJ/mol、223.9kJ/mol、223.4kJ/mol。

从所求出的表观活化能数据可以发现：随粒度的增大，石灰石分解所需活化能逐渐增加，说明分解反应难度增大。

根据热重曲线数据分析，在粒度范围 $74\sim590\mu m$ 时，分解反应都从 900K 附近开始，升温速率越快，$\alpha\text{-}T$ 曲线右移。并且，升温速率越快，曲线越平缓；升温速率越慢，曲线越陡峭。

对应于 Ozawa 分析法，利用 Coats-Redfern 分析法，在假定石灰石分解机理函数的情况下，得到了 30 种不同反应机理函数所对应的动力学参数，将升温速率外推为零，得到了理论上系统处于热平衡状态下的动力学参数 $E_{\beta\to0}$ 和 $\ln A_{\beta\to0}$，将其与 $E_{\beta\to0}$ 与 $E_{\alpha\to0}$ 相比较，确定了 $74\sim106\mu m$、$106\sim150\mu m$、$150\sim270\mu m$、$270\sim590\mu m$ 四种粒度石灰石分解的最可能分解机理是相界面化学反应机理，其最概然分解机理积分函数为 $G(\alpha)=1-(1-\alpha)^n$，不同粒度对应于不同的表观反应级数 n。

四种粒度石灰石分解反应的表观级数分别是 $\frac{1}{2}$、$\frac{1}{4}$、$\frac{1}{3}$、$\frac{1}{4}$。

根据不同升温速率下石灰石的分解速率的不同，得出了化学反应是 $74\sim590\mu m$ 粒度石灰石反应速率的限制性环节。

注意到，这和第一章未反应核模型得到的在化学反应为限制环节时得到的机理函数的结论非常一致！

参 考 文 献

[1] 吴勉华. 转炉炼钢 500 问. 北京：中国计量出版社，1992.
[2] 宋延辉，张宪夫. 活性石灰的生产及在冶金中的应用. 河北理工学院学报，2006，28（1）：5-11.
[3] 唐亚新. 影响石灰活性的因素分析. 炼钢，2001，17（3）：50-53.
[4] Vosteen B. Preheating and complete alcinations of cementraw meal in a suspension reactor. Zement-Kalk-Gips，1974（9）：443-450.
[5] 陈卫强. 烧结矿添加活性石灰工艺浅议. 海南矿冶，1994（3）：14-16.
[6] 衣庆雅. 活性石灰粉剂制备与煅烧设备选择. 冶金矿山设计与建设，1996（4）：47-56.
[7] 杨建华，梁伦竹. 活性石灰应用与气烧石灰竖窑工艺特点. 湖南冶金，1998（2）：26-291.
[8] 杨建华，梁伦竹. 气烧石灰竖窑生产活性石灰的工艺特点. 炼钢，1998（6）：6-91.
[9] 于华财，魏运波，黄健. 活性石灰在钢水精炼中的应用. 炼钢，2004（1）：30-32.

［10］李媛英．烧结配加活性石灰的实验研究．四川冶金，2004（5）：54-56.

［11］刘振海，徐国华，张洪林．热分析仪器．北京：化学工业出版社，2006.

［12］陆振荣．热分析动力学的新进展．无机化学学报，1998，14（2）：119-126.

［13］冯仰婕，史永强，何东明等．固体热分解动力学的热分析法研究．高分子材料科学与工程，1997（13）：30-34.

［14］Criado J M，Malek J，Go to r F J. The applicability of the Sestak-Berggren kinetic equation in constant rate thermal analysis（CRTA）．Thermochimica A cta，1990（15）：205-213.

［15］Dollimore D，Tong P，A lexander K S. The kinetic interpretation ion of the decomposition of Jcium carbonate by use of relationship s other than the A rheniusequation. Thermochimica A cta，1996，290：73-83.

［16］陈镜泓，李传儒．热分析及其应用．北京：科学出版社，1987.

［17］Ozawa T Bull. Chem Soc Jpn，1965，38（11）：1881-1886.

［18］Flynn J H，Wall L A. J Polym Sci Part B，Polymer Letters，1966，4（5）：323-328.

［19］Kissinger H E. Anal Chem，1957，29（11）：1702-1706.

［20］潘云祥，管翔颖，冯增媛等．物理化学，1998，14（12）：1088.

［21］Cotant. Investigation of react ivity of lime stone and dolomite for capturing SO_2 from flue gas（final report）．EPA Report APTD0802（NT IS PB204-385），US EPA. Industrial Environmental Research Lab，1971.

［22］Mckevan W M. Kinetics of iron ore reduct ion. Trans Met Soc AIME，1958，212：791-793.

［23］Satterfield CN，Feakes F. Kinetics of thermal decomposition of calcium carbonate. AIChE J 1959，5：115-122.

［24］Ingraham T R，M ariver P. Kinetic studies on the therm al decomposition of calcium carbonate can．J Chem Eng，1963，41：170-173.

［25］Khinast J，Krammer G F，Brunner C，et al. Decomposition of limestone；the inf luence of CO_2 and particle size on the reaction rate．Chem Eng Sci，1996（51）：623-634.

［26］余兆南．碳酸钙分解的试验研究．热能动力工程，1997，12（4）：278-280.

［27］郑瑛，史学锋，容伟等．石灰石快速煅烧及表面积形成的实验研究．华中理工大学学报，1999，27（3）：43-45.

［28］郑瑛，陈小华，周英彪等．$CaCO_3$分解机理和动力学参数的研究．华中科技大学学报（自然科学版），2002，32（12）：86-88.

［29］仲兆平，Marnie Telfer，章名耀等．Caroline 石灰石热分解试验研究．燃烧科学与技术，2001，7（2）：110-114.

［30］王世杰，陆继东，胡芝娟等．水泥生料分解动力学的研究．硅酸盐学报，2003，31（8）：811-814.

［31］郑瑛，陈小华等．$CaCO_3$ 分解动力学的热重研究．华中科技大学学报（自然科学版），2002，30（8）：71-72.

［32］Irfan Ar，Gulsen Dogu. Calcinatiron Kinetics of high purity linesyones．Che Eng Journal，2001，83：131-137.

［33］齐庆杰，马玉东，刘建忠等．碳酸钙热分解机理的热重试验研究．辽宁工程技术大学学

报，2002，21（6）：689-692.

[34] 范浩杰，章明川，吴国新等．碳酸钙热分解的机理研究．动力工程，1998，18（5）：40-43.

[35] 陈鸿伟，吉云，王春波等．石灰石颗粒煅烧特性的模拟与分析．电站系统工程，2004，20（6）：12-14.

[36] 冯云，陈延信．碳酸钙的分解动力学研究进展．硅酸盐通报，2006，25（3），140-154.

第2篇

活性石灰的制备工艺

什么是石灰的活性？如何度量？对活性度影响的因素有什么？这些问题都需要回答。在这一篇，还要回答如何制出高活性的石灰，以及按照活性度的定义，已知成分的石灰石理论上最高的活性度是多少。活性度的制作工艺如何？在一定的条件下，最佳的制作工艺是什么。在最后一章，叙述目前生产活性石灰的最好的三种设备：回转窑、套筒窑和麦尔兹窑，并对这三种制造活性石灰的设备进行综合评价。

第3章 石灰的活性度

　　我国定义活性石灰的活性度是按照 YB/T 105—2005《冶金石灰物理检测方法》，是原冶金部颁布的"冶标"所代表的国家标准。按照其测量方法，在生产实践中，实际上活性度出现了两个值，一个是按照国标的测量方法，根据样品中实际所含 CaO 的量进行理论计算所得的理论活性度；另一个是实际测定的活性度。理论活性度是活性石灰制备的最高境界，是制备活性石灰追求的目标；实际活性度是由于烧制工艺的缺陷造成的活性度与理论活性度的差值。另外世界上其他国家所采用的活性度的定义与我国的也有差异。下面分别讨论从物理化学的角度看活性度，特别是极细颗粒时石灰石的分解机理；描述目前世界各国石灰活性度的定义及测量方法；理论活性度的计算及石灰中含有其他组分时对活性度的影响等。

3.1　石灰的活性度与物理化学

　　工业上石灰活性的大小是用活性度表达的。如冶金工业检测石灰的活性度是将烧制的石灰与水进行反应，用在水中的反应速率来定义石灰在冶金熔渣中的熔化速率，因此，石灰的水活性已作为检查石灰质量的指标之一。

　　假设对球形大颗粒的 $CaCO_3$ 分解反应

$$CaCO_3 \Longrightarrow CaO + CO_2$$

其标准自由能变化为

$$\Delta_r G^{\ominus} = -RT\ln K^{\ominus} = -RT\ln p_{CO_2}$$

　　如果给定的石灰石和环境的 CO_2 压强，设定的温度恰好是热力学分解温度，在此条件下进行加热分解，当 $CaCO_3$ 的分解反应刚好结束时，停止加热，得到的 CaO 即是在按照热力学计算的分解条件、在反应动力学刚好完成的物理化学意义上该石灰石分解的活性石灰。

　　因此，石灰的活性是分解时，所生成的所有 CaO 在没有与石灰石内的其他组分反应的前提下所表现出的在物理化学理论意义上的行为。如果其中含有 SiO_2 等杂质的话，在理论计算时要把这些杂质除去。

　　对于大颗粒的 $CaCO_3$ 分解反应，若考虑生成的 CaO 为半径为 r 的微小圆形颗粒，研究其标准自由能的变化，为区别与生成微小颗粒的 CaO 分解反应，定义生

成大颗粒的 CaO 的碳酸钙分解反应的标准自由能变化为

$$\Delta_r G_V^\ominus = -RT\ln K_V^\ominus = -RT\ln p_{CO_2,V}$$

生成微小颗粒的 CaO 的碳酸钙分解的标准自由能变化为式（3-1-1）

$$\Delta_r G^\ominus = u_{CO_2}^\ominus + u_{CaO}^\ominus - u_{CaCO_3}^\ominus$$

$$= u_{CO_2}^\ominus + \left(u_{CaO,V}^\ominus + \frac{2M_{CaO}\sigma_{CaO}}{\rho_{CaO}r_{CaO}}\right) - \left(u_{CaCO_3,V}^\ominus + \frac{2M_{CaCO_3}\sigma_{CaCO_3}}{\rho_{CaCO_3}r_{CaCO_3}}\right)$$

$$= (u_{CO_2}^\ominus + u_{CaO,V}^\ominus - u_{CaCO_3,V}^\ominus) + \left(\frac{2M_{CaO}\sigma_{CaO}}{\rho_{CaO}r_{CaO}} - \frac{2M_{CaCO_3}\sigma_{CaCO_3}}{\rho_{CaCO_3}r_{CaCO_3}}\right)$$

$$= \Delta_r G_V^\ominus + \left(\frac{2M_{CaO}\sigma_{CaO}}{\rho_{CaO}r_{CaO}} - \frac{2M_{CaCO_3}\sigma_{CaCO_3}}{\rho_{CaCO_3}r_{CaCO_3}}\right) \tag{3-1-1}$$

式中　$K_V^\ominus$，$\Delta_r G_V^\ominus$，$p_{CO_2,V}$——大颗粒碳酸钙分解反应的平衡常数、标准自由能变化（J）和对应的分解压；

　　　　$u_{CO_2}^\ominus$，$u_{CaO}^\ominus$，$u_{CaCO_3}^\ominus$——CO₂ 和小颗粒 CaO、CaCO₃ 的标准化学势；

　　　　$u_{CaO,V}^\ominus$，$u_{CaCO_3,V}^\ominus$——大颗粒 CaO、CaCO₃ 的标准化学势。

亦即

$$RT\ln p_{CO_2} = RT\ln p_{CO_2,V} + 2\left(\frac{M_{CaCO_3}\sigma_{CaCO_3}}{\rho_{CaCO_3}r_{CaCO_3}} - \frac{M_{CaO}\sigma_{CaO}}{\rho_{CaO}r_{CaO}}\right) \tag{3-1-2}$$

式中　　　　　$RT\ln p_{CO_2,V} = u_{CaCO_3,V}^\ominus - u_{CaO,V}^\ominus - u_{CO_2}^\ominus \tag{3-1-3}$

从式（3-1-3）可见，微小颗粒 CaCO₃ 的分解压与大颗粒碳酸钙比较，取决于分解前后颗粒的状态，特别是与粒度有关的颗粒半径。

式（3-1-2）亦可用下式表示

$$RT\ln\frac{p_{CO_2}}{p_{CO_2,V}} = 2\left(\frac{M_{CaCO_3}\sigma_{CaCO_3}}{\rho_{CaCO_3}r_{CaCO_3}} - \frac{M_{CaO}\sigma_{CaO}}{\rho_{CaO}r_{CaO}}\right) \tag{3-1-4}$$

或利用碳酸钙分解反应标准自由能的数据 $\Delta G_T^\ominus = 174923 - 150T$
得

$$-RT\ln p_{CO_2,V} = 174923 - 150T$$

将式（3-1-4）变为

$$\ln p_{CO_2} = 18.04 - \frac{21040}{T} + 2\left(\frac{M_{CaCO_3}\sigma_{CaCO_3}}{\rho_{CaCO_3}r_{CaCO_3}} - \frac{M_{CaO}\sigma_{CaO}}{\rho_{CaO}r_{CaO}}\right)$$

这就是理论上制备活性石灰时小颗粒石灰石分解时的分解压与颗粒半径的关系。

3.2　活性度的测量方法

活性度的测量方法中国和日本、美国以及德国都有区别。总的方法分为粗粒滴定法和消化速率法。

3.2.1　粗粒滴定法

中国是根据 YB/T 105—2005《冶金石灰物理检测方法》，石灰活性度的测量方法（酸碱滴定法）：将一定量的试样水化，同时用一定浓度的盐酸，将石灰水化过程中产生的氢氧化钙中和。从加入石灰试样开始至试验结束，始终要在一定搅拌速率的状态下进行，并须随时保持水化中和过程中的等量点，准确记录恰好 10min 时盐酸的消耗量。以 10min 消耗盐酸的质量（mg）表示石灰的活性度[2]。

具体的操作步骤：

① 准确称取粒度为 1～5mm 的试样 50.0g，放于表皿或其他不影响检验结果的容器里，置于干燥器中备用；

② 量取稍高于 40℃的水 2000mL 于 3000mL 的烧杯中，开动搅拌仪，用温度计测量水温；

③ 待水温降到 40℃±1℃时，加酚酞指示剂溶液 8～10 滴，将试样一次倒入水中消化，同时开始计算时间；

④ 当消化开始呈红色时，用 4mol/L 盐酸滴定，滴定并保持溶液到红色刚刚消失，待又出现红色时则继续滴入盐酸，整个过程中都要保持溶液滴定至红色刚刚消失，记录恰好到第 10min 时消耗的 4mol/L 盐酸体积（mL）。如果需要也可记录任何时间内消耗的盐酸体积（mL）。

实验装置如图 3-2-1 所示。

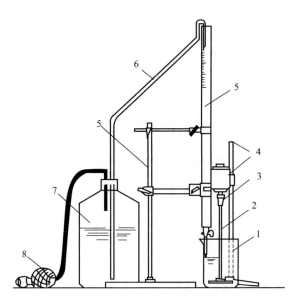

图 3-2-1　酸碱滴定法测定石灰活性度实验装置图[1]

1—烧杯；2—搅拌棒；3—不锈钢夹头；4—电机及支架；5—滴定管及支架；

6—玻璃虹吸管；7—盐酸瓶；8—双联球打气囊

关于粗粒滴定法，日本、德国和中国的区别如表 3-2-1 所示。

表 3-2-1 粗粒滴定法的标准：日本、德国和中国的区别

标准	日本新日铁公司	中国 YB/T 105—2005	德国石灰工业联合会
装置器具			
电动搅拌机功率/W	100	100	50
搅拌杆转速/(r/min)	500	250～300	350
烧杯容积/mL	2000	3000	5000
滴定管容积/mL	200	500	500
温度计量程/℃	0～100	0～100	0～100
计时器	秒表	秒表	秒表
药品试剂			
HCl 浓度/(mol/L)	4	4	4
指示剂	BTB 0.1%	酚酞 5g/L	酚酞 0.2%
水体积/mL	1000	2000	4000
石灰样品			
重量/g	25	50.0	100
粒度/mm	2～10	1～5	1～5
初始温度/℃	30±2	40±1	40±1
试验时间/min	5	10	10
检验报告			
4mol/L HCl 消耗量/mL	每分钟滴入量		
	累计量	累计量	累计量

由表 3-2-1 可以看出，中国标准和日本、德国标准的最大区别是石灰样品的质量，中国取 50.0g，而日本取 25g，德国取 100g；就样品的粒度来说，中国、德国是 1～5mm，而日本是 2～10mm；测试时间，中国、德国是 10min，而日本是 5min；搅拌转速为中国 250～300r/min，德国 350r/min，而日本 500r/min。这样的话，对于同一个样品，中国、日本、德国三个标准所得到的活性度的数据肯定是不一样的。如果仅仅是所取的样品的质量，同一个样品中国、德国、日本的活性度的比应该是 2：4：1，但是样品的粒度、时间、搅拌速率及温度不一样，使得所测样品活性度不可能是简单的比例关系。

3.2.2 消化速率法

测定石灰活性度的另一种方法是消化速率法，如加拿大国家标准[3]的测定方法：将 225mL 温度为 24℃的去离子水倒入容量为 1000mL 的保温容器内，开动搅拌器，转速控制为 300r/min 进行搅拌，然后将 75g 一定粒度的石灰试样倒入烧杯中，同时开始计时、测温，每隔 10s 读一次温度值，直至温度开始降低为止。记录首次出现最高温度的时间（t）及达到的最高温度（T_{max}），按下式进行计算得到温升速率，即为石灰的活性度。

$$活性度＝消化速率＝\frac{T_{max}-24}{t}\times60(℃/min)$$

实验装置如图 3-2-2 所示。

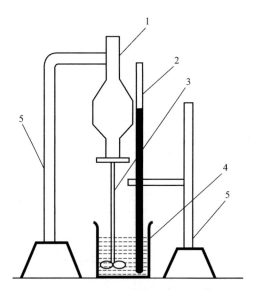

图 3-2-2　消化速率法测定石灰活性度实验装置示意图
1—搅拌器；2—温度计；3—搅拌棒；4—容器；5—支架

实验装置都一样，但美国和德国在样品的加入量上不一样，如表 3-2-2 所示。美国加入 100g，德国加入 150g；还有保温瓶中的初始温度也不一样，加拿大是 24℃，美国 25℃，德国 20℃。这样的话，也不能简单地用他们三个的样品数量的比例来换算同一样品的活性度的值。

表 3-2-2　美国和德国用消化速率法的标准参数[2]

标　准	美国 ASTM-C-110-76a	德国石灰工业联合会
装置器具		
电动搅拌机功率/W	45	45
搅拌机转速/(r/min)	400±50	250
搅拌杆形状	环形	4 叶片
保温瓶(杜瓦瓶)容积/mL	665	1000
温度计量程/℃	0～100	0～100
计时器	秒表	秒表

标　　准	美国 ASTM-C-110-76a		德国石灰工业联合会
水用量/mL	500(400)		600
石灰样品	白云石质	高钙质	
质量/g	120	100	150
粒度/mm	0～3.35		0～5
初始温度/℃	40±0.5	25±0.5	20±0.5
记取温度时间	首次(记取温度时间)为投入试样后 30s		
	反应性		时间间隔
	高		30s
	中		1min
	低		5min
	终止记取温度时间为三次读取温度变化在 0.5℃范围内的初次时间		
检验报告	检验报告应具有消化曲线图或在规定时间内的温升值和消化时间		

3.3　活性石灰的理论活性度的计算

石灰石原料是一种天然矿物，不是一种纯净的物质，由 $CaCO_3$、$MgCO_3$、SiO_2、K_2O、Al_2O_3、Fe_2O_3、P、S、Na_2O 等物质组成。S 元素一般以 $CaSO_4$ 形式存在。煅烧后，在得到 CaO 的同时，如果过烧，会使一部分 CaO 以硅酸盐 $2CaO \cdot SiO_2$ 形式存在。所以，先计算纯碳酸钙的情况下得到的石灰的理论活性度，再计算一般的石灰石在含有杂质的情况下的理论活性度。

3.3.1　纯 $CaCO_3$ 分解后得到的活性石灰的理论活性度的计算

根据国标，石灰与水的反应速率反映了石灰在熔渣中的熔化速率，因此，石灰的水活性已作为检查石灰质量的指标之一。

活性度的定义及测定方法：

称量 50g 活性石灰，加入 40℃的蒸馏水中，搅拌 10min，然后用 4mol/L 的盐酸滴定，用消耗盐酸的量定义为石灰的活性度。

生石灰的水化反应为：

$$CaO + H_2O = Ca(OH)_2 \tag{3-3-1}$$

$$Ca(OH)_2 + 2HCl = CaCl_2 + 2H_2O \tag{3-3-2}$$

50g 活性石灰的物质的量　　$n_{CaO} = \dfrac{50}{56} = 0.893 \text{mol}$

所消耗盐酸的物质的量　　$n_{HCl} = 2 \times 0.893 = 1.786 \text{mol}$

折合为 4mol/L 的盐酸的体积（mL）为

$$\frac{1.786}{4} = 0.4465L = 446.5mL$$

所以没有任何杂质的纯 $CaCO_3$ 分解得到的活性石灰的理论活性度为 446.5mL。如果有人给出的活性石灰的活性度超过 446.5mL 这个值，那一定存在问题！

3.3.2 含有杂质组分的 $CaCO_3$ 制备的活性石灰理论活性度计算

根据石灰石的物质存在的形式以及石灰石在煅烧过程中发生的主要化学反应式，可以推导出含有杂质元素的石灰石的理论活性度计算公式[4]。

煅烧过程所发生的化学反应为

$$CaCO_3(s) \longrightarrow CaO(s) + CO_2(g)$$
$$MgCO_3(s) \longrightarrow MgO(s) + CO_2(g)$$
$$2CaO(s) + SiO_2(s) \longrightarrow 2CaO \cdot SiO_2(s)$$
$$CaSO_4(s) \longrightarrow CaO(s) + SO_3(g)$$

依据石灰石煅烧机理和上述化学反应式以及相关元素的相对原子质量，可以得出计算公式

$$Sh = Ss(100 - IL)/(100 - W - Z) \tag{3-3-3}$$

式中　Ss——石灰石中 CaO、MgO、SiO_2、Al_2O_3、Fe_2O_3、P（不含 S）各化学成分含量，%；

　　　Sh——石灰中相对应的 CaO、MgO、SiO_2、Al_2O_3、Fe_2O_3、P 各化学成分含量，%；

　　　W——石灰石中（44/56）CaO，%；

　　　Z——石灰石中（44/40）MgO，%；

　　　IL——石灰中灼减，%（残留 CO_2 量，SO_3 忽略不计）。

冶金石灰活性度理论计算公式的推导可由如下方法完成。

石灰中的化学成分为：CaO、MgO、SiO_2、Al_2O_3、Fe_2O_3 及其他微量元素，仅有 CaO 水解消耗 HCl。根据石灰活性度（生石灰在水中的消化速率）的测试原理，可以找出 HCl 消耗量与 CaO 的理论关系。

$$CaO + H_2O \longrightarrow Ca(OH)_2$$
$$Ca(OH)_2 + 2HCl \longrightarrow CaCl_2 + 2H_2O$$
$$CaO + 2HCl \longrightarrow CaCl_2 + H_2O$$

由上面化学反应式和相关元素的相对原子质量计算出 50g CaO 完全反应所需

HCl 的量。

$$m(HCl) = 2 \times 50 \times 36.45/56.08 = 65.0g$$

1L 4mol/L HCl 中 HCl 的质量为 $4 \times 36.45 = 145.80g$。那么 50g CaO 消耗 HCl 的体积为：

$$V = 1000 \times 65.0/145.80 = 445.8mL$$

煅烧石灰的过程中，会出现两种极端情况。

（1）过烧

在 $CaCO_3$ 已经分解的情况下，如果再继续在高温下煅烧，就会出现过烧。过烧的后果如下。

① 在石灰石原料煅烧过烧状态下，由于 CaO 和 SiO_2 具有亲和力强的化学特性，在煅烧温度时，SiO_2 就能以固体状态与 CaO 发生反应。反应进行速率取决于 SiO_2 在石灰中分布的均匀程度，分布得越均匀，反应进行得越快、越充分，随着煅烧温度的不断升高，首先生成 $CaO \cdot SiO_2$，由于有过量的 CaO，反应向硅酸钙最大饱和量进行，直到生成 $3CaO \cdot SiO_2$。

② 石灰石中的杂质成分 SiO_2、Al_2O_3、Fe_2O_3 与 CaO 可能会在局部高温的情况下相互溶解生成熔融相，存在于 CaO 晶粒周围。在做活性度的检测时，可能会减少试样在水中的溶解速率和石灰的水化性，即影响了石灰的活性度。

（2）生烧

生烧是煅烧石灰的过程中，由于煅烧的时间短，部分 $CaCO_3$ 没有来得及分解煅烧就结束了，使得成品石灰块的中心部位有以 $CaCO_3$ 为主的硬心。也就是说生烧的 CaO 结构主要是 $CaCO_3$，$CaCO_3$ 在水溶液及酸溶液中不被溶解，故石灰中生烧部分在活性度检验中不与 HCl 作用，也就没有活性度。

在活性度检测过程中，如果是过烧，则形成的石灰中可能的生成物 $mCaO \cdot SiO_2$、$mCaO \cdot Al_2O_3$、$mCaO \cdot Fe_2O_3$ 等杂质在水或酸性溶液中也不被溶解。

因此，理论计算石灰的活性度时，不能仅用石灰中 CaO 含量来推算 HCl 的消耗量。

文献 [4] 依据以上石灰石煅烧机理和活性度测试原理，推导出石灰活性度理论计算公式为式（3-3-4）

$$V = \left\{ w(CaO) - \left[\frac{112}{60}w(SiO_2) + \frac{168}{102}w(Al_2O_3) + \frac{112}{160}w(Fe_2O_3) + \frac{56}{44}w(IL) + w(CaSO_4) \right] \right\}$$
$$\times 4.46mL \tag{3-3-4}$$

式中　V——石灰活性度，mL；

　　　IL——石灰中灼减，%。

为计算方便，进行简化整理，得式（3-3-5）

$$V=\{w(\mathrm{CaO})-[1.9w(\mathrm{SiO_2})+w(\mathrm{Al_2O_3})+w(\mathrm{Fe_2O_3})+1.30IL]\}\times4.46(\mathrm{mL})$$

$$(3\text{-}3\text{-}5)$$

有人提出了冶金石灰活性度经验计算公式。其理论依据是在石灰石煅烧过程中，$MgCO_3$ 煅烧分解温度低于 $CaCO_3$ 煅烧分解温度。当 $CaCO_3$ 开始分解时，$MgCO_3$ 已被煅烧失去活性。而 Ca 和 Mg 都属于第二主族元素，是性能十分相近的碱金属元素。$CaCO_3$ 和 $MgCO_3$ 煅烧分解产生的 CaO 和 MgO，其化学性质有密切关系，因而会形成 CaO 和 MgO 的化合物，MgO 会对石灰活性度产生影响。当石灰中 MgO 含量小于 3%以内时，活性度随着 MgO 含量增多而缓和提高；当石灰中 MgO 含量大于 3%时，就会降低石灰的活性度，并且活性度随着 MgO 含量增多而降低。从而推导出石灰中 MgO 含量大于 3 %时，活性度经验计算公式，如式 (3-3-6)所示。

$$V=\{w(\mathrm{CaO})-[1.9w(\mathrm{SiO_2})+w(\mathrm{Al_2O_3})+w(\mathrm{Fe_2O_3})+1.30IL+Rw(\mathrm{MgO}]\}$$
$$\times4.46(\mathrm{mL})$$

$$(3\text{-}3\text{-}6)$$

式中　R——经验系数(一般 $1.0\leqslant R\leqslant1.4$，在煅烧镁质石灰石取 1.2)。

3.4　对石灰活性度的影响因素

影响石灰活性的因素很多，就煅烧工艺和装备而言，其中以下几种因素的影响较为重要。

3.4.1　石灰活性度与微观结构的关系

前面从物理化学的角度及理论推导都已经研究了石灰的活性度，就微观结构的方面，石灰的活性度又如何？文献 [5] 从气孔率和比表面积的角度研究了石灰的微观结构和活性度的关系。

(1) 压汞法测试石灰的孔径大小

压汞法是由里特（H. L. Ritter）和德列克（L. C. Drake）根据水银对一般固体表面的不可润湿性，在外部压力作用下挤入固体小孔，通过测量外部压力的大小来反推固体内孔隙度大小的一种量度方法。

在具体实验时，把需要测量的固体粉末体中所含的气体抽出，然后在外压作用下使汞填充于原来气体所占的位置，这样的话，压入固体材料的汞量就与孔径大小及分布情况有关，压汞压力也与孔径大小有关。从另外一个方面说，孔径越小所需压入固体内部的汞就越少，压汞压力也越大，反之亦然。

活性石灰的制取是在实验室完成的。石灰的活性度测试用滴定法。石灰的微观形貌测试是用扫描电镜测试的，如煅烧时，120min，温度1000℃，活性度312mL

的石灰，在放大 5000 倍的电镜（SEM）下的照片如图 3-4-1 所示。

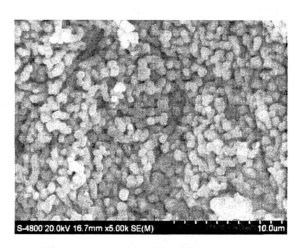

图 3-4-1　5000 倍的活性石灰的 SEM 照片

（2）比表面积、孔容积及平均孔径与活性度的关系

对不同石灰样品的多次重复压汞与水活性测试，分别随机抽取了 6 个样品，得出石灰的活性度与比表面积、孔容积及平均孔径的关系图如图 3-4-2～图 3-4-4 所示。

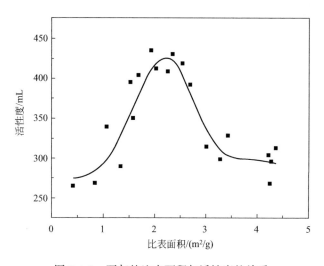

图 3-4-2　石灰的比表面积与活性度的关系

从图 3-4-2～图 3-4-4 石灰的比表面积、孔容积及平均孔径与活性度的关系可以看出，比表面积在 2～2.5m²/g 附近、孔容积在 0.45mL/g 及平均孔径 750nm 左右时，石灰的活性度达到极大值，并非石灰的比表面积、孔容积及平均孔径越大，石灰的活性度越大。这反映出石灰活性度微观世界的一个情况，在石灰的颗粒的微小

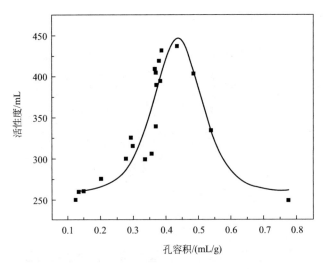

图 3-4-3　石灰的孔容积与活性度的关系

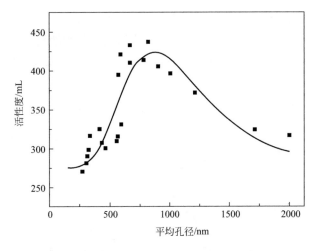

图 3-4-4　石灰的平均孔径与活性度的关系

度超过一个临界值时，得到的 CaO 是与杂质反应，还是相互聚集成微小的非活性集合体，还需要进一步研究。

3.4.2　煅烧设备对活性度的影响

　　由于各种煅烧设备的特点和一些设备在满足石灰石分解工艺的局限性，石灰的活性度大小很大程度上取决于煅烧石灰石用什么煅烧设备。根据窑炉结构形式和用户投资的限制，石灰窑常常选用普通竖窑、并流蓄热式竖窑、套筒式竖窑、回转窑、沸腾窑等。在多年的生产实践中，各种窑型生产的石灰的活性度所能达到的指标已经基本在一定的范围，如表 3-4-1 所示。

表 3-4-1　几种窑型生产的石灰活性度

指标	并流蓄热式竖窑	沸腾窑	套筒窑	回转窑	普通竖窑
活性度/mL	320～400	400	320～400	350～400	150～250

（1）普通竖窑

普通竖窑之所以煅烧不出高活性度的石灰，其原因有：

① 竖窑截面气流分配不均，物料下移快慢不一，同一断面上温差大，形成局部高温区和低温区，致使石灰焙烧度不均匀，必然造成煅烧的石灰有些区域过烧、有些区域烧不透，表现在整体活性度差；

② 石灰石在窑内停留时间长，一般为 20～45h 左右，过烧严重，过烧造成的石灰晶格重新排列、晶粒增大，结果生成反应能力低的非活性石灰；

③ 石灰竖窑一般用焦炭和煤作燃料，因焦炭和煤粉生成的灰分残留在石灰中，造成石灰杂质增多；由于过烧，在煅烧过程中燃料的灰分和石灰还易生成 $CaO \cdot Fe_2O_3$、$CaO \cdot Al_2O_3$、$2CaO \cdot SiO_2$、$CaSO_4$ 等盐类，包覆于石灰颗粒表面，形成一层矿渣薄膜，使石灰分解速率减慢，结果生成非活性石灰。

对于竖窑，如果改善操作条件和原料、燃料条件，如把固体燃料改为气体燃料，可以使石灰活性度达到 300mL 左右。

（2）并流蓄热式竖窑

并流蓄热式竖窑能煅烧出高活性度的石灰，其原因有：

并流蓄热式竖窑有两个窑身或三个窑身，在两个或三个窑身下部之间设有连通管，燃料在窑身上部供给，气流与物料并流向下，经过连通管，进入另一窑身。因此窑身上部安装有换向系统，一个窑身被加热，另一个或两个窑身被预热，大约间隔 12min 变换一次窑身功能。并流加热和逆流加热相比较，并流加热方式，热气流由窑顶部进入；而逆流加热方式，气流由窑底部进入煅烧带，由于高温物料和冷气流温差大，致使处于煅烧带下部的石灰过烧和烧结，所以不能生成活性石灰；并流蓄热式竖窑的加热能够适应石灰煅烧开始阶段温差大、煅烧结尾阶段温差小的要求，故能烧出好的活性石灰。

（3）回转窑

回转窑能煅烧出高活性石灰，其原因有：

① 回转窑内传热主要为辐射传热，而在石灰层内部主要依靠传导传热，通过窑体不断旋转，物料得以混匀，在物料滚动过程中，大颗粒在物料上层，小颗粒在料层下部，不同粒度石灰石都得到均匀加热，生成石灰的质量均匀而活性高。

② 石灰石的煅烧是从表面向里进行的，窑内空间温度随煅烧温度升高而升高，但窑内料层温度维持一定，而当石灰石烧成石灰时，再继续加热，温度会急剧上升，致产生过烧，因此要求石灰必须迅速从窑内推出，回转窑物料在窑内停留时间短，能够满足生成活性石灰的工艺要求。

（4）沸腾窑

可煅烧出最高活性石灰，其原因有：

① 这种窑能烧极细颗粒石灰石，并在悬浮状态下煅烧，物料受热均匀；

② 煅烧温度较低，煅烧时间短，是最接近形成理论活性度的设备，因此生成的石灰的活性度非常高。

3.4.3 石灰石矿对活性度的影响

从对石灰石和石灰的微观结构研究发现，粗晶矿石的石灰晶粒聚晶生长的方向比较清楚、结晶均匀，说明烧结情况较好；而细晶矿石的石灰则不仅晶粒的生长无一定的形状，且形成不定向堆积，晶粒间空隙较大又不均匀，烧结情况较差。

细晶矿石之所以烧结较差，其原因在于它的晶粒排列多向、不均匀产生的瞬时应力，使 CaO 微晶在滑移聚合和气体的逸出时都比粗晶矿石困难，并在晶粒内保留了比粗晶为多的孔隙。随着焙烧温度的升高，由于聚晶，无论哪种结晶类型的矿石烧成石灰的晶粒比表面积和晶粒内的孔隙都在下降，活性度的温度系数一般为负值，但粗晶结构的比细晶结构的大。

如果取相同焙烧温度下所得石灰进行比较，就可以发现，随着矿石晶粒的变大，石灰的活性度变小。

由粗晶石灰石烧成的石灰晶粒内孔隙少，石灰在消化过程中反应面积变化不大，消化速率均匀，因而消化曲线平滑。相反由细晶石灰石烧成的石灰比表面积较小，晶粒内却保留了比较多的孔隙，石灰消化时，开始反应面积较小，但一旦突破了表面层，反应面积就迅速变大，故活性度曲线出现了突变点。

这两种类型的石灰石在焙烧时所表现出来的特征，对实际生产有很大意义。主要表现在：

① 粗晶结构的石灰石烧成的石灰，其活性度对焙烧温度很敏感；

② 细晶结构的石灰石烧成的石灰，焙烧温度和焙烧时间对其活性度影响很小，石灰的活性较高；

③ 粗晶结构石灰石烧成的石灰，其活性度曲线平滑，细晶结构石灰石烧成的石灰，在和水反应的初期，其活性度曲线有突变点，造成这种区别的原因，在于它们的结晶类型不同。

另外，石灰石内杂质对其活性度也有一定影响。

石灰石中有害杂质有：SiO_2、Al_2O_3、Fe_2O_3、Na_2O、K_2O、P、S 等。研究发现，由于石灰石煅烧刚开始形成的是高活性的石灰，就容易与这些杂质在较低温度（如900℃）开始反应，促使 CaO 微粒间的融合，导致微粒结晶粗大化。铁的化合物和铝的化合物是强的助熔剂，能促使生成易熔的硅酸钙、铝酸钙和铁酸钙。这些熔融的化合物会堵塞石灰表面细孔，使石灰反应能力下降；还会阻塞 CO_2 气体的排出，形成中心部位的生烧石灰，更主要是它又和石灰发生反应，黏结在一起形成渣块，使石灰窑窑况失调，严重降低石灰活性。

3.4.4 其他因素对活性度的影响

除了以上设备和原料本身对活性度的影响之外，还有如燃料、烧制温度及储运等对活性度都会有影响。

（1）燃料

石灰窑所用燃料有固体、液体和气体燃料。这些燃料各具特点，都能烧出活性石灰。固体燃料虽因杂质含量高，对石灰活性有一定影响，但从燃料多样化看，固体燃料是不可缺少的，我国大部分普通竖窑仍采用固体燃料；液体燃料由于短缺，很少采用；气体燃料是既方便又可提高石灰活性的燃料，因此是极为有利的。根据窑型和燃料市场价格的变化，石灰窑所用燃料也随着变化。有的窑可烧两种燃料或烧一种燃料；也可以同时烧两种燃料。但从带入石灰的杂质考虑，液体和气体燃料应该是煅烧石灰最好的燃料。

（2）煅烧温度

从本书所提供的石灰石的煅烧工艺来看，石灰石在电炉内进行焙烧所得数据中，不同烧成温度对石灰活性的影响，烧成温度在 1100～1200℃时，煅烧的时间非常苛刻，时间稍微长，就会过烧。但如果温度较低，如煅烧温度 1000℃时，温度与时间就不太敏感。

（3）活性石灰储存时间和运输方式

把出窑的石灰堆放成长方体，每天在堆上取样测石灰活性度。随着存放时间延长，石灰的活性下降。有相关试验报道，每天活性度下降 15％左右。

炼钢所用石灰，采用无篷汽车运输时，如果距离长，在运输过程中，石灰的活性也有所下降，雨中运输更为严重。其原因是即使石灰不淋雨，而空气潮湿，石灰吸收空气中水分自行消化，生成 $Ca(OH)_2$，后又与空气中 CO_2 作用变成不溶解的 $CaCO_3$，因而使石灰活性降低。

参 考 文 献

[1] YB/T 105—2005 冶金石灰物理检验方法.

[2] 毕可周. 关于冶金石灰反应性能试验标准方法的研究. 冶金标准化与质量，1998（2）：16-18.

[3] 郝素菊，张玉柱，蒋武峰，方觉，白彦东. 温升速率法测定高活性石灰的活性度. 冶金分析，2008，28（8）：19-22.

[4] 韩金玉，孔祥新，马金邦. 煅烧冶金石灰活性度分析. 天津冶金，2007（6）：9-11.

[5] 尹秀甫，郝素菊，蒋武锋等. 石灰的微观结构与其活性度的关系. 河北联合大学学报（自然科学版），2013，35（2）：7-10.

第4章 活性石灰生产工艺

为了给生产活性石灰提供依据，在实验室设计实验研究了石灰石的分解研究，找出了分解反应的最佳温度和分解的最佳时间，最后设计实验模拟了回转窑生产活性石灰的流程[1~4]。

4.1 活性石灰生产工艺的实验室研究

4.1.1 实验方法

（1）用破碎机将采来的试样破碎，其破碎粒度在 20～30mm 之间。

（2）用清水冲洗除去试样表面灰尘，放入烘箱中烘干。

（3）分别称取 4 份 90g 的样品，放入 8 个不同的刚玉坩埚中。

（4）将刚玉坩埚用钳子放入箱式电阻炉中，注意将 8 个刚玉坩埚放在离箱式电阻炉内热电偶较近处，以使加热均匀。

（5）接通电阻炉，按以下四种方案进行实验，实验主要是温度控制程序和时间制度。设计的四种方案如下：

① 0～600℃的升温过程时间分别控制在 45min，60min。

a. 在 45min 后再分别升温到终了温度：900℃，1000℃，1050℃，1100℃，1150℃，然后保温时间分别控制在 5min，10min，15min，20min。

b. 在 60min 后再分别升温到终了温度：900℃，1000℃，1050℃，1100℃，1150℃，然后保温时间分别控制在 5min，10min，15min，20min。

② 0～700℃的升温过程时间分别控制在 45min，60min。

a. 在 45min 后再分别升温到终了温度：900℃，1000℃，1050℃，1100℃，1150℃，然后保温时间分别控制在 5min，10min，15min，20min。

b. 在 60min 后再分别升温到终了温度：900℃，1000℃，1050℃，1100℃，1150℃，然后保温时间分别控制在 5min，10min，15min，20min。

③ 0～800℃的升温过程时间分别控制在 45min，60min。

a. 在 45min 后再分别升温到终了温度：900℃，1000℃，1050℃，1100℃，

1150℃，然后保温时间分别控制在 5min，10min，15min，20min。

b. 在 60min 后再分别升温到终了温度：900℃，1000℃，1050℃，1100℃，1150℃，然后保温时间分别控制在 5min，10min，15min，20min。

④ 0～900℃的升温过程时间分别控制在 45min，60min。

a. 在 45min 后再分别升温到终了温度：900℃，1000℃，1050℃，1100℃，1150℃，然后保温时间分别控制在 5min，10min，15min，20min。

b. 在 60min 后再分别升温到终了温度：900℃，1000℃，1050℃，1100℃，1150℃，然后保温时间分别控制在 5min，10min，15min，20min。

（6）将烧制成的试样从箱式电阻炉中取出，风冷到 60℃。

（7）将试样放置于干燥皿中并标好，然后逐一进行活性度的测试实验。

4.1.2 不同预热温度时石灰石的煅烧实验结果

根据 4.1.1 的实验设计，探索石灰石煅烧制取活性石灰的最佳温度和时间，所得到的实验数据如表 4-1-1～表 4-1-4 所示[1～3]。

表 4-1-1 预热温度 600℃实验数据

预热时间 活性度/mL 终了温度	45min				60min			
	5min	10min	15min	20min	5min	10min	15min	20min
900℃	11	36	91	117	18	76	112	135
1000℃	185	264	336	306	333	367	387	356
1050℃	361	390	406	394	360	363	370	365
1100℃	324	288	255	230	342	286	232	127
1150℃	230	262	111	106	262	237	165	85

表 4-1-2 预热温度 700℃实验数据

预热时间 活性度/mL 终了温度	45min				60min			
	5min	10min	15min	20min	5min	10min	15min	20min
900℃	16	54	135	189	22	71	85	113
1000℃	300	324	390	392	353	342	342	382
1050℃	394	403	410	392	354	367	381	360
1100℃	266	268	320	306	237	257	288	277
1150℃	250	293	333	300	217	235	286	279

表 4-1-3　预热温度 800℃ 实验数据

终了温度 \ 活性度/mL \ 预热时间	45min				60min			
	5min	10min	15min	20min	5min	10min	15min	20min
900℃	30	59	117	169	37	74	124	200
1000℃	282	396	403	387	284	318	343	253
1050℃	401	353	336	248	363	354	345	292
1100℃	315	286	241	218	333	307	300	265
1150℃	311	295	297	292	331	331	316	275

表 4-1-4　预热温度 900℃ 实验数据

终了温度 \ 活性度/mL \ 预热时间	45min				60min			
	5min	10min	15min	20min	5min	10min	15min	20min
900℃	19	54	126	153	45	74	110	153
1000℃	198	247	292	223	351	406	408	382
1050℃	376	358	310	302	257	243	207	192
1100℃	253	164	131	110	365	347	263	253
1150℃	211	156	164	126	286	250	232	155

4.1.3　1050℃恒温条件下的保温实验数据

根据 4.1.1 的实验设计，得到的 1050℃ 下实验数据如表 4-1-5 所示。

表 4-1-5　1050℃恒温条件下的保温实验数据

时间	10min	20min	30min	40min	50min	60min
活性度/mL	54	60	76	83	88	265
时间	70min	80min	90min	100min	110min	120min
活性度/mL	266	424	237	218	184	195

4.1.4　石灰石的煅烧过程最佳温度研究

石灰石的煅烧试验主要是在不同的预热温度、不同的预热时间、不同的终了温度，以及在终了温度处不同的保温时间的条件下，煅烧石灰石制取活性石灰，然后根据国标来测试活性石灰的活性度。下面对于不同预热时间和预热温度及保温时间得到的试验结果进行讨论。

（1）预热温度和预热时间相同，保温时间不同时活性度比较

① 预热温度为 600℃、预热时间为 45min，在不同的保温时间下的活性度曲线如图 4-1-1 所示。

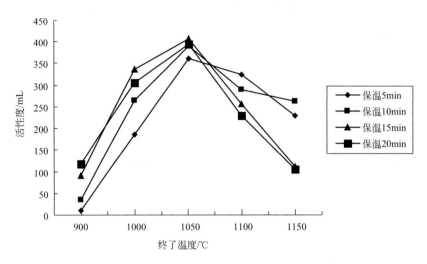

图 4-1-1　预热温度 600℃、预热时间 45min 的活性度曲线

从图 4-1-1 中的曲线中可以看出，预热温度为 600℃、预热时间为 45min 时，在相同的保温时间和不同的终了温度中，终了温度为 1050℃时活性石灰的活性度出现了最高值。在不同的保温时间和相同的终了温度中，保温时间为 15min时，活性石灰的活性度出现了最高值。当终了温度为 900℃时，石灰石处于未烧透阶段；当终了温度为 1100℃时，石灰石处于过烧阶段，得到的试样的活性度都明显较低。在此次试验中，活性度最高值出现在终了温度为 1050℃，保温时间为15min 处。

② 预热温度为 600℃、预热时间为 60min，在不同的保温时间下的活性度曲线，如图 4-1-2 所示。从曲线中可以看出，预热温度为 600℃、预热时间为 60min时，当终了温度 900℃时，石灰石处于未烧透阶段。当终了温度为 1100℃时，石灰石处于过烧阶段。在相同的终了温度 1050℃处出现了一组活性度较高数据。从这组试验的情况看，最佳活性度所对应的温度似乎提前到 1000℃，但最佳的保温时间还是 15min。

③ 预热温度为 700℃、预热时间为 45min，在不同的保温时间下的活性度曲线如图 4-1-3 所示。

如图 4-1-3 所示的曲线中可以看出，预热温度为 700℃、预热时间为 45min 时，在相同的保温时间和不同的终了温度中，终了温度为 1050℃时活性石灰的活性度出现了最高值。在不同的保温时间和相同的终了温度中，保温时间为 15min 时，活性石灰的活性度出现了最高值。当终了温度 900℃时，石灰石处于未烧透阶段。当终了温度为 1100℃时，石灰石处于过烧阶段。在此次试验中，活性度最高值重

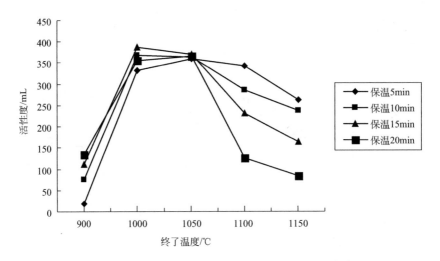

图 4-1-2　预热温度 600℃、预热时间 60min 的活性度曲线

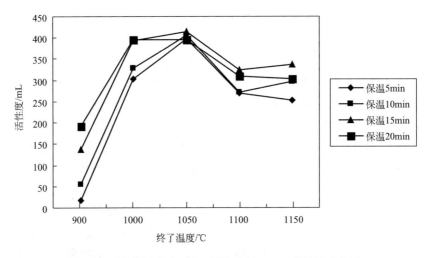

图 4-1-3　预热温度 700℃、预热时间 45min 的活性度曲线

新出现在终了温度为 1050℃、保温时间为 15min 处。

　　④ 预热温度为 700℃、预热时间为 60min，在不同的保温时间下的活性度曲线，如图 4-1-4 所示。从曲线中可以看出，预热温度为 700℃、预热时间为 60min 时，在相同的保温时间和不同的终了温度中，终了温度为 1050℃时活性石灰的活性度出现的活性度值比较稳定。当终了温度 900℃时，石灰石处于未烧透阶段。当终了温度为 1100℃时，石灰石处于过烧阶段。但有一个现象值得注意，最高活性度的值似乎又回到 1000℃，但这次对应的是保温时间为 20min，而不是 15min。

　　⑤ 预热温度为 800℃、预热时间为 45min，在不同的保温时间下的活性度曲线如图 4-1-5 所示。

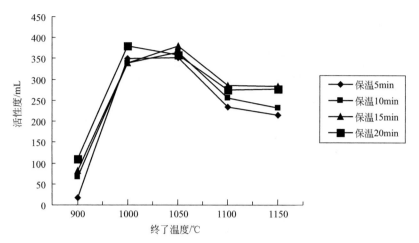

图 4-1-4　预热温度 700℃、预热时间 60min 的活性度曲线

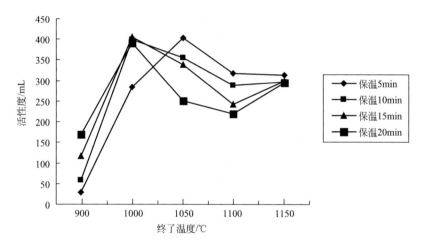

图 4-1-5　预热温度 800℃、预热时间 45min 的活性度曲线

　　如图 4-1-5 所示的曲线中可以看出，预热温度为 800℃、预热时间为 45min 时，在相同的保温时间和不同的终了温度中，终了温度为 1000℃时活性石灰的活性度出现了最高值。在不同的保温时间和相同的终了温度中，保温时间为 15min 时，活性石灰的活性度出现了最高值。当终了温度 900℃时，石灰石处于未烧透阶段。另外可以看出，由于预热温度提高，保温时间 10min、15min、20min 所对应的温度都是 1000℃，而保温时间为 5min 所对应的温度却是 1050℃。

　　⑥ 预热温度为 800℃、预热时间为 60min，在不同的保温时间下的活性度曲线如图 4-1-6 所示。

　　如图 4-1-6 所示的曲线中可以看出，预热温度为 800℃、预热时间为 60min 时，在相同的保温时间和不同的终了温度中，终了温度为 1050℃时活性石灰的活性度出现了最高值。当终了温度 900℃时，石灰石处于未烧透阶段。当终了温度为

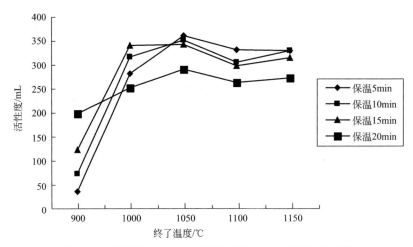

图 4-1-6　预热温度 800℃、预热时间 60min 的活性度曲线

1100℃时，石灰石处于过烧阶段。在此次试验中，预热温度为 800℃、预热时间为 60min 的过程中活性石灰的活性度都不是很高。

⑦ 预热温度为 900℃、预热时间为 45min，在不同的保温时间下的活性度曲线如图 4-1-7 所示。

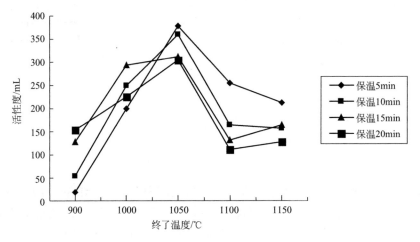

图 4-1-7　预热温度 900℃、预热时间 45min 的活性度曲线

如图 4-1-7 的曲线中可以看出，预热温度为 900℃、预热时间为 45min 时，在相同的保温时间和不同的终了温度中，终了温度为 1050℃时活性石灰的活性度出现了最高值。在终了温度相同和不同的保温时间中，活性石灰的活性度的变化规律不明显。当终了温度 900～1000℃时，石灰石处于未烧透阶段。当终了温度为 1100℃时，石灰石处于过烧阶段。在此次试验中，活性度最高值出现在终了温度为 1050℃，保温时间为 5min 处出现了较好值。预热温度为 900℃、预热时间为 45min 的过程中活性石灰的活性度不好，因为预热温度过高。

⑧ 预热温度为 900℃、预热时间为 60min，在不同的保温时间下的活性度曲线如图 4-1-8 所示。

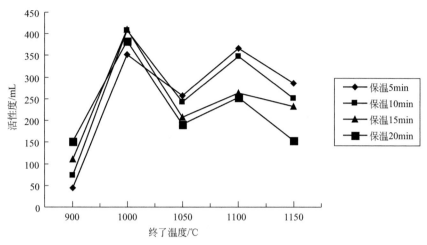

图 4-1-8　预热温度 900℃、预热时间 60min 的活性度曲线

如图 4-1-8 所示的曲线中可以看出，预热温度为 900℃、预热时间为 60min 时，在相同的保温时间和不同的终了温度中，终了温度为 1000℃时活性石灰的活性度出现了最高值。在终了温度相同和不同的保温时间中，活性石灰的活性度的变化规律不明显。在终了温度为 1050℃时，出现了过烧现象，活性度的值也比较小，可是在终了温度为 1100℃时，活性度又出现了 406mL 这样较好的值。说明活性度不仅和预热温度、预热时间、保温时间有关，还和由预热温度到终了温度的时间有关。

（2）预热温度保温时间相同，预热时间不同时活性度的比较

① 预热温度为 600℃、保温时间为 5min、10min、15min、20min 时，在不同的预热时间的活性度曲线，如图 4-1-9～图 4-1-12 所示。可以看出，相同的终了温

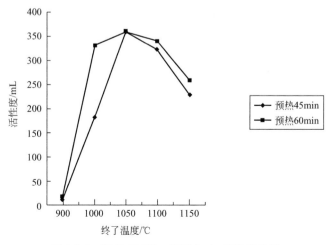

图 4-1-9　预热 600℃、保温 5min 活性度曲线

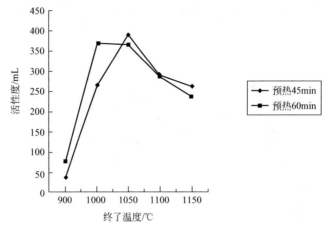

图 4-1-10　预热 600℃、保温 10min 活性度曲线

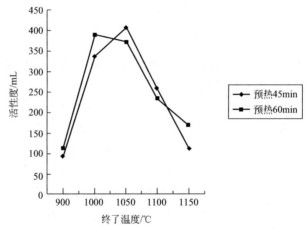

图 4-1-11　预热 600℃、保温 15min 活性度曲线

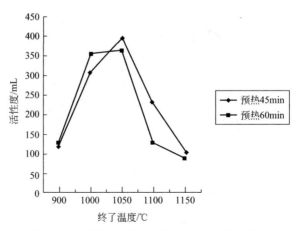

图 4-1-12　预热 600℃、保温 20min 活性度曲线

度和预热温度，保温 5min 的情况下，预热 60min 的石灰石样品所烧制的活性石灰的活性度普遍高于预热 45min 的。但从图 4-1-10～图 4-1-12 可以看出，保温 10min、15min、20min 的样品，在 1050℃ 之前，预热 60min 的石灰石活性度普遍高于预热 45min 的，而煅烧的终了温度大于及等于 1050℃ 时，预热 60min 的样品普遍小于预热 45min 的。

另外，还可以看出，预热时间为 60min 时，活性度出现的最大值所对应的煅烧终了温度普遍由 1050℃ 提前至 1000℃。

在图 4-1-9 中，预热 60min 的试样最终煅烧成的活性石灰的活性度比预热 45min 的试样生成的活性度大，最好的活性度值为预热 60min，终了温度为 1050℃ 处。在图 4-1-10 中，预热时间为 60min 的试样生成的活性石灰的活性度和预热 45min 的试样生成的活性度不成一定的规律，但是最好的活性度值在预热 45min，终了温度在 1050℃ 时。在图 4-1-11 中，预热时间为 45min 的试样生成的活性度比较好，却最好的活性度值在预热 45min，终了温度在 1050℃ 时。在图 4-1-12 中，与图 4-1-11 相似，预热时间为 45min 的试样生成的活性度比较好，最好的活性度值在预热 45min 处，终了温度在 1050℃ 时。

② 预热温度为 700℃，保温时间为 5min、10min、15min、20min 时，在不同的预热时间的活性度曲线，如图 4-1-13～图 4-1-16 所示。

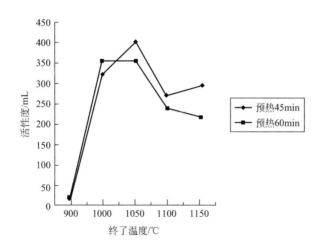

图 4-1-13　预热 700℃、保温 5min 活性度曲线

在图 4-1-13 中，预热时间为 45min 的试样生成的活性度比较好，并且最好的活性度值为预热 45min、终了温度为 1050℃ 处。在图 4-1-14 中，预热时间为 60min 的试样生成的活性石灰的活性度和预热 45min 的试样生成的活性度不成一定的规律，但是最好的活性度值在预热 45min 处，终了温度在 1050℃ 时。在图 4-1-15 中，预热时间为 45min 的试样生成的活性度比较好，最好的活性度值在预热 45min 处，

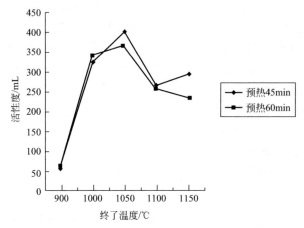

图 4-1-14　预热 700℃、保温 10min 活性度曲线

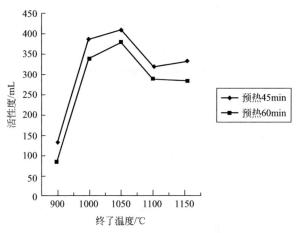

图 4-1-15　预热 700℃、保温 15min 活性度曲线

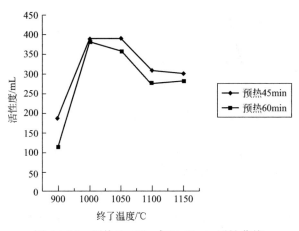

图 4-1-16　预热 700℃、保温 20min 活性曲线

终了温度在 1050℃时。在图 4-1-16 中，与图 4-1-15 相似，预热时间为 45min 的试样生成的活性度比较好，最好的活性度值在预热 45min 处，终了温度在 1000℃时。总体来说，相同条件下，预热时间 45min 得到的活性度普遍高于预热时间 60min 的。

③ 预热温度为 800℃，保温时间为 5min、10min、15min、20min 时，在不同的预热时间的活性度曲线，如图 4-1-17～图 4-1-20 所示。

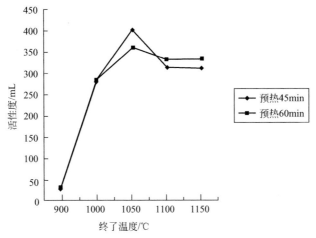

图 4-1-17　预热 800℃、保温 5min 活性度曲线

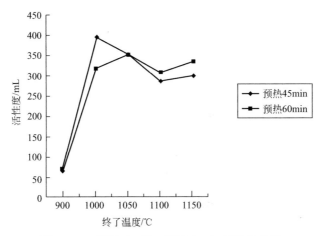

图 4-1-18　预热 800℃、保温 10min 活性度曲线

在图 4-1-17 中，预热时间为 45min 的试样生成的活性度比较好，最好的活性度值为预热 45min 处，终了温度为 1050℃处。预热时间 60min 的试样生成的活性度的变化曲线与预热时间为 45min 的曲线相似。在图 4-1-18 中，预热时间为 60min 的试样生成的活性石灰的活性度和预热 45min 的试样生成的活性度不成一定的规律，但是最好的活性度值在预热 45min 处，终了温度在 1000℃时。

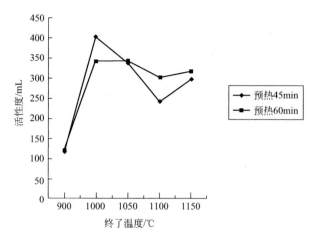

图 4-1-19　预热 800℃、保温 15min 活性度曲线

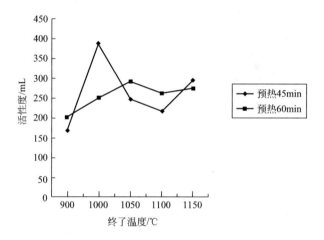

图 4-1-20　预热 800℃、保温 20min 活性度曲线

　　在图 4-1-19 中，预热时间为 60min 的试样生成的活性石灰的活性度略差，预热 45min 的试样生成的活性度有明显规律，但是最好的活性度值在预热 45min 处，终了温度在 1000℃时。在图 4-1-20 中，与图 4-1-19 相似，预热时间为 45min 的试样生成的活性度比较好，最好的活性度值在预热 45min 处，终了温度在 1000℃时。这组试验与上面的一组试验所得的规律基本相同，也是在相同条件下，预热时间 45min 的活性度值好于预热时间 60min 的值。

　　④ 预热温度为 900℃，保温时间为 5min、10min、15min、20min 时，在不同的预热时间的活性度曲线，如图 4-1-21～图 4-1-24 所示。

　　在图 4-1-21 中，预热时间为 60min 的试样生成的活性石灰的活性度和预热 45min 的试样生成的活性度不成一定的规律，但是最好的活性度值在预热 45min 处，终了温度在 1050℃时。在图 4-1-22 中，与图 4-1-21 的图形相似，预热时间为

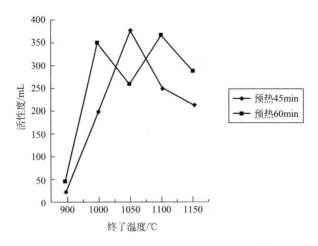

图 4-1-21　预热 900℃、保温 5min 活性度曲线

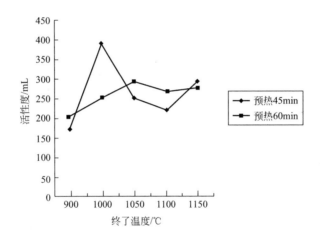

图 4-1-22　预热 900℃、保温 10min 活性度曲线

60min 的试样生成的活性石灰的活性度和预热 45min 的试样生成的活性度不成一定的规律，但是最好的活性度值在预热 45min 处，终了温度在 1000℃时。从这组试验的情况看，预热温度升高至 900℃时，不管预热时间是 45min 还是 60min，石灰石煅烧的活性度出现非常紊乱的情况，最佳的煅烧条件难以控制，活性度与温度、时间的关系没有一定规律。所以在实际生产过程中，建议预热温度要小于 900℃。

在图 4-1-23 中，预热时间为 45min 的试样生成的活性石灰的活性度略差，预热 60min 的试样生成的活性度规律起伏比较大，但是最好的活性度值在预热 60min 处，终了温度在 1000℃时。在图 4-1-24 中，与图 4-1-23 相似，预热时间为 60min 的试样生成的活性度比较好，最好的活性度值在预热 60min 处，终了温度在 1000℃时。在预热 900℃时试样处于过烧状态，活性度的值整体没有预热温度为 700℃时活性度的平均值高。

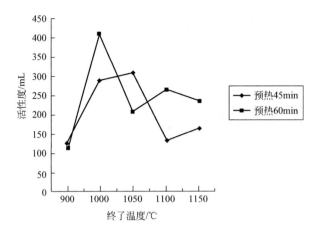

图 4-1-23　预热 900℃、保温 15min 活性度曲线

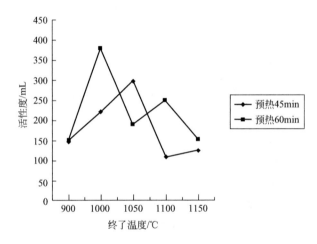

图 4-1-24　预热 900℃、保温 20min 活性度曲线

综上所述，在整个石灰石煅烧的实验中，活性石灰的活性度的最高值出现在预热温度 700℃，预热时间为 15min，终了温度为 1050℃时。从整体看，在每组实验数据中，终了温度为 1050℃，保温时间为 15min 时活性度的值都是这组实验中的较好或最好者，在各组实验中，终了温度 900℃时生产出来的活性石灰的活性度比较小，说明在终了温度为 900℃时石灰石处于未烧透阶段。石灰石过烧现象的规律不明显。不过，在终了温度为 1100℃时石灰石烧制的活性石灰的活度一般都低于最大值，说明这个温度烧制的样品大都处于过烧透阶段。从个别数据看来，石灰石过烧与否不仅和预热温度、预热时间、保温时间有关系，还和由预热温度到终了温度的时间有关系。在实际的回转窑生产中，生产出的活性石灰的活性度的高低与石灰石进入预热器时预热器的温度有关；与在预热器的停留时间及出预热器时石灰石的温度有关；与在回转窑停留的时间有关；还和回转窑的转速和回转窑的温度带的

分布有关系。在此次实验中没有考虑由预热温度到终了温度所用的时间，因此，不能很好地分析出活性石灰的活性度的生成规律。

（3）石灰石在最佳分解温度 1050℃恒温保温时实验数据分析

从石灰石的煅烧实验中可以看出，1050℃作为终了温度时，活性石灰的活性度值最好。因此，设计此次实验来验证 1050℃的保温温度对活性度的影响。1050℃恒温保温的条件下，在不同的保温时间中生产出来的活性石灰的活性度变化曲线如图 4-1-25 所示。

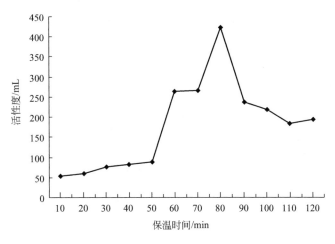

图 4-1-25　保温实验数据曲线

如图 4-1-25 所示的曲线中可以看出，在保温 60min 时，活性度开始增加。在保温 80min 时活性度出现了最高值。除此外，在保温时间为 70min、90min 处活性度都为 200mL，活性度并不好。而在保温时间为 80min 时，活性度的值突然增加。石灰石的分解温度在 800℃，而活性石灰的活性度对于保温时间是非常敏感的。从这次保温实验中可以看出，1050℃作为保温温度或说终了温度是比较好的。

4.2　回转窑生产活性石灰工艺的模拟实验

在取得石灰石烧制活性石灰最佳工艺参数后，为了配合回转窑的烧制，特设计结合回转窑设备特点的回转窑模拟实验，实验方法如下：

① 用破碎机将采来的试样破碎，其破碎粒度在 20～30mm 之间；

② 用清水冲洗除去试样表面灰尘，放入烘箱中烘干；

③ 分别称取 90g 的样品，放入 2 个不同的刚玉坩埚中；

④ 接通电阻炉，按以下方式预设温度以控制升温过程。

根据实际回转窑的运行特点设计的温度和时间制度如下。

① 将试样放入电阻炉中，由室温的升温过程不同控制时间。240～900℃的升温过程中时间控制在135min。这段相等于石灰石在回转窑的预热器中进行。

② 在900～1050℃升温过程中将时间控制在30min。这相当于原料已经进入回转窑的一段。

③ 在1050℃保温15min，这相当于原料进入回转窑的第二段，即保温段。

④ 冷却8min使温度到达900℃，这相当于进入回转窑的第三段。（除去冷却时间后，只要保温时间为0min、5min、10min、15min、20min、25min、30min取出）

⑤ 将制成的试样从箱式电阻炉中取出，风冷到60℃。

⑥ 将制成的试样放置并标好，然后再做活性度的测试实验。

从前面的准备试验中可以看出，预热温度为700℃，终了温度为1050℃，保温时间为10～15min时，活性石灰的活性度比较高。但在实验状态下，生产了大约90g。在实际生产中大约生产300t，因此，在准备试验中，预热温度比较低是合理的。参考宣化钢铁厂石灰厂的生产参数：预热温度为900℃，预热时间为135min。这个数据和现在的情况符合，因此，在下面的回转窑的模拟试验中，笔者研究小组也选择这组数据。但在回转窑的内部，我们的数据要用在准备试验中所证明的数据。即终了温度为1050℃，保温时间不确定。试验数据如图4-2-1所示。

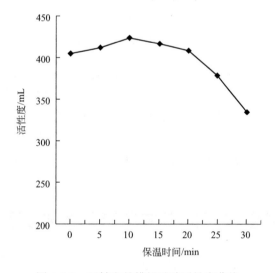

图4-2-1　回转窑的模拟试验活性度曲线

如图4-2-1中的曲线中，我们看出了在高活性度出现在保温为10min处。但在保温0min、5min、15min时活性石灰的活性度也比较高。因此，在回转窑的生产中，我们的保温时间可以确定为0～15min。在这个保温时间中，10min处的活性度最高。除此外，当有8min的冷却时间时活性石灰的活性度为406mL。可以看出，有冷却时间时，活性石灰处于过烧透阶段。

4.3 活性石灰烧制过程其他元素与活性度关系的数学模型

国内某企业在 20 世纪 90 年代在国内冶金行业率先引入贝肯巴赫套筒窑技术,生产情况一直很好。为了研究石灰的活性度与其中其他成分的关系,随机选用该公司某两个月的部分生产数据,对该月份所选用的石灰石主要成分的波动进行了分析。将实际的活性石灰的活性度与其中其他成分的生产数据,利用 Matlab 软件包中的多元非线性回归的数学工具,建立了石灰活性度与石灰成分之间关系的数学模型,并分析这些因素对活性度的影响,从而优化石灰生产工艺,生产出质量更好、更高效的冶金活性石灰。

由于矿石品质不同,造成石灰质量有很大差别,尤其是对活性度影响较大。因此选取两种 MgO 含量的石灰石原料进行研究,分别建立了活性度与石灰石成分的数学模型。

套筒窑活性灰质量出现波动,整体质量较差,主要体现在活性灰 CaO(%)、活性度出现波动且整体下降,MgO(%)波动大的时候具体的活性度数据与其他成分的关系,如表 4-3-1 和图 4-3-1 所示。

表 4-3-1　套筒窑活性石灰成分在统计月份平均值波动情况

时间	1月上旬	1月中旬	1月下旬
CaO 含量/%	80.53	82.47	80.91
MgO 含量/%	14.96	13.85	15.28
活性度/mL	352	347	355

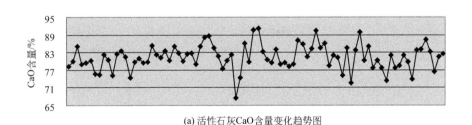

(a) 活性石灰CaO含量变化趋势图

(b) 活性石灰MgO含量波动图

图 4-3-1

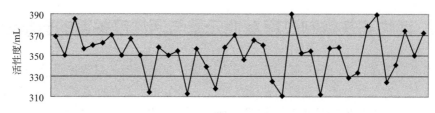

(c) 活性石灰活性度波动图

图 4-3-1　统计月套筒窑活性石灰活性度及主要成分波动

全月活性石灰活性度整体较低，平均为 352mL，波动范围为 311～390mL。活性度低的原因一是活性石灰 CaO 含量偏低，二是活性石灰中含有杂质灰块，降低活性度。

通过对统计月份的数据进行分析及趋势图可以看出，活性石灰的活性度的波动较大，石灰石成分波动加大，所以研究石灰石中各成分对活性度的影响至关重要。

4.3.1　低 MgO 含量的石灰石为原料的活性石灰数学模型

选取某公司套筒窑统计月的生产数据，其中 MgO 含量低（MgO<2%）的石灰的活性度检测结果与其中主要成分含量，也根据第 2 章所述的理论活性度的计算方法，计算了根据石灰石中 CaO 含量得到的理论活性度，最后一列计算了套筒窑烧制工艺达到理论活性度的百分比，如表 4-3-2 所示。

表 4-3-2　低 MgO 含量时套筒窑石灰活性度与主要元素含量的关系

MgO 含量 /%	CO$_2$ 残留/ %	SiO$_2$ 含量/%	CaO 含量/%	S 含量/ %	活性度/ mL	理论活性度/mL	实际活性度与理论活性度差值/mL	达到理论活性度的百分比/%
0.77	0.51	0.69	96.23	0.005	407	429.571	22.571	94.746
0.72	0.78	1.15	95.56	0.005	408	426.580	18.580	95.644
0.61	0.42	0.84	96.61	0.004	420	431.267	11.267	97.387
0.68	0.48	0.78	96.66	0.004	408	431.490	23.490	94.556
1.03	1.17	0.72	95.78	0.007	414	427.562	13.562	96.828
0.71	0.68	0.58	96.23	0.007	420	429.571	9.571	97.772
0.77	3.26	0.67	91.77	0.005	385	409.661	24.661	93.980
0.60	0.38	0.41	97.94	0.005	425	437.204	12.204	97.209
0.73	0.56	0.67	96.18	0.006	420	429.348	9.348	97.823
0.57	0.40	0.64	97.53	0.005	420	435.347	15.374	96.469
1.36	0.51	0.51	96.40	0.008	418	430.330	12.330	97.135
0.71	1.58	0.58	95.22	0.006	414	425.062	11.062	97.398
0.63	7.27	0.51	89.92	0.007	401	401.403	0.403	99.900

MgO 含量/%	CO_2 残留/%	SiO_2 含量/%	CaO 含量/%	S 含量/%	活性度/mL	理论活性度/mL	实际活性度与理论活性度差值/mL	达到理论活性度的百分比/%
0.74	7.39	0.57	89.56	0.005	360	399.796	39.796	90.046
0.51	1.25	0.56	95.82	0.005	416	427.740	11.740	97.255
0.45	1.45	0.65	96.23	0.010	424	429.571	5.571	98.703
0.61	1.87	0.76	94.73	0.006	392	422.875	30.875	92.699
0.72	2.97	0.72	94.01	0.006	403	419.661	16.661	96.030
0.67	4.98	0.50	92.95	0.005	400	414.929	14.929	96.402
0.67	3.33	0.73	92.60	0.004	369	413.366	44.366	89.267
0.61	4.51	0.59	92.14	0.006	390	411.313	21.313	94.818
0.83	4.13	0.75	91.46	0.004	400	408.277	8.277	97.973
0.72	2.60	1.06	91.47	0.006	405	408.322	3.322	99.186
0.64	2.79	0.89	92.83	0.005	384	414.393	30.393	92.666
1.78	1.26	1.18	92.19	0.006	395	411.536	16.536	95.982
1.04	3.61	0.80	92.20	0.005	385	411.581	26.581	93.542
1.05	2.83	0.84	92.18	0.009	392	411.492	19.492	95.263
1.26	2.10	1.52	94.56	0.006	408	422.116	14.116	96.656
0.62	1.85	0.85	94.91	0.006	394	423.678	29.678	92.995
0.50	4.09	1.20	92.80	0.013	396	414.259	18.259	95.592

设定石灰活性度为 y，MgO 含量为 x_1，CO_2 残留为 x_2，SiO_2 含量为 x_3，CaO 含量为 x_4，S 含量为 x_5。

利用 Matlab 软件，对表 4-3-2 中的数据进行多元非线性回归，运行如下命令，得到活性度与各成分之间的关系。

```
xydata＝xlsread('lime201204A. xls');%读取 lime201204B. xls 文件中的数据
y＝xydata(:,6);%第六列为活性度值,设为 y
X1＝xydata(:,1);%第一到第五列的数值分别设定为 X1 到 X5 矩阵
X2＝xydata(:,2);
X3＝xydata(:,3);
X4＝xydata(:,4);
X5＝xydata(:,5);
X6＝X1. ＊X2;%考虑到各个变量之间可能有交叉关系,因此引入交叉项进行
         回归分析
X7＝X1. ＊X3;
X8＝X1. ＊X4;
```

X9＝X1. ＊X5；

X10＝X2. ＊X3；

X11＝X2. ＊X4；

X12＝X2. ＊X5；

X13＝X3. ＊X4；

X14＝X3. ＊X5；

X15＝X4. ＊X5；

X16＝X1. ＊X1；％引入平方项进行回归分析

X17＝X2. ＊X2；

X18＝X3. ＊X3；

X19＝X4. ＊X4；

X20＝X5. ＊X5；

X＝[X1 X2 X3 X4 X5 X6 X7 X8 X9 X10 X11 X12 X13 X14 X15 X16 X17 X18 X19 X20]；

inmodel＝1:20；

stepwise(X,y,inmodel)。％调用 stepwise 命令进行多元回归分析

运行结果如图 4-3-2 所示。

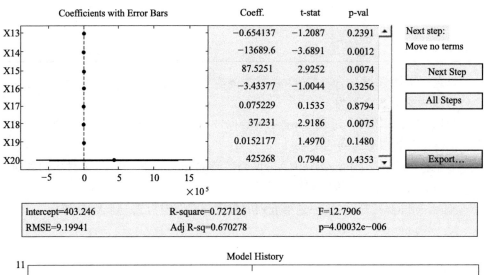

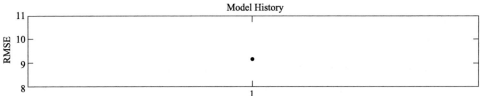

图 4-3-2　石灰活性度与成分的关系拟合结果

运行如下命令将结果显示在 Matlab 命令窗口：

syms X1 X2 X3 X4 X5;

y＝［x1 x2 x3 x4 x5 x1＊x2 x1＊x3 x1＊x4 x1＊x5 x2＊x3 x2＊x4 x2＊x5 x3＊x4 x3＊x5 x4＊x5 x1＊x1 x2＊x2 x3＊x3 x4＊x4 x5＊x5］＊beta＋stats. intercept;

y＝vpa（y,7）;％将结果显示在 Matlab 命令窗口，显示精度为 7 位有效数字。

得到低 MgO 含量原料下石灰的活性度 y 与石灰各成分 MgO（x_1）、CO_2 残留（x_2）、SiO_2（x_3）、CaO（x_4）与 S（x_5）之间的多元回归关系，即低 MgO 含量时石灰活性度的数学模型如式(4-3-1)所示。

$$y=37.231x_3^2-13689x_3x_5-17.566x_2+2154.2x_2x_5+87.525x_4x_5+403.26$$

$$(4-3-1)$$

式中　　y——石灰活性度，mL;

x_2——石灰中 CO_2 残留量，%;

x_3——石灰中 SiO_2 含量，%;

x_4——石灰中 CaO 含量，%;

x_5——石灰中 S 含量，%。

4.3.2　高 MgO 含量的石灰石为原料的活性石灰数学模型

选取某公司统计月份套筒窑的生产数据，选取其中高 MgO 含量（2%～24%）的活性石灰检测结果，与其中主要元素含量，根据第 2 章所述的理论活性度的计算方法，计算了由石灰石中 CaO 含量得到的理论活性度，最后一列计算了套筒窑烧制工艺达到理论活性度的百分比，如表 4-3-3 所示。

表 4-3-3　高 MgO 含量时套筒窑石灰活性度与主要元素含量的关系

MgO 含量 /%	CO_2 残留 /%	SiO_2 含量/%	CaO 含量/%	S 含量/%	活性度/mL	理论活性度/mL	实际活性度与理论活性度差值/mL	达到理论活性度的百分比/%
16.51	2.12	0.94	78.42	0.014	336	350.067	14.067	95.982
19.53	3.13	1.23	73.44	0.015	276	327.836	51.836	84.188
22.48	0.84	1.16	75.39	0.013	295	336.541	41.541	87.656
25.38	1.28	0.87	72.14	0.013	287	323.328	36.328	88.764
18.3	0.88	2.54	78.08	0.02	300	348.549	48.549	86.071
19.08	1.09	2.51	77.16	0.02	295	344.442	49.442	85.646
13.71	0.38	0.73	84.42	0.017	346	376.851	30.851	91.814
15.28	0.24	0.62	83.32	0.016	344	371.940	27.940	92.488
12.36	3.06	1.03	83.25	0.011	330	371.628	41.628	88.798

MgO含量/%	CO₂残留/%	SiO₂含量/%	CaO含量/%	S含量/%	活性度/mL	理论活性度/mL	实际活性度与理论活性度差值/mL	达到理论活性度的百分比/%
9.57	4.27	0.81	85	0.01	324	379.440	55.440	85.389
17	0.88	0.64	81.29	0.017	326	362.879	36.879	89.837
17.36	0.89	0.54	80.88	0.012	342	361.048	19.048	94.724
11.6	0.46	0.5	87.13	0.012	376	388.948	12.948	96.671
23.06	1.25	0.49	74.63	0.011	305	333.148	28.148	91.551
17.21	0.95	0.52	80.13	0.011	343	357.700	14.700	95.890
14.68	3.13	0.77	81.15	0.012	316	362.254	46.254	87.232
12.87	6.61	0.69	79.22	0.011	308	353.638	45.638	87.095
20.56	0.17	1	77.87	0.017	336	347.612	11.612	96.660
23.38	0.15	0.74	75.25	0.016	314	335.916	21.916	93.476
10.5	0.75	1.19	87.44	0.015	383	390.332	7.332	98.122
14.19	0.62	0.74	83.51	0.015	370	372.789	2.789	99.252
15.59	0.37	0.82	82.87	0.019	361	369.932	8.932	97.586
15.63	0.34	0.88	82.65	0.02	360	368.950	8.950	97.574
13.46	1.02	4.39	80.35	0.038	300	358.682	58.682	83.639
15.37	0.7	2.21	81.34	0.031	308	363.102	55.102	84.825
7.24	5.48	1.73	85.09	0.02	295	379.842	84.842	77.664
7.4	8.72	1.21	82.27	0.012	260	367.253	107.253	70.796
23.14	1.1	2.81	70.59	0.017	261	315.114	54.114	82.827
24.45	1.1	2.06	71.98	0.018	253	321.319	68.319	78.738
21.53	0.22	1.24	76.25	0.023	320	340.380	20.380	94.013
20.48	0.52	2.34	75.05	0.022	276	335.023	59.023	82.382
9.28	0.42	0.87	89.16	0.018	384	398.010	14.010	96.480
9.35	0.61	0.88	88.63	0.025	374	395.644	21.644	94.529
12.9	0.37	0.91	85.46	0.011	369	381.493	12.493	96.725
11.71	0.4	0.73	86.58	0.013	374	386.493	12.493	96.768
2.11	0.61	1.13	95.31	0.007	416	425.464	9.464	97.776
2.1	0.63	1.26	95.03	0.005	419	424.214	5.214	98.771
16.94	0.75	0.54	81.4	0.024	362	363.370	1.370	99.623

MgO 含量/%	CO₂ 残留/%	SiO₂ 含量/%	CaO 含量/%	S 含量/%	活性度/mL	理论活性度/mL	实际活性度与理论活性度差值/mL	达到理论活性度的百分比/%
14	0.31	0.8	83.69	0.024	355	373.592	18.592	95.023
15.08	0.4	0.81	83.18	0.021	362	371.316	9.316	97.491
17.47	0.26	0.62	81.11	0.015	356	362.075	6.075	98.322
17.68	0.21	0.52	81.25	0.016	358	362.700	4.700	98.704
20.69	0.2	0.57	78.16	0.017	345	348.906	3.906	98.880
10.6	0.24	0.78	88.05	0.016	389	393.055	4.055	98.968
22.68	0.24	0.59	76.01	0.014	330	339.309	9.309	97.257
14.51	0.24	0.63	81.46	0.011	360	363.637	3.637	99.000
14.21	0.18	0.62	84.79	0.012	372	378.503	6.503	98.282
6.88	0.57	0.89	91.36	0.014	399	407.831	8.831	97.835
6.28	0.36	0.82	91.51	0.013	388	408.501	20.501	94.981

根据同样的运算过程，如图 4-3-3 所示，可以得到石灰的活性度 y 与石灰各成分 MgO 含量（x_1）、CO₂ 残留（x_2）、SiO₂ 含量（x_3）、CaO 含量（x_4）与 S 含量

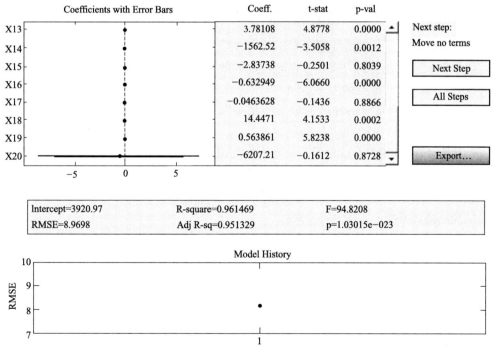

图 4-3-3 石灰活性度与成分的关系拟合结果

（x_5）之间进行的多元回归的高 MgO 含量时石灰活性度的数学模型，如式（4-3-2）所示。

$$y = 18.576x_1 - 330.43x_3 - 91.319x_4 - 0.65863x_1x_2 + 98.184x_1x_5 +$$
$$3.7811x_3x_4 - 1562.5x_3x_5 - 0.63295x_1^2 + 14.447x_3^2 +$$
$$0.56386x_4^2 + 3920.9 \tag{4-3-2}$$

式中　　y——石灰活性度；

$\quad\quad x_1$——石灰中 MgO 含量，%；

$\quad\quad x_2$——石灰中 CO_2 残留量，%；

$\quad\quad x_3$——石灰中 SiO_2 含量，%；

$\quad\quad x_4$——石灰中 CaO 含量，%；

$\quad\quad x_5$——石灰中 S 含量，%。

4.4　石灰活性度与石灰中 CaO 含量的关系

由于石灰石中 MgO 含量不同，烧成活性石灰的用途也不同，分别利用高 MgO 含量（2%～24%）和低 MgO 含量（<2%）的石灰石得到的活性石灰的数学模型，对石灰的活性度与其他成分之间的关系进行讨论。

4.4.1　低 MgO 含量石灰中石灰活性度与 CaO 含量的关系

毫无疑问，石灰的活性度与 CaO 含量的关系肯定是正比关系，但问题是在工艺过程中，特别是有别的成分存在时，这样的正比关系是什么样的？除 CaO 之外的成分，对活性度影响最大的 MgO 又会怎么影响活性度的趋势？以下就低 MgO 含量和高 MgO 含量时活性度的数学模型关系式讨论石灰中杂质的量对活性度的影响？

从表 4-3-2 的低 MgO 含量石灰石所生产出来的石灰中可知，MgO 含量的变化范围是 0.45%～1.78%，CO_2 残留量的变化范围是 0.38%～7.39%，SiO_2 含量的变化范围是 0.41%～1.52%，CaO 的含量的变化范围是 89.56%～97.94%，S 含量的变化范围是 0.004%～0.013%。

由低 MgO 情况下活性度的数学模型可以看出，其中并不含有 x_1 项，即在低氧化镁情况下，石灰的活性度 y 与石灰中 MgO 含量并没有显著关系。但其他元素对活性度影响如何？

（1）不同 CO_2 残留量下石灰活性度与 CaO 含量的关系

将 MgO 含量、SiO_2 含量、S 含量赋予一个固定的值，不同 CO_2 残留量情况下，可得到石灰活性度与 CaO 含量的关系图。

将 MgO 含量、SiO_2 含量、S 含量分别赋予其各自数据的平均值，分别为：

$x_1=0.777$，$x_3=0.764$，$x_5=0.0060333$。将 CO_2 残留量分别赋予 0.38，1.58，3.33，7.39 这几个不同的值，代入式(4-3-1)中，得到活性度 y 与 CaO 含量 x_4 间的关系。

当 $x_1=0.777$，$x_2=0.38$，$x_3=0.764$，$x_5=0.0060333$ 时，

$$y=0.52807x_4+360.14 \tag{4-4-1}$$

当 $x_1=0.777$，$x_2=1.58$，$x_3=0.764$，$x_5=0.0060333$ 时，

$$y=0.52807x_4+354.66 \tag{4-4-2}$$

当 $x_1=0.777$，$x_2=3.33$，$x_3=0.764$，$x_5=0.0060333$ 时，

$$y=0.52807x_4+346.66 \tag{4-4-3}$$

当 $x_1=0.777$，$x_2=7.39$，$x_3=0.764$，$x_5=0.0060333$ 时，

$$y=0.52807x_4+328.11 \tag{4-4-4}$$

在 Matlab 中运行如下程序，将式(4-4-1)～式(4-4-4)所代表的四条直线做在一张图上。

```
x4＝min（X4）：0.01：max（X4）;％CaO含量范围为89.56～97.94
yy1＝0.52807＊x4＋360.14;％式(4-4-1)
yy2＝0.52807＊x4＋354.66;％式(4-4-2)
yy3＝0.52807＊x4＋346.67;％式(4-4-3)
yy4＝0.52807＊x4＋328.11;％式(4-4-4)
plot（x4，yy1，′－－′，x4，yy2，′:′，x4，yy3，′－′，x4，yy4，′－.′），grid on％对四条直线作图
title（′低 MgO 含量时不同 CO₂ 残留量下石灰活性度与 CaO 含量的关系图′）
xlabel（′石灰中 CaO 含量百分比′）
ylabel（′石灰活性度′）
gtext（′CO₂ 残留量为 0.38′），gtext（′CO₂ 残留量为 1.58′），gtext（′CO₂ 残留量为 3.33′），gtext（′CO₂ 残留量为 7.39′）
legend（′CO₂ 残留量为 0.38′，′CO₂ 残留量为 1.58′，′CO₂ 残留量为 3.33′，′CO₂ 残留量为 7.39′）％图线标注
```

得到低 MgO 含量时不同 CO_2 残留量下石灰活性度与 CaO 含量的关系图，如图 4-4-1 所示。

由图 4-4-1 可以看出，在 MgO 含量、SiO_2 含量、S 含量固定的情况下，在相同的 CaO 含量情况下，石灰中 CO_2 残留量越大，得到石灰的活性度越小。而对于每种确定的 CO_2 残留量的情况下，即石灰中 MgO 含量、SiO_2 含量、S 含量及 CO_2 残留量都固定的情况下，石灰的活性度与石灰中 CaO 含量成正比关系，CaO 含量

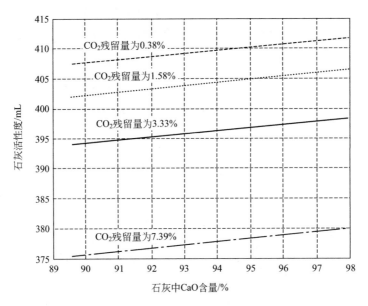

图 4-4-1　低 MgO 含量时不同 CO_2 残留量下石灰活性度与 CaO 含量的关系图

越大，石灰的活性度也越大。

（2）不同 SiO_2 含量下石灰活性度与 CaO 含量的关系

在低 MgO 含量时，应用数学模型式（4-3-1），将 MgO 含量、CO_2 残留量、S 含量赋予一个固定的值。对于不同的 SiO_2 含量，可得到石灰活性度与 CaO 含量的关系图，如图 4-4-2 所示。

将 MgO 含量、CO_2 残留量、S 含量分别赋予其各自数据的平均值，分别为：$x_1 = 0.777$，$x_2 = 2.367$，$x_5 = 0.0060333$。将 SiO_2 含量分别赋予 0.41、0.76、1.12、1.52 这几个不同的值，代入公式（4-3-1）中，得到活性度 y 与 CaO 含量 x_4 间的关系。

当 $x_1 = 0.777$，$x_2 = 2.367$，$x_3 = 0.41$，$x_5 = 0.0060333$ 时，可得

$$y = 0.52807x_4 + 364.83 \tag{4-4-5}$$

当 $x_1 = 0.777$，$x_2 = 2.367$，$x_3 = 0.76$，$x_5 = 0.0060333$ 时，

$$y = 0.52807x_4 + 351.16 \tag{4-4-6}$$

当 $x_1 = 0.777$，$x_2 = 2.367$，$x_3 = 1.12$，$x_5 = 0.0060333$ 时，

$$y = 0.52807x_4 + 346.63 \tag{4-4-7}$$

当 $x_1 = 0.777$，$x_2 = 2.367$，$x_3 = 1.52$，$x_5 = 0.0060333$ 时，

$$y = 0.52807x_4 + 352.91 \tag{4-4-8}$$

在 Matlab 作图将这四条图线表示出来，如图 4-4-2 所示。

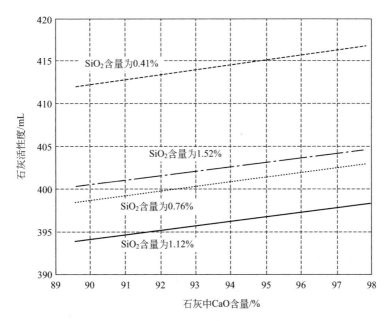

图 4-4-2　低 MgO 含量时不同 SiO_2 含量下石灰活性度与 CaO 含量的关系图

从图 4-4-2 中可以看出，石灰中 MgO 含量、CO_2 残留量、S 含量都固定时，对于确定的 SiO_2 含量，石灰的活性度与石灰中 CaO 含量成正比关系，CaO 含量越大，石灰的活性度也越大。但在给定 CaO 含量的情况下，随着石灰中 SiO_2 含量增大，石灰的活性度越小；但当 SiO_2 含量增大到 1.12% 后可以看出，当 SiO_2 含量为 1.52% 时，石灰活性度反而开始逐渐增大，其原因有待进一步研究。

（3）不同 S 含量下石灰活性度与 CaO 含量的关系图

对于低 MgO 情况下的活性石灰的数学模型式（4-3-1），将 MgO 含量、SiO_2 含量、CO_2 残留量赋予一个固定的值。S 含量赋予几个不同的值，可得到在不同的 S 含量的情况下，石灰活性度与 CaO 含量的关系图。

将 MgO 含量、SiO_2 含量、CO_2 残留量分别赋予其各自数据的平均值，分别为：$x_1 = 0.777$，$x_2 = 2.367$，$x_3 = 0.764$。将 S 含量分别赋予 0.004、0.006、0.008、0.013 这几个不同的值，代入公式（4-3-1）中，得到活性度 y 与 CaO 含量 x_4 间的关系如下。

当 $x_1 = 0.777$，$x_2 = 2.367$，$x_3 = 0.764$，$x_5 = 0.004$ 时，

$$y = 0.35010 x_4 + 361.96 \qquad (4-4-9)$$

当 $x_1 = 0.777$，$x_2 = 2.367$，$x_3 = 0.764$，$x_5 = 0.006$ 时，

$$y = 0.52515 x_4 + 351.24 \qquad (4-4-10)$$

当 $x_1=0.777$，$x_2=2.367$，$x_3=0.764$，$x_5=0.008$ 时，

$$y=0.70020x_4+340.52 \tag{4-4-11}$$

当 $x_1=0.777$，$x_2=2.367$，$x_3=0.764$，$x_5=0.013$ 时，

$$y=1.1378x_4+313.72 \tag{4-4-12}$$

在 Matlab 作图将这四条图线表示出来，如图 4-4-3 所示。

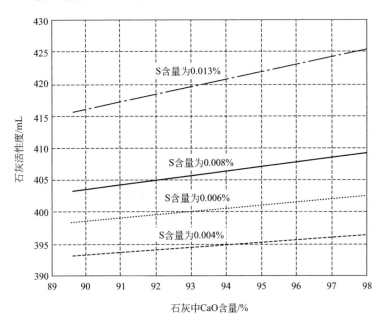

图 4-4-3　低 MgO 含量时不同 S 含量下石灰活性度与 CaO 含量的关系

由图 4-4-3 可以看出，在 MgO 含量、SiO₂ 含量、CO₂ 残留量及 CaO 含量固定的情况下，在所研究的石灰的硫含量的范围内（0.004%～0.013%），石灰中 S 含量越大，得到石灰的活性度越大。并且随着 S 含量的提高，石灰的活性度有较大的增加。对于每种确定的 S 含量，即石灰中 MgO 含量、SiO₂ 含量、CO₂ 残留量及 S 含量都固定的情况下，石灰的活性度与石灰中 CaO 含量成正比关系，CaO 含量越大，石灰的活性度也越大。

一般认为，石灰中 S 等杂质含量越大，则石灰的活性度应越小，而这种现象和预想的结果恰恰相反。如果此规律确实普遍存在，将对生产实践产生很大的指导意义，我们应该引起足够的重视。

4.4.2　高 MgO 含量石灰中石灰活性度与 CaO 含量的关系

对于高 MgO 含量石灰石所生产出来的石灰的数据见统计表 4-3-3，也已经由此表中的数据得到另一个数学模型式（4-3-2）。其中 MgO 含量的变化范围是 2.1%～

25.38%，CO_2 残留量的变化范围是 0.15%～8.72%，SiO_2 含量的变化范围是 0.49%～4.39%，CaO 含量的变化范围是 70.59%～95.31%，S 含量的变化范围是 0.005%～0.038%。其中变化范围最大的当属 MgO，即在较高的浓度范围内。这在冶金过程中，介于轻烧白云石与高含量 MgO 的活性石灰之间。对于这种高 MgO 含量的活性石灰，根据数学模型式(4-3-2)讨论各个元素含量对活性度的影响。

(1) 不同 MgO 含量下石灰活性度与 CaO 含量的关系

将 CO_2 残留量、SiO_2 含量、S 含量分别赋予其各自数据的平均值，分别为：$x_2=1.2188$，$x_3=1.1004$，$x_5=0.016184$。将 MgO 含量分别赋予 9.57、13.71、19.53、25.38 这几个不同的值，代入公式(4-3-2)中，得到活性度 y 与 CaO 含量 x_4 间的关系，如式(4-4-13)～式(4-4-16)所示。

当 $x_1=9.57$，$x_2=1.2188$，$x_3=1.1004$，$x_5=0.016184$ 时，

$$y=0.56386x_4^2-87.158x_4+3673.6 \tag{4-4-13}$$

当 $x_1=13.71$，$x_2=1.2188$，$x_3=1.1004$，$x_5=0.016184$ 时，

$$y=0.56386x_4^2-87.158x_4+3692.4 \tag{4-4-14}$$

当 $x_1=19.53$，$x_2=1.2188$，$x_3=1.1004$，$x_5=0.016184$ 时，

$$y=0.56386x_4^2-87.158x_4+3682.2 \tag{4-4-15}$$

当 $x_1=25.38$，$x_2=1.2188$，$x_3=1.1004$，$x_5=0.016184$ 时，

$$y=0.56386x_4^2-87.158x_4+3628.7 \tag{4-4-16}$$

在 Matlab 中运行程序将式(4-4-13)～式(4-4-16)所代表的四条曲线做在一张图上，如图 4-4-4 所示。

由图 4-4-4 可以看出，MgO 含量、SiO_2 含量、CO_2 残留量及 S 含量都固定在其平均值的情况下，石灰活性度随着石灰中 CaO 含量的提高呈先减后增的趋势。当 CaO 含量小于 78% 时，石灰的活性度随着 CaO 含量的增加而缓慢下降；而当 CaO 含量大于 78% 时，石灰活性度随石灰中 CaO 含量的增加而急剧增加。

但当 SiO_2 含量、CO_2 残留量、S 含量在平均值时，若将 CaO 含量固定的情况下可以看出，在 MgO 含量由 13.71%～25.38% 范围变化时，石灰活性度随着石灰中 MgO 含量的升高而降低；但当 MgO 含量降低到 9.57% 时，活性度的降低反而跳跃到比 MgO 含量为 19.53% 更低，其原因尚不明白。但有一点是肯定的，即石灰中的 MgO 含量越多，CaO 含量就越少，因此活性度就越低，MgO 含量对石灰活性度的影响与 CaO 含量对石灰活性度的影响，其趋势是一致的。但在 MgO 含量低于 13.71% 后，MgO 含量的进一步降低，会使活性度的降低会跳跃式降低。

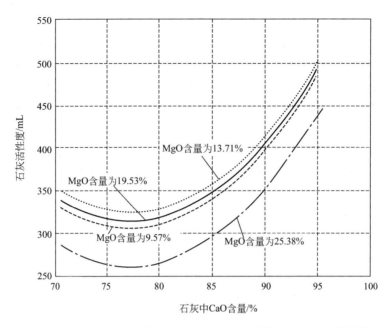

图 4-4-4　高 MgO 含量时不同 MgO 含量下石灰活性度与 CaO 含量的关系

（2）不同 CO_2 残留量下石灰活性度与 CaO 含量的关系

将 MgO 含量、SiO_2 含量、S 含量分别赋予其各自在研究范围内数据的平均值，分别为：$x_1 = 15.171$，$x_3 = 1.1004$，$x_5 = 0.016184$。再将 CO_2 残留量分别赋予 0.15、2.12、4.27、8.72 这几个不同的值，代入数学模型式（4-3-2）中，得到活性度 y 与 CaO 含量 x_4 间的关系。

当 $x_1 = 15.171$，$x_2 = 0.15$，$x_3 = 1.1004$，$x_5 = 0.016184$ 时，

$$y = 0.56386x_4^2 - 87.158x_4 + 3704.6 \tag{4-4-17}$$

当 $x_1 = 15.171$，$x_2 = 2.12$，$x_3 = 1.1004$，$x_5 = 0.016184$ 时，

$$y = 0.56386x_4^2 - 87.158x_4 + 3684.9 \tag{4-4-18}$$

当 $x_1 = 15.171$，$x_2 = 4.27$，$x_3 = 1.1004$，$x_5 = 0.016184$ 时，

$$y = 0.56386x_4^2 - 87.158x_4 + 3663.4 \tag{4-4-19}$$

当 $x_1 = 15.171$，$x_2 = 8.72$，$x_3 = 1.1004$，$x_5 = 0.016184$ 时，

$$y = 0.56386x_4^2 - 87.158x_4 + 3618.9 \tag{4-4-20}$$

在 Matlab 中运行如下程序将式（4-4-17）～式（4-4-20）所代表的四条曲线做在一张图上，如图 4-4-5 所示。

由图 4-4-5 可以看出，在 MgO、SiO_2 及 S 含量固定的条件下，对于石灰中不同的 CO_2 残余量，也存在一个 78% CaO 的量。在 CaO 含量低于 78% 时，对于固

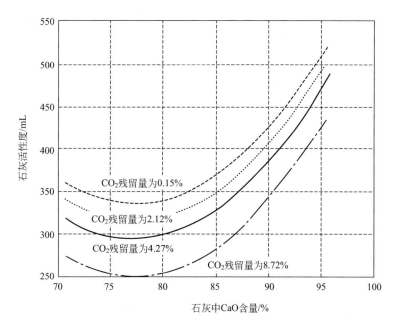

图 4-4-5　高 MgO 含量时不同 CO_2 残留量下石灰活性度与 CaO 含量的关系

定的 CO_2 含量，随着 CaO 的增加，石灰的活性度程缓慢降低的趋势；而当 CaO 含量高于 78% 时，随着 CaO 含量的增加，石灰的活性度急剧增加。

这种趋势和 MgO 含量对活性度的影响是一致的，即都存在 78%CaO 这样一个转折点，低于这个转折点，石灰的活性度随着 CaO 含量的增加而略微下降，只有在 CaO 含量高于 78% 的这个转折点时，石灰的活性度随着 CaO 含量的增加而急剧增加。

还有不管是高 MgO 含量的石灰还是低 MgO 含量的石灰，CO_2 残留量影响石灰活性度的趋势是一致的。即石灰中残留 CO_2 的存在，是 $CaCO_3$ 没有分解的表现，也使得石灰中有效 CaO 的含量的降低，进而降低了石灰的活性度。

（3）不同 SiO_2 含量下石灰活性度与 CaO 含量的关系

将 MgO 含量、CO_2 残留量、S 含量分别赋予其各自数据的平均值，分别为：$x_1 = 15.171$，$x_2 = 1.2188$，$x_5 = 0.016184$。将 SiO_2 含量分别赋予 0.49、1.21、2.34、2.81 这几个不同的值，代入公式（4-3-2）中，得到活性度 y 与 CaO 含量 x_4 间的关系，如式（4-4-21）～式（4-4-24）所示。

当 $x_1 = 15.171$，$x_2 = 1.2188$，$x_3 = 0.49$，$x_5 = 0.016184$ 时，

$$y = 0.56386x_4^2 - 89.466x_4 + 3897.0 \tag{4-4-21}$$

当 $x_1 = 15.171$，$x_2 = 1.2188$，$x_3 = 1.21$，$x_5 = 0.016184$ 时，

$$y = 0.56386x_4^2 - 86.744x_4 + 3658.6 \tag{4-4-22}$$

当 $x_1 = 15.171$，$x_2 = 1.2188$，$x_3 = 2.34$，$x_5 = 0.016184$ 时，

$$y = 0.56386x_4^2 - 82.471x_4 + 3314.6 \tag{4-4-23}$$

当 $x_1 = 15.171$，$x_2 = 1.2188$，$x_3 = 2.81$，$x_5 = 0.016184$ 时，

$$y = 0.56386x_4^2 - 80.694x_4 + 3182.3 \tag{4-4-24}$$

在 Matlab 作图将这四条图线表示出来，如图 4-4-6 所示。

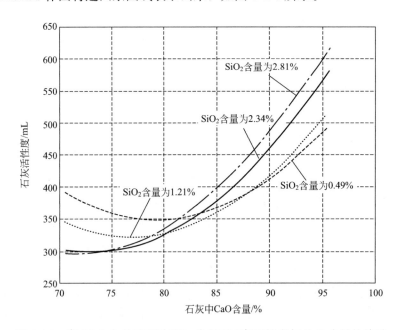

图 4-4-6　高 MgO 含量时不同 SiO_2 含量下石灰活性度与 CaO 含量的关系

从图中可以看出，当石灰中 CaO 含量在 80% 左右以下时，对于固定的 CaO 含量，随着石灰中 SiO_2 含量的增大，石灰活性度越小；但当石灰中 CaO 含量大于 85% 时，随着 SiO_2 含量增大，则石灰活性度反而增大。这是一个很反常的现象，其原因有待进一步研究。

（4）不同 S 含量下石灰活性度与 CaO 含量的关系

将 MgO 含量、CO_2 残留量、SiO_2 含量分别赋予其各自数据的平均值，分别为：$x_1 = 15.171$，$x_2 = 1.2188$，$x_3 = 1.1004$。将 S 含量分别赋予 0.005、0.011、0.023、0.038 这几个不同的值，代入公式（4-3-2）中，得到活性度 y 与 CaO 含量 x_4 间的关系式（4-4-25）～式(4-4-28)。

当 $x_1 = 15.171$，$x_2 = 1.2188$，$x_3 = 1.1004$，$x_5 = 0.005$ 时，

$$y = 0.56386x_4^2 - 87.158x_4 + 3697.3 \tag{4-4-25}$$

当 $x_1 = 15.171$，$x_2 = 1.2188$，$x_3 = 1.1004$，$x_5 = 0.011$ 时，

$$y=0.56386x_4^2-87.158x_4+3695.5 \qquad (4\text{-}4\text{-}26)$$

当 $x_1=15.171$，$x_2=1.2188$，$x_3=1.1004$，$x_5=0.023$ 时，

$$y=0.56386x_4^2-87.158x_4+3691.8 \qquad (4\text{-}4\text{-}27)$$

当 $x_1=15.171$，$x_2=1.2188$，$x_3=1.1004$，$x_5=0.038$ 时，

$$y=0.56386x_4^2-87.158x_4+3687.2 \qquad (4\text{-}4\text{-}28)$$

在 Matlab 作图将这四条图线表示出来，如图 4-4-7 所示。

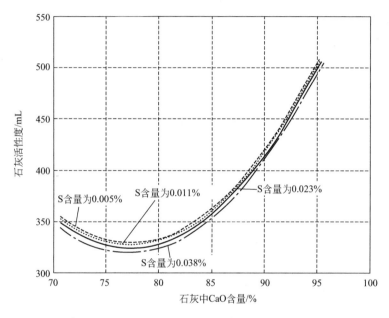

图 4-4-7　高 MgO 含量时不同 S 含量下石灰活性度与 CaO 含量的关系

从图 4-4-7 中依然可以看到，CaO 的含量同样存在 78% 的转折点。在 CaO 含量小于 78% 时，随着 CaO 含量的增加，活性度缓慢降低；在 CaO 含量高于 78% 时，随着 CaO 含量的增加，活性度急剧增加。但在 MgO、CO_2 残留量及 SiO_2 含量相同的条件下，固定 CaO 含量，随着石灰中 S 含量的增加，石灰的活性度略有减小，减小的量值非常小。这种情况说明，在高 MgO 含量条件下，石灰中 S 含量的变化，没有低 MgO 含量时对活性度的影响那么显著。

4.5　石灰活性度与 SiO_2 含量的关系

虽然在前面已经间接地讨论了石灰的活性度与 SiO_2 含量的关系，但由于 SiO_2 是石灰中的一个主要杂质，有必要对于这个关系进行直接研究。

4.5.1 低 MgO 含量石灰中石灰活性度与 SiO_2 含量的关系

从表 4-3-2 中可知，MgO 含量的变化范围是 $0.45\%\sim1.78\%$，CO_2 残留量的变化范围是 $0.38\%\sim7.39\%$，SiO_2 含量的变化范围是 $0.41\%\sim1.52\%$，CaO 含量的变化范围是 $89.56\%\sim97.94\%$，S 含量的变化范围是 $0.004\%\sim0.013\%$。

（1）低 MgO 含量时不同 CaO 含量下石灰活性度与 SiO_2 含量的关系

将 MgO 含量、CO_2 残留量、S 含量分别赋予其各自数据的平均值，分别为：$x_1=0.777$，$x_2=2.367$，$x_5=0.0060333$。将 CaO 含量分别赋予 89.56，92.60，94.73，97.94 这几个不同的值，代入活性度数学模型式(4-3-1) 中，得到活性度 y 与 SiO_2 含量 x_3 间的关系式(4-5-1) ～式(4-5-4) 所示。

当 $x_1=0.777$，$x_2=2.367$，$x_4=89.56$，$x_5=0.0060333$ 时，

$$y=37.231x_3^2-82.594x_3+439.73 \tag{4-5-1}$$

当 $x_1=0.777$，$x_2=2.367$，$x_4=92.60$，$x_5=0.0060333$ 时，

$$y=37.231x_3^2-82.594x_3+441.33 \tag{4-5-2}$$

当 $x_1=0.777$，$x_2=2.367$，$x_4=94.73$，$x_5=0.0060333$ 时，

$$y=37.231x_3^2-82.594x_3+442.46 \tag{4-5-3}$$

当 $x_1=0.777$，$x_2=2.367$，$x_4=97.94$，$x_5=0.0060333$ 时，

$$y=37.231x_3^2-82.594x_3+444.15 \tag{4-5-4}$$

在 Matlab 作图将这四条图线表示出来，如图 4-5-1 所示。

从图 4-5-1 中可以看出，SiO_2 含量存在一个 1.1% 的转折点。当 SiO_2 含量小于 1.1% 时，随着 SiO_2 含量的增加，则石灰活性度变小；当 SiO_2 含量大于 1.1% 时，则随着 SiO_2 含量的增加，石灰活性度变大。这种变化趋势同前面讨论的 SiO_2 含量对石灰的活性度与 CaO 的关系相一致。而对于固定的 SiO_2 含量情况下，随着 CaO 含量的增大，则石灰活性度越大。

（2）不同 S 含量下石灰活性度与 SiO_2 含量的关系

将 MgO 含量、CO_2 残留量及 CaO 含量分别赋予其各自数据的平均值，分别为：$x_1=0.777$，$x_2=2.367$，$x_4=94.156$。将 S 含量分别赋予 0.004，0.006，0.008，0.013 这几个不同的值，代入公式(4-3-1) 中，得到活性度 y 与 SiO_2 含量 x_3 间的关系式（4-5-5）～式（4-5-8）。

当 $x_1=0.777$，$x_2=2.367$，$x_4=94.156$，$x_5=0.004$ 时，

$$y=37.231x_3^2-54.758x_3+415.03 \tag{4-5-5}$$

当 $x_1=0.777$，$x_2=2.367$，$x_4=94.156$，$x_5=0.006$ 时，

$$y=37.231x_3^2-82.137x_3+441.71 \tag{4-5-6}$$

当 $x_1=0.777$，$x_2=2.367$，$x_4=94.156$，$x_5=0.008$ 时，

$$y = 37.231x_3^2 - 109.52x_3 + 468.39 \qquad (4-5-7)$$

当 $x_1 = 0.777$，$x_2 = 2.367$，$x_4 = 94.156$，$x_5 = 0.013$ 时，

$$y = 37.231x_3^2 - 177.96x_3 + 535.09 \qquad (4-5-8)$$

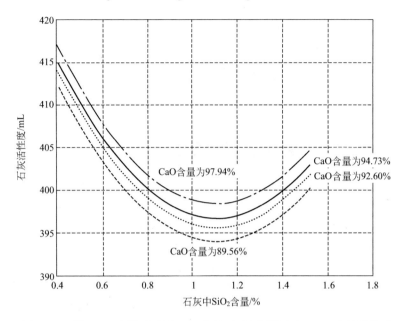

图 4-5-1　低 MgO 含量时不同 CaO 含量下石灰活性度与 SiO$_2$ 含量的关系

在 Matlab 作图将这四条图线表示出来，如图 4-5-2 所示。

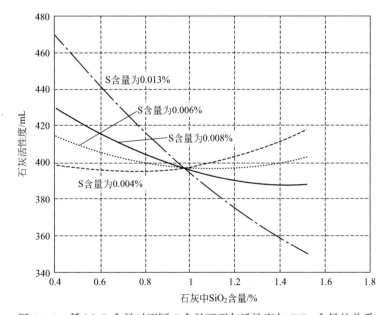

图 4-5-2　低 MgO 含量时不同 S 含量下石灰活性度与 SiO$_2$ 含量的关系

从图 4-5-2 中可以看出，SiO_2 含量也存在一个特殊的点，即位于接近 1% 的点时，四条曲线交于一点，经计算得到该点的 SiO_2 含量值为 0.9745%。对于相同的 SiO_2 含量，当 SiO_2 含量小于 0.9745% 时，石灰活性度随 S 含量增加而增加；但当 SiO_2 含量大于 0.9745% 时，石灰活性度随 S 含量增加而减小。

另外还可以看出，当石灰中 S 含量较小时，如 0.004% 和 0.006%，随着 SiO_2 含量的增加，石灰的活性度降低，但到某一个 SiO_2 含量时（如 S 含量为 0.006%，SiO_2 含量为 1%），随着 SiO_2 含量的增加，活性度增加。而对于硫含量大于 0.008% 以后，随着 SiO_2 含量的增加，活性度降低，硫含量越高，这种降低的趋势越大。

4.5.2　高 MgO 含量石灰中石灰活性度与 SiO_2 含量的关系

在 MgO 含量的变化范围为 $2.10\%\sim25.38\%$ 时，定义为高 MgO 含量的石灰。在 CO_2 残留量的变化范围 $0.15\%\sim8.72\%$，SiO_2 含量的变化范围 $0.49\%\sim4.39\%$，S 含量的变化范围 $0.005\%\sim0.038\%$ 及 CaO 含量的变化范围 $70.59\%\sim95.31\%$ 的情况下得到了石灰活性度的数学模型。

（1）高 MgO 含量时不同 CaO 含量下石灰活性度与 SiO_2 含量的关系

将 MgO 含量、CO_2 残留量、S 含量赋予一个固定的值，再将 CaO 含量赋予几个不同的值，可得到在不同的 CaO 含量的情况下，石灰活性度与 SiO_2 含量的关系图。

将 MgO 含量、CO_2 残留量、S 含量分别赋予其各自数据的平均值，分别为：$x_1=15.171$，$x_2=1.2188$，$x_5=0.016184$。将 CaO 含量分别赋予 70.59，77.87，83.51，95.31 这几个不同的值，代入公式（4-3-2）中，得到活性度 y 与 SiO_2 含量 x_3 间的关系。

当 $x_1=15.171$，$x_2=1.2188$，$x_4=70.59$，$x_5=0.016184$ 时，

$$y=14.447x_3^2-88.808x_3+431.30 \tag{4-5-9}$$

当 $x_1=15.171$，$x_2=1.2188$，$x_4=77.87$，$x_5=0.016184$ 时，

$$y=14.447x_3^2-61.281x_3+375.91 \tag{4-5-10}$$

当 $x_1=15.171$，$x_2=1.2188$，$x_4=83.51$，$x_5=0.016184$ 时，

$$y=14.447x_3^2-39.956x_3+374.09 \tag{4-5-11}$$

当 $x_1=15.171$，$x_2=1.2188$，$x_4=95.31$，$x_5=0.016184$ 时，

$$y=14.447x_3^2+4.6607x_3+486.31 \tag{4-5-12}$$

在 Matlab 作图将这四条图线表示出来，如图 4-5-3 所示。

从图中可以看出，随着 CaO 含量增加，活性度增加的幅度较大，即石灰中影

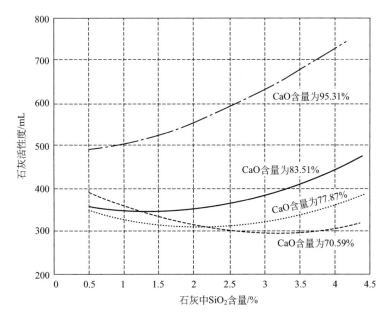

图 4-5-3　高 MgO 含量时不同 CaO 含量下石灰活性度与 SiO_2 含量的关系图

响活性度的主要因素是 CaO 含量。而在固定 CaO 含量，在 CaO 含量较高且大于 83.51%，随着 SiO_2 含量的升高，石灰的活性度增加，这似乎难理解，但从另外一个角度看，因为固定了 CaO 含量，SiO_2 含量的升高必然使得 MgO、S 及 CO_2 等其他含量降低，说明石灰中 SiO_2 含量对活性度的影响没有其他元素影响显著。但当石灰中 CaO 含量降低时，其情况出现了不同的变化，SiO_2 含量的升高似乎对活性度的影响程度降低。

（2）高 MgO 含量时不同 S 含量下石灰活性度与 SiO_2 含量的关系

将 MgO 含量、CO_2 残留量、CaO 含量分别赋予其各自数据的平均值，分别为：$x_1=15.171$，$x_2=1.2188$，$x_4=81.837$。将 S 含量分别赋予 0.005、0.011、0.023、0.038 这几个不同的值，代入公式（4-3-1）中，得到活性度 y 与 SiO_2 含量 x_3 间的关系式。

当 $x_1=15.171$，$x_2=1.2188$，$x_4=81.837$，$x_5=0.005$ 时，

$$y=14.447x_3^2-28.809x_3+355.07 \tag{4-5-13}$$

当 $x_1=15.171$，$x_2=1.2188$，$x_4=81.837$，$x_5=0.011$ 时，

$$y=14.447x_3^2-38.184x_3+363.56 \tag{4-5-14}$$

当 $x_1=15.171$，$x_2=1.2188$，$x_4=81.837$，$x_5=0.023$ 时，

$$y=14.447x_3^2-56.934x_3+380.52 \tag{4-5-15}$$

当 $x_1=15.171$，$x_2=1.2188$，$x_4=81.837$，$x_5=0.038$ 时，

$$y=14.447x_3^2-80.372x_3+401.72 \qquad (4-5-16)$$

在 Matlab 作图将这四条图线表示出来，如图 4-5-4 所示。

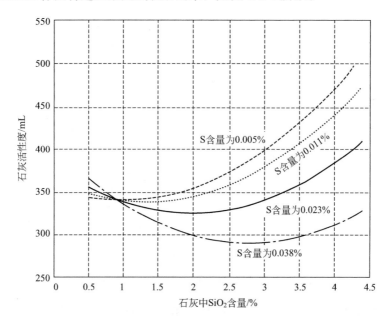

图 4-5-4　高 MgO 含量时不同 S 含量下石灰活性度与 SiO$_2$ 含量的关系图

从图 4-5-4 中可以看出，四条曲线交于一点，经计算得到该点的 SiO$_2$ 含量值为 0.9047%。

当 SiO$_2$ 含量小于 0.9047% 时，石灰活性度随 S 含量增加而增加；当 SiO$_2$ 含量大于 0.9047% 时，石灰活性度随 S 含量增加而减小。这个规律同低 MgO 含量时不同 S 含量下石灰活性度与 SiO$_2$ 含量关系的变化规律相一致。可概括为：当石灰中 SiO$_2$ 含量小于某一个值的时候，石灰活性度随 S 含量增加而显著增加；当大于该值的时候，石灰活性度随 S 含量增加而显著减少。而 SiO$_2$ 含量值为 0.9047% 时，石灰的活性度不随 S 含量的变化而变化。

这是一个非常重要的结论，因此有必要对石灰的活性度和其中 S 含量的关系进行深入研究。

4.6　石灰活性度与 S 含量的关系

因为石灰在冶金过程往往作为脱硫剂使用，在作为脱硫剂使用时，其反应为

$$CaO+S=\!=\!=CaS+\frac{1}{2}O_2$$

在活性石灰的烧制过程中，其中的 S 由于与 CaO 生成了 CaS，肯定会降低石

灰的活性。但在前面的讨论可以看出，降低石灰活性不仅仅是 S，如 MgO 不能和 CaO 发生反应，只是从成分的占有上降低石灰的活性；SiO_2 由于可能和 CaO 形成 $CaO \cdot SiO_2$ 或 $2CaO \cdot SiO_2$，直接降低石灰的活性。

从前面的讨论，已经发现，S 对活性度的影响比较复杂，其相关的关系如何是一个值得关注的问题。

4.6.1　低 MgO 含量石灰中石灰活性度与 S 含量的关系

从表 4-3-2 中可知，活性石灰烧制过程低 MgO 含量时，MgO 的变化范围是 $0.45\% \sim 1.78\%$，CO_2 残留量的变化范围是 $0.38\% \sim 7.39\%$，SiO_2 含量的变化范围是 $0.41\% \sim 1.52\%$，CaO 含量的变化范围是 $89.56\% \sim 97.94\%$，S 含量的变化范围是 $0.004\% \sim 0.013\%$。下面讨论在低 MgO 含量的情况下，固定 MgO、CO_2 残留量、SiO_2 含量及 CaO 含量的情况下，石灰的活性度和硫含量的关系。

（1）低 MgO 含量时不同 CaO 含量下石灰活性度与 S 含量的关系

将 MgO 含量、CO_2 残留量及 SiO_2 含量分别赋予其各自数据的平均值，分别为：$x_1 = 0.777$，$x_2 = 2.367$，$x_3 = 0.764$。将 CaO 含量分别赋予 89.56、92.60、94.73、97.94 这几个不同的值，代入公式（4-3-1）中，得到活性度 y 与 S 含量 x_5 间的关系，如式（4-6-1）～式（4-6-4）所示。

当 $x_1 = 0.777$，$x_2 = 2.367$，$x_3 = 0.764$，$x_4 = 89.56$ 时，

$$y = 2479.0x_5 + 383.40 \tag{4-6-1}$$

当 $x_1 = 0.777$，$x_2 = 2.367$，$x_3 = 0.764$，$x_4 = 92.60$ 时，

$$y = 2745.1x_5 + 383.40 \tag{4-6-2}$$

当 $x_1 = 0.777$，$x_2 = 2.367$，$x_3 = 0.764$，$x_4 = 94.73$ 时，

$$y = 2931.5x_5 + 383.40 \tag{4-6-3}$$

当 $x_1 = 0.777$，$x_2 = 2.367$，$x_3 = 0.764$，$x_4 = 97.94$ 时，

$$y = 3212.4x_5 + 383.40 \tag{4-6-4}$$

在 Matlab 作图将这四条图线表示出来，如图 4-6-1 所示。

由图中可以看出，当 CaO 含量一定时，石灰中的 S 含量在 $0.004\% \sim 0.011\%$ 变化范围变动时，S 含量越大，则石灰活性度越大，并且随 S 含量增长的幅度很快。这个结论前面讨论得到的结论一致。

（2）低 MgO 含量时不同 SiO_2 含量下石灰活性度与 S 含量的关系

将 MgO 含量、CO_2 残留量、CaO 含量分别赋予其各自数据的平均值，分别为：$x_1 = 0.777$，$x_2 = 2.367$，$x_4 = 94.156$。固定 SiO_2 含量，分别赋予 0.41、0.76、1.12、1.52 这几个不同的值，代入公式 4-3-1 中，得到活性度 y 与 S 含量

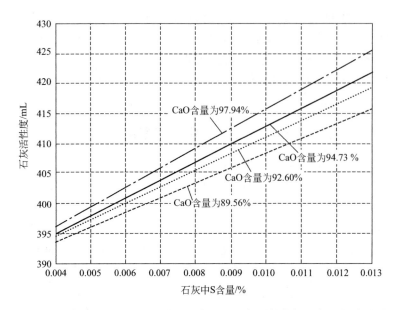

图 4-6-1　低 MgO 含量时不同 CaO 含量下石灰活性度与 S 含量的关系图

x_5 间的关系，如式(4-6-5)～式(4-6-8) 所示。

当 $x_1=0.777$，$x_2=2.367$，$x_3=0.41$，$x_4=94.156$ 时，

$$y=7727.3x_5+367.93 \tag{4-6-5}$$

当 $x_1=0.777$，$x_2=2.367$，$x_3=0.76$，$x_4=94.156$ 时，

$$y=2936.0x_5+383.17 \tag{4-6-6}$$

当 $x_1=0.777$，$x_2=2.367$，$x_3=1.12$，$x_4=94.156$ 时，

$$y=408.37-1992.3x_5 \tag{4-6-7}$$

当 $x_1=0.777$，$x_2=2.367$，$x_3=1.52$，$x_4=94.156$ 时，

$$y=447.69-7468.1x_5 \tag{4-6-8}$$

在 Matlab 作图将这四条图线表示出来，如图 4-6-2 所示。

从图 4-6-2 中可以看出，在 CaO、MgO 及 CO_2 含量为研究范围的平均值时，研究了一定的 SiO_2 含量情况下，石灰的活性度与 S 含量的关系，发现了 SiO_2 含量有一个临界值 1.12%。当 SiO_2 含量等于 1.12% 时，石灰的活性度不随 S 含量的变化而变化；当 SiO_2 含量小于 1.12% 时，石灰活性度随 S 含量增加而增加；当 SiO_2 含量大于 1.12% 时，石灰活性度随 S 含量增加而减小。

4.6.2　高 MgO 含量石灰中石灰活性度与 S 含量的关系

在 MgO 含量的变化范围为 2.10%～25.38% 时，在本研究范围定义为高 MgO

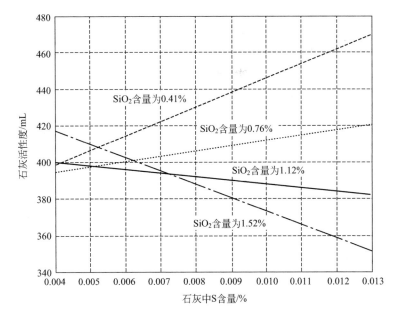

图 4-6-2　低 MgO 含量时不同 SiO_2 含量下石灰活性度与 S 含量的关系图

含量的石灰。在 CO_2 残留量的变化范围 $0.15\% \sim 8.72\%$，SiO_2 含量的变化范围 $0.49\% \sim 4.39\%$，S 含量的变化范围 $0.005\% \sim 0.038\%$ 及 CaO 含量的变化范围 $70.59\% \sim 95.31\%$ 的情况下得到了石灰活性度的数学模型。下面研究石灰中 S 含量对活性度的影响。

（1）高 MgO 含量时不同 CaO 含量下石灰活性度与 S 含量的关系

将 MgO 含量、CO_2 残留量、SiO_2 含量分别赋予其各自数据的平均值，分别为：$x_1 = 15.171$，$x_2 = 1.2188$，$x_3 = 1.1004$。将 CaO 含量分别赋予 70.59、77.87、83.51、95.31 这几个不同的值，代入公式(4-3-2) 中，得到活性度 y 与 S 含量 x_5 间的关系。

当 $x_1 = 15.171$，$x_2 = 1.2188$，$x_3 = 1.1004$，$x_4 = 70.59$ 时，

$$y = 356.01 - 305.73x_5 \tag{4-6-9}$$

当 $x_1 = 15.171$，$x_2 = 1.2188$，$x_3 = 1.1004$，$x_4 = 77.87$ 时，

$$y = 330.92 - 305.73x_5 \tag{4-6-10}$$

当 $x_1 = 15.171$，$x_2 = 1.2188$，$x_3 = 1.1004$，$x_4 = 83.51$ 时，

$$y = 352.56 - 305.73x_5 \tag{4-6-11}$$

当 $x_1 = 15.171$，$x_2 = 1.2188$，$x_3 = 1.1004$，$x_4 = 95.31$ 时，

$$y = 513.88 - 305.73x_5 \tag{4-6-12}$$

在 Matlab 作图将这四条图线表示出来，如图 4-6-3 所示。

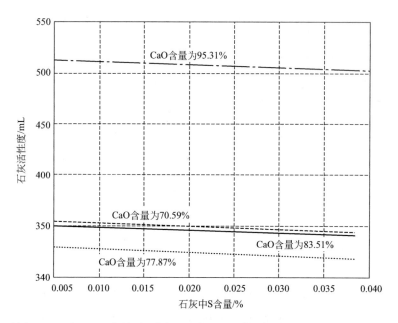

图 4-6-3　高 MgO 含量时不同 CaO 含量下石灰活性度与 S 含量的关系图

从图中可以看出，在 MgO 含量、CO_2 残留量、SiO_2 含量数据的平均值的点上，即：$x_1=15.171$，$x_2=1.2188$，$x_3=1.1004$。将 CaO 含量分别赋予 70.59、77.87、83.51、95.31 这几个不同的值的时候，得到活性度基本上与 S 含量没有多大的关系；但在 S 含量一定时，随着 CaO 含量的增加，石灰的活性度却急剧增加。

（2）高 MgO 含量时不同 SiO_2 含量下石灰活性度与 S 含量的关系

将 MgO 含量、CO_2 残留量、CaO 含量分别赋予其各自数据的平均值，分别为：$x_1=15.171$，$x_2=1.2188$，$x_4=81.837$。将 SiO_2 含量分别赋予 0.49、1.21、2.34、2.81 这几个不同的值，代入公式（4-3-2）中，得到活性度 y 与 S 含量 x_5 间的关系。

当 $x_1=15.171$，$x_2=1.2188$，$x_3=0.49$，$x_4=81.837$ 时，
$$y=648.04x_5+341.19 \tag{4-6-13}$$
当 $x_1=15.171$，$x_2=1.2188$，$x_3=1.21$，$x_4=81.837$ 时，
$$y=343.75-476.97x_5 \tag{4-6-14}$$
当 $x_1=15.171$，$x_2=1.2188$，$x_3=2.34$，$x_4=81.837$ 时，
$$y=377.98-2242.6x_5 \tag{4-6-15}$$
当 $x_1=15.171$，$x_2=1.2188$，$x_3=2.81$，$x_4=81.837$ 时，
$$y=403.08-2977.0x_5 \tag{4-6-16}$$

在 Matlab 作图将这四条图线表示出来，如图 4-6-4 所示。

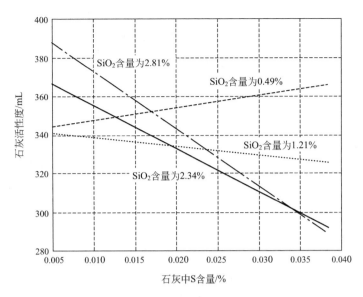

图 4-6-4 高 MgO 含量时不同 SiO_2 含量下石灰活性度与 S 含量的关系

从图 4-6-4 中可以看出，与低 MgO 含量时活性度与 S 含量的关系基本相似，对于在 MgO 含量、CO_2 残留量、CaO 含量数据的平均值的点上，一定的 SiO_2 含量情况下，存在一个 SiO_2 含量的临界点［可以由公式(4-3-2)求出］，当 SiO_2 含量小于这个临界值，石灰活性度随 S 含量的增加而增加，如图 SiO_2 含量为 0.49％；当 SiO_2 含量大于这个临界点时，石灰活性度随 S 含量的增加而减少，如图中 SiO_2 含量为 1.21％；而当 SiO_2 含量远小于这个临界点时，石灰活性度随着硫含量的增加急剧减小。

在以上的研究中，随机选取国内某钢铁企业烧制活性石灰两个月的数据，分为高 MgO 含量和低 MgO 含量两个部分，利用 MgO 含量、CO_2 残留量、SiO_2 含量、CaO 含量、S 含量分别在其各自数据的平均值，即：$x_1=15.171$，$x_2=1.2188$，$x_3=0.764$，$x_4=81.837$，$x_5=0.00603$ 的情况下，固定其中的三个组分，讨论了两个组分的相互变化对活性度的影响。

相同的 CaO 含量情况下，石灰中 CO_2 残留量越大，得到石灰的活性度越小。而对于每种确定的 CO_2 残留量的情况下，即石灰中 MgO 含量、SiO_2 含量、S 含量及 CO_2 残留量都固定的情况下，石灰的活性度与石灰中 CaO 含量成正比关系，CaO 含量越大，石灰的活性度也越大。

不管是低 MgO 含量还是高 MgO 含量的石灰石为原料的活性石灰，石灰的活性度与石灰中 CaO 含量成正比关系，CaO 含量越大，石灰的活性度也越大。石灰中 CO_2 残留量越大，得到石灰的活性度越小。随着石灰中 SiO_2 含量增大，石灰的活性度越小，但当 SiO_2 含量增大到一定程度，石灰活性度反而开始逐渐增大。

在本研究的 S 含量的范围内发现，在高 MgO 含量条件下，石灰中 S 含量的变化，对活性度的影响不显著。但对于低 MgO 含量的石灰，石灰中 S 含量越大，得到石灰的活性度越大。并且随着 S 含量的提高，石灰的活性度有较大的增加。按照常理认为，石灰中 S 等杂质含量越大，则石灰的活性度应越小，而这种现象和预想的结果恰恰相反。另外当石灰中 SiO_2 含量小于某一个值的时候，石灰活性度随 S 含量增加而显著增加；当大于该值的时候，石灰活性度随 S 含量增加而显著减少。这也是一个重要的结论。如果以上规律确实普遍存在，将对生产实践产生很大的指导意义，应该引起足够的重视。

对于低 MgO 含量的石灰石为原料的活性石灰，石灰活性度随着石灰中 CaO 含量的提高呈先减后增的趋势。石灰活性度随着石灰中 MgO 含量的升高呈先增后减的趋势，当 MgO 含量增大到一定程度，石灰活性度随石灰中 MgO 含量的升高而急剧下降。在其余因素都相同的条件下，石灰中 CO_2 残余含量越高，则石灰的活性度越低。当石灰中 CaO 含量在 80％ 以下时，石灰中 SiO_2 含量越大，石灰活性度越小；当石灰中 CaO 含量大于 85％ 时，SiO_2 含量越大，则石灰活性度也越大。

随着 CaO 含量增加，活性度增加的幅度较大，说明石灰中影响活性度的主要因素是 CaO 含量。当石灰中 CaO 含量较低时，石灰活性度随着 SiO_2 含量的升高而下降；当石灰中 CaO 含量较高时，石灰活性度随着 SiO_2 含量的升高而升高。这也是一个与常规似乎相矛盾的规律，但恰恰是实验事实，也应该引起我们注意。

4.7　石灰活性度与理论活性度的百分比影响因素的数学模型

4.7.1　低 MgO 含量时石灰活性度百分比影响因素的数学模型

根据前面章节关于理论活性度的计算，对于一定组成的石灰石，可以计算得到每一个组成的石灰石对应的理论活性度，如表 4-3-2 所示的第 7 列，再计算实际活性度达到理论活性度的百分比，如表 4-3-2 所示的第 9 列。

由 Matlab 程序进行多元回归计算，得到石灰实际活性度达到理论活性度的百分比 y_1 与石灰各组分成分 MgO 含量（x_1）、CO_2 残留量（x_2）、SiO_2 含量（x_3）、CaO 含量（x_4）与 S 含量（x_5）之间的多元回归关系，即石灰实际活性度达到理论活性度的百分比的数学模型为

$$y_1 = 0.93026 - 0.023340x_2 + 0.077525x_3^2 - 25.453x_3x_5 +$$
$$3.7571x_2x_5 + 0.17115x_4x_5 \tag{4-7-1}$$

式中　y_1——石灰实际活性度达到理论活性度的百分比，％；

　　　x_2——石灰中 CO_2 残留量，％；

　　　x_3——石灰中 SiO_2 含量，％；

　　　x_4——石灰中 CaO 含量，％；

　　　x_5——石灰中 S 含量，％。

以下可以按照相同的方法，对以上模型进行讨论，由于方法相同，不一一讨论，只讨论低 MgO 的情况下，CaO 含量对达到理论活性度的百分比的影响。

运用和前面相同的分析方法，固定石灰中 MgO 含量、SiO_2 含量、S 含量为研究的平均值，再将 CO_2 含量赋予几个不同的值，可得到在不同的 CO_2 含量的情况下，石灰活性度百分比与 CaO 含量的关系图。

将 MgO 含量、SiO_2 含量、S 含量分别赋予其各自数据的平均值，分别为：$x_1 = 0.777$，$x_3 = 0.764$，$x_5 = 0.0060333$。将 CO_2 残留量分别赋予 0.40、1.40、3.40、6.40 这几个不同的值，代入式(4-7-1) 中，得到活性度百分比 y_1 与 CaO 含量 x_4 间的关系。

当 $x_1 = 0.777$，$x_2 = 0.40$，$x_3 = 0.764$，$x_5 = 0.0060333$ 时，
$$y = 100 \times (0.00103258x_4 + 0.85792) \tag{4-7-2}$$

当 $x_1 = 0.777$，$x_2 = 1.40$，$x_3 = 0.764$，$x_5 = 0.0060333$ 时，
$$y_1 = 100 \times (0.00103258x_4 + 0.857248) \tag{4-7-3}$$

当 $x_1 = 0.777$，$x_2 = 3.40$，$x_3 = 0.764$，$x_5 = 0.0060333$ 时，
$$y_1 = 100 \times (0.00103258x_4 + 0.855904) \tag{4-7-4}$$

当 $x_1 = 0.777$，$x_2 = 6.40$，$x_3 = 0.764$，$x_5 = 0.0060333$ 时，
$$y_1 = 100 \times (0.00103258x_4 + 0.8538881) \tag{4-7-5}$$

用 Matlab 作图将这四条图线表示出来，如图 4-7-1 所示。

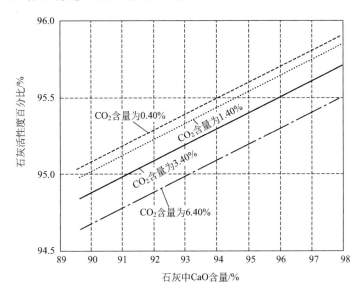

图 4-7-1　低 MgO 含量时不同 CO_2 含量下石灰活性度百分比与 CaO 含量的关系图

从图 4-7-1 中可以看出，当其余条件都固定的情况下，随着 CaO 含量的增加将引起石灰活性度百分比的增加。与图 4-4-1 的比较可以看出，随着 CaO 含量的增加，石灰的活性度增加的幅度较小，但活性度与理论活性度的比增加的幅度较大。同样，当其余条件固定，对于固定的 CaO 含量，随着 CO_2 含量的增加将引起石灰活性度与活性度与理论活性度百分比的减小，减小的幅度都较小。

用同样的方法，可以分析固定其他组分为平均量，对于不同 SiO_2 含量、S 含量条件下石灰活性度百分比与 CaO 含量的关系。分析发现，石灰活性度百分比基本维持不变。

4.7.2 高 MgO 含量的石灰活性度百分比影响因素的数学模型

同理根据前面章节关于理论活性度的计算，对于高 MgO 含量的一定组成的石灰石，计算得到每一个组成的石灰石对应的理论活性度，如表 4-3-3 所示的第 7 列，再计算实际活性度达到理论活性度的百分比，如表 4-3-3 所示的第 9 列。

由 Matlab 程序进行多元回归计算，得到石灰实际活性度达到理论活性度的百分比 y_1 与石灰各组分成分 MgO 含量（x_1）、CO_2 残留量（x_2）、SiO_2 含量（x_3）、CaO 含量（x_4）与 S 含量（x_5）之间的多元回归关系，即石灰实际活性度达到理论活性度的百分比的数学模型为

$$y_1 = 100 \times (0.37732x_1 - 371.76x_5 - 0.0042489x_1x_2 - 0.010002x_1x_3 -$$
$$0.0037170x_1x_4 - 0.029263x_2x_3 + 3.8868x_1x_5 + 4.4563x_2x_5 +$$
$$0.00093751x_3x_4 + 3.7498x_4x_5 - 0.0038817x_1^2 +$$
$$0.028963x_3^2 + 0.88225)$$

$$(4\text{-}7\text{-}6)$$

式中　y_1——石灰实际活性度达到理论活性度的百分比，%；

x_1——石灰中 MgO 含量，%；

x_2——石灰中 CO_2 残留量，%；

x_3——石灰中 SiO_2 含量，%；

x_4——石灰中 CaO 含量，%；

x_5——石灰中 S 含量，%。

与前面同样的方法，讨论在高 MgO 含量的情况下石灰活性度与理论活性度的百分比与 CaO 含量的关系。

分别固定石灰中 MgO 含量、SiO_2 含量、S 含量为研究范围的平均值，再将 CO_2 含量赋予几个不同的值，可得到在不同的 CO_2 含量的情况下，石灰活性度百分比与 CaO 含量的关系。

将 MgO 含量、SiO_2 含量、S 含量分别赋予其各自数据的平均值，分别为：$x_1 = 15.171$，$x_3 = 1.1004$，$x_5 = 0.016184$。将 CO_2 残留含量分别赋予 0.60、1.60、3.60、7.60 这几个不同的值，代入式(4-7-6) 中，得到活性度百分比 y_1 与 CaO 含量 x_4 间的关系。

当 $x_1 = 15.171$，$x_2 = 0.60$，$x_3 = 1.1004$，$x_5 = 0.016184$ 时，

$$y_1 = 100 \times (0.00532786x_4 + 0.5043204) \qquad (4\text{-}7\text{-}7)$$

当 $x_1 = 15.171$，$x_2 = 1.60$，$x_3 = 1.1004$，$x_5 = 0.016184$ 时，

$$y_1 = 100 \times (0.00532786x_4 + 0.4797791) \qquad (4\text{-}7\text{-}8)$$

当 $x_1 = 15.171$，$x_2 = 3.60$，$x_3 = 1.1004$，$x_5 = 0.016184$ 时，

$$y_1 = 100 \times (0.00532786x_4 + 0.4306966) \qquad (4\text{-}7\text{-}9)$$

当 $x_1 = 15.171$，$x_2 = 7.60$，$x_3 = 1.1004$，$x_5 = 0.016184$ 时，

$$y_1 = 100 \times (0.00532786x_4 + 0.3325315) \qquad (4\text{-}7\text{-}10)$$

用 Matlab 作图将这四条线表示出来，如图 4-7-2 所示。

从图 4-7-2 可以看出，当其余条件都固定的情况下，CaO 含量的增加将引起石灰活性度达到理论活性度百分比的增加，增加的幅度较大。同样，当其余条件固定，CO_2 含量的增加将引起石灰活性度百分比的减小，减小的幅度也较大。

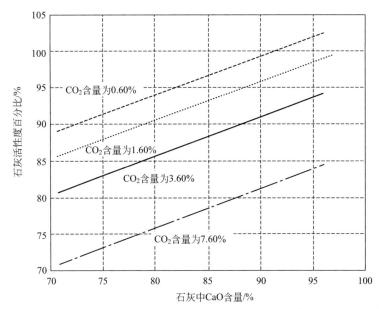

图 4-7-2　高 MgO 含量时不同 CO_2 含量下石灰活性度百分比与 CaO 含量的关系图

但与图 4-4-4 比较可以发现，高 MgO 含量时，对于固定 CO_2 含量，存在一个 CaO 含量约为 80% 的值，当 CaO 含量大于 80% 时，随着 CaO 的增加，石灰的活性度；而对于 CaO 含量与实际活性度与理论活性度的百分比的关系来说，从 CaO 含量 70% 到 95% 的变化范围，这都是一个线性关系。

因此可以得出结论，不管在 MgO 含量较低或较高的石灰中，石灰活性度占理论活性度的百分比同样与 CaO 含量、残留的 CO_2 含量、S 含量及 SiO_2 含量的影响，能否在一定烧制条件下生产出优质的活性石灰，也就是说，得到接近理论水平的活性石灰，应该利用以上数学模型事先做出判断，由此选用合适的石灰石。

参考文献

［1］尹志明，王宏伟，郭汉杰. 活性石灰烧制工艺及理论研究（1）. 石灰，2005（3）：32.

［2］尹志明，王宏伟，郭汉杰. 活性石灰烧制工艺及理论研究（2）. 石灰，2006（3）：39.

［3］郭汉杰，尹志明，王宏伟. 冶金活性石灰烧制过程最佳工艺制度. 北京科技大学学报. 2008，30（2）：148-151.

［4］聂健康. 迁钢冶金石灰活性度影响因素模型及其在脱硫中的应用［D］. 北京：北京科技大学，2013.

第5章 活性石灰生产设备

活性石灰生产设备从结构上说分为两类：①竖式结构，包括各种竖窑，如套筒窑、麦尔兹窑等都属于竖式结构的设备；②卧式结构，如回转窑等。这些设备各有其优势，有的是能生产优质活性石灰，但投资大；有的可以生产优质活性石灰，投资不大，但能耗高；还有的虽然不能生产性能非常好的活性石灰，但投资不大，能耗也不大，性能只能满足一般要求。所以用户在选用生产活性石灰的设备时，应该结合本单位对石灰性能、投资及生产成本等方面的需求来选择。下面就分别介绍几种相对成熟的活性石灰生产设备，并分析它们在生产性能、投资及生产成本等方面的特点。

但对于生产活性石灰来说，建议选用回转窑设备、麦尔兹窑、套筒窑其中之一。这些是经过生产实践证实，是最有效的生产活性石灰的设备。

5.1 回转窑生产活性石灰

对于回转窑生产活性石灰的生产设备，目前国内已经成熟，并且在投资和生产的活性石灰的性能方面达到世界先进水平。本节以国内某企业日产600t活性生石灰回转窑生产系统为例，介绍一条完整的生产线的结构，包括设计、施工及其特点。

5.1.1 回转窑生产活性石灰的设计

回转窑生产活性石灰生产线的设计一般是依据使用单位对活性石灰性能的需求，与设备供货单位签署设计合同，然后编写有关文件，在编写时要同时注意国家有关政策、法规，并同时注意以下问题。

设计范围的确定。如设计年产$20×10^4$t（日产600t）优质活性石灰生产线。

在实验室确定当地碳酸钙分解成活性石灰生成机理和实验工艺，制定回转窑应该采取的工艺及选用主要设备。

目前回转窑已经使用成熟的"预热器-回转窑-冷却机"三大件组成的活性石灰煅烧系统。

其他包括：①原料储运筛分系统；②原料提升与窑尾预热系统；③回转窑煅烧系统；④窑头成品冷却机喷煤系统；⑤窑尾烟气处理系统；⑥成品储存筛分系统；⑦原煤粉磨系统的工艺、土建、总图、电气及自动化的初步设计。

工艺设计时，主要的工艺条件及技术参数如下。

（1）燃料

在本书第1、2章中可以看出，活性石灰的生产所需的能源用于两个方面，一是把石灰石加热到可以分解的温度600℃以上；二是提供石灰石分解时要吸热的能量。对于回转窑生产活性石灰的燃料目前已经可以采用很多种形式，在设计时要结合当地的能源情况和生产对活性石灰产品的等级要求而定。

回转窑可选燃料及对产品的影响如表5-1-1所示。可以看出，燃料对生产优质活性石灰和生产成本并不能达成统一，所以目前常以同时满足高品质与低成本的能源混合搭配使用的方法。如焦炉煤气与高炉煤气混合使用或与煤粉混合使用等。

表 5-1-1　回转窑可选燃料及对产品的影响

能源种类	特点
焦炉煤气	可以烧制优质石灰，成本较高
天然气	可以烧制优质石灰，成本较高
转炉煤气	可以烧制优质石灰，成本较低
高炉煤气	可以烧制优质石灰，成本较低，但使用困难
煤粉	成本较低，但石灰质量相对较低

回转窑除使用的燃料的能源外，还使用电能作为能源，带动机械设备的传动等，日产600t的回转窑生产线，需要的功率约为2500kW。本项目每生产1t高活性石灰的能耗指标如表5-1-2所示。

表 5-1-2　日产 600t 的回转窑生产线每吨石灰能耗指标

热耗	电	水
5.23GJ	45kW·h	1m³

表5-1-2所列指标均为国内领先水平。对于热耗，可以根据使用的燃料进行折算，但在使用高炉煤气时要适当乘一个系数，一般选1.1～1.3，因为高炉煤气中含有大量的N_2气，在燃烧废气排放中，要向炉外带走大量的热量。

（2）回转窑一般采取的节能措施

① 在回转窑尾部设有一台竖式预热器，充分利用回转窑燃烧产生的高温烟气，将预热器内的物料预热，使物料在预热器内发生部分分解，使系统产量提高40%，热效率提高30%。

② 在烟气处理系统中配置箅式冷却器降低了预热器排出烟气的温度，除尘用使用袋式除尘器，大大节省了电能。

③ 回转窑的耐火材料采用复合耐火砖，可使窑皮温度降低 40℃ 以上，可大幅度降低能耗。

④ 在窑体钢板和耐火砖之间加刷隔热涂层，使窑皮温度再降低 60℃ 以上，从而使得该系统的能耗达到目前国内同类产品的最低水平。

5.1.2 回转窑产品品种及工艺技术方案

年产活性生石灰 20×10^4 t 的生产设备的三大件：竖式预热器-回转窑-箅式冷却器煅烧系统。产品质量要达国家标准（YB/T 042—2004）规定的一级品以上，如表 5-1-3 所示。

表 5-1-3　回转窑生产的活性石灰可达等级

类别	品级	CaO/%	CaO+MgO/%	MgO/%	SiO$_2$/%	S/%	灼减/%	活性度(4mol/mL 40℃±1℃,10min/mL)
普通冶金石灰	特级	≥92.0	—		≤1.5	≤0.020	≤2	≥360
	一级	≥90.0			≤2.0	≤0.030	≤4	≥320
	二级	≥88.0		<5.0	≤2.5	≤0.050	≤5	≥280
	三级	≥85.0			≤3.5	≤0.100	≤7	≥250
	四级	≥80.0			≤5.0	≤0.100	≤9	≥180
镁质冶金石灰	特级	—	≥93.0		≤1.5	≤0.025	≤2	≥360
	一级		≥91.0	≥5.0	≤2.5	≤0.050	≤4	≥280
	二级		≥86.0		≤3.5	≤0.100	≤6	≥230
	三级		≥81.0		≤5.0	≤0.200	≤8	≥200

回转窑生产设备示意图如图 5-1-1 所示。依次为竖式预热器、回转窑和箅式冷却器，另外还有烟气处理系统、原理输送系统、成品输送系统、原煤粉磨系统等组成一条完整的生产线。

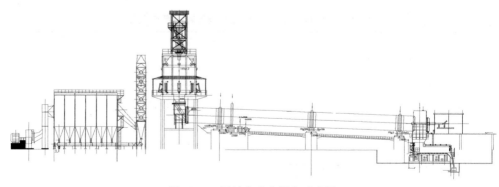

图 5-1-1　回转窑生产设备示意图

全线设备完全可以用 DCS 中央控制系统在主控制室集中操作管理。各部分设备的主要参数如表 5-1-4 所示。

表 5-1-4　回转窑各部分设备的主要参数

序号	设备名称	规格	型号	数量
1	回转窑	$\phi4.0m\times60m$		1
2	竖式预热器	$\phi10.5m\times8.5m$		1
3	箅式冷却器	$18m^2$	TC/Ⅳ-520	1
4	多管冷却器	处理风量：$260000m^3/h$		1
5	高温排烟风机	900kW，10kV		1
6	煤磨系统	时产 8～10t	PDM1250	1
7	煤气与煤燃烧系统		四通燃烧器	1
8	收尘设备			
8.1	窑尾烟气收尘	处理风量：$260000m^3/h$	LCMD-3660	1
8.2	煤磨收尘	处理风量：$45000m^3/h$	FGM128-6(M)	1
8.3	原料筛分收尘	处理风量：$18600m^3/h$	PPc64-4	1
8.4	成品筛分收尘	处理风量：$18600m^3/h$	PPc64-4	1
9	辅助设备			
9.1	斗式提升机		NE100	1
9.2	圆振动筛		YA1536	1
9.2	圆振动筛		YA1236	1
9.4	链板输送机		DS500	1
9.5	皮带输送机			6
10	风机			
10.1	轴流风机			4
10.2	离心风机			2
10.3	煤磨风机			1
10.4	罗茨风机			3

5.1.3　回转窑生产活性石灰各部分描述

回转窑生产活性石灰的工艺流程包括的各个部分既相互独立，又互成一个整体，互相之间紧密联系。下面把整条生产线分为四大部分，分别予以介绍。

（1）原料储运及输送系统

将粒度 20～40mm 的石灰石由矿山运至厂区，堆放在料场，物料经过水洗后由料场下部经电磁振动喂料机送入 B1000 大倾角皮带机送入出料筒仓上部，经筛分后粒度为 10mm 以上的合格品经皮带机送入碎石料仓，小于 10mm 的碎石粉料送往粉料仓，合格石灰石经 B800 大倾角皮带机送入预热器料仓。

（2）石灰石煅烧系统

石灰石煅烧系统是整个系统的核心，分为三个部分。

① 预热器　在该系统中采用 $\phi10.5m\times8.5m$ 竖式预热器，如图 5-1-2 所示。

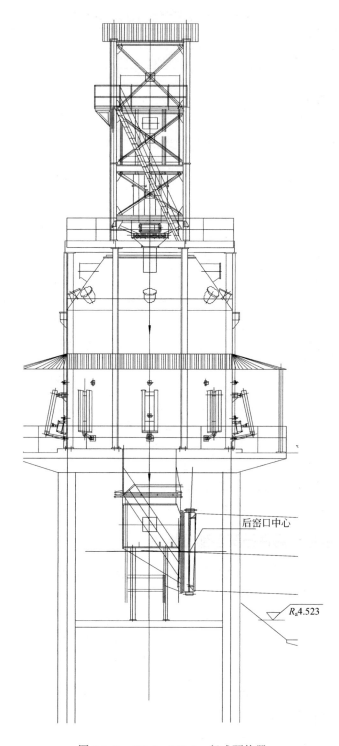

后窑口中心

$R_a 4.523$

图 5-1-2 φ10.5m×8.5m 竖式预热器

② 回转窑　采用 φ4.0m×60m 的回转窑，如图 5-1-3 所示。

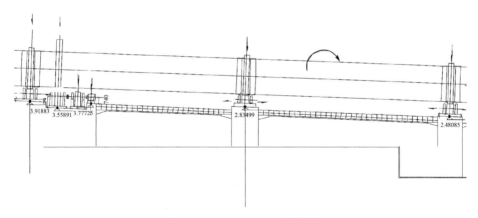

图 5-1-3　φ4.0m×60m 回转窑

③ 冷却器　冷却器有很多种形式，本部分采用固定箅板型箅式冷却器，如图 5-1-4 所示组成。

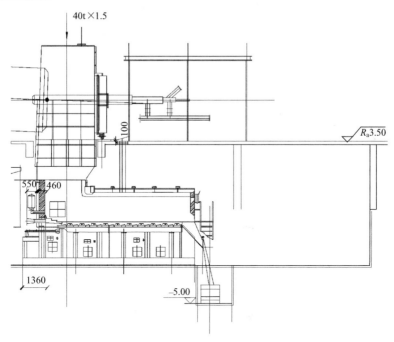

图 5-1-4　箅板型箅式冷却器

该部分工艺描述如下。

物料由预热器顶部料仓经下料溜管导入预热器本体内，由回转窑传入的高温烟气可以在竖式预热器中将物料预热至 600～800℃，实际上，如果在这个温度范围，石灰石是不能发生部分分解，但不排除局部或短时温度高于 900℃时，是可以发生部分分解的，其设备如图 5-1-5 所示。

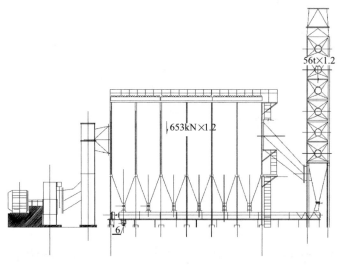

图 5-1-5　供料系统

在预热器内，由 12 个液压推杆依次将已经预热的石灰石推入回转窑尾部，原理是从回转窑的尾部缓慢运行到回转窑的窑头，经回转窑内部高温煅烧后，从窑头出来进入箅式冷却器内。

在箅式冷却器内，通过风机吹入的冷风，将物料从 1000℃ 的高温，冷却至 50～100℃，然后排出冷却器。而进入箅式冷却器的冷空气，在冷却成品石灰的同时，其本身被加热到 600℃ 以上的高温，这部分能量作为二次空气重新进入回转窑作为燃料的助燃空气，参与燃烧的同时，回收了石灰的余热。

（3）烧成品的输送系统

烧成的产品石灰经由冷却器出来后，输送至斗式提升机运至成品料仓顶筛分，粒度为 5mm 以上的为合格品，经皮带机送入活性石灰料仓；小于 5mm 的粉料送往粉料仓，作为他用。

活性石灰料仓和粉料仓下均设有电动卸料阀。

（4）烟气处理系统

进入回转窑的烧嘴喷出的高温烟气，在回到预热器内时，与石灰石进行热交换后，温度降至 250℃ 以下。再经多管冷却器冷却，烟气温度进一步降至 180℃ 以下。

低温烟气最后进入袋式除尘器，除尘后经高温风机排入大气，排入气体的含尘浓度小于 $50mg/m^3$ 或更低，以满足国家排放标准。

5.1.4　回转窑公用工程和辅助设施

（1）总平面布置原则

在满足工艺要求的前提下，总平面布置要求紧凑，并合理利用地形和已有基础设施，优选合理的运输和生产要求。

设计时要注意以下几个方面：

① 尽量使水、电、煤气的负荷的中心靠近生产用厂房，以缩短管线长度；

② 原料堆场和成品仓布置尽量靠近厂区公路边，以方便物流、汽车运输的需要；

③ 充分利用地形、地质等自然条件，减少土石方工程量，满足工艺的前提下，为生产创造有利条件；

④ 符合防火、安全和卫生要求，以利于保护国家财产，保护人身安全和改善生产生活环境；

⑤ 符合环境保护要求，利用厂前和生产区空地种植树木、花草以美化环境。

（2）给排水

① 供水　生产线建成投产后，生产用水供水管道压力不低于 0.3MPa，需要水量为 40m³/d（不包括消防用水量）。

生活用水由一条 DN50 管道从外部自来水管网接入厂区，按照生活设施的布置敷设生活用水管道。

② 排水　生产线的生产用水由厂区内循环水处理系统进行过滤、冷却等一系列处理后循环使用，没有工业废水外排，只有少量的化验废水和生活污水排入下水管。

③ 给排水系统　给排水系统分生产循环水和消防用水，分别描述。

a. 生产循环水：

在该系统中主要生产用水为各设备的冷却用水，为了有效地节省水资源，设计时考虑所有的生产用水均循环利用，只定期补充少量的新水以弥补在循环过程中因蒸发、"跑冒漏滴"、排污等因素造成的水量损失。

具体的工艺如下：首先由水泵从冷水池中吸水送往各冷却用水点，冷却设备后，温度升高的废水从各用水点再回到净循环水池和浊循环水池，其中压力回流部分进入净循环水池，重力回流部分进入浊循环水池，浊循环水再经水泵送到压力过滤器进行过滤以除去水中所含油分及灰尘，滤后水进入净循环水池降温，降温后的水进入冷水池参与循环。

在整个过程中会有少量水损失，这部分由水泵从蓄水池中抽到冷水池中补充。

b. 消防用水：

根据该生产线量大车间建筑物体积和耐火等级，考虑同一时间发生火灾次数为一次的消防用水量，确定消防用水量为 54m³/h，若灭火按 2h 计算，则消防总用水量为 108m³/次，该水量储存在循环冷水池中。

④ 厂区主要生产用水量及参数　生产循环水各部分用水量、水压如表 5-1-5 所示。

表 5-1-5　年产 20×10⁴t 活性石灰回转窑生产线各个工艺点的用水量、水压

序号	用水点	用水量/(m³/h)	水压/MPa
1	回转窑	9	0.3～0.5
2	竖式预热器	7	0.3～0.5
3	箅式冷却器	3.6	0.3～0.5
4	高温风机	5	0.3～0.5
6	合计	29.6	

所有的生产用水均循环使用，考虑到在循环过程中因蒸发、"跑冒漏滴"、排污等因素造成的水量损失，需每天补充少量新水。用水和补充新水的情况：

需要补新水量约为 35m³/d；

未预见用水量为 5m³/d；

全厂每天生产用水量为 40m³/d；

消防用水量为 54m³/h。

（3）电气与照明

回转窑生成活性石灰系统电器与照明是其中辅助系统的重要组成部分，设计范围包括：从原材料进厂到成品入库的石灰生产线各生产车间的供配电，车间电力拖动，生产过程自动化，建筑物的防雷及照明设计。

① 供配电参数

供电电源：若变电站以 35kV 单回路架空线路引入厂区总配电站。保安电源由原 10kV 架空线路供给。

配电电压：

供电电压　　　　　AC　　　　35kV

低压配电电压　　　AC　　　　0.4kV/0.23kV

高压电机电压　　　AC　　　　10kV

低压电机电压　　　AC　　　　0.4kV

照明电压　　　　　AC　　　　220V

控制电压　　　　　AC　　　　220V

直流操作电压　　　DC　　　　220V

直流电压　　　　　DC　　　　440V/220V

用电负荷和电耗：生产线总装机容量 1987.15kW，其中：高压容量 900kW，低压容量 1087.15kW。

计算负荷：2489.72kW

自然功率因数：0.7

补偿后功率因数：0.95（总配 10kV 母线侧）

年耗电量：1314.5×10⁴kW·h

石灰单电耗：65.7kW·h/t

总配电站：在厂区内设 35kV 总配电室一座，内设高压柜，高压电容器柜等配电设备，以放射式向各电力室及高压电动机馈电。配电所操作电源采用免维护直流屏。

总配电室设有完整的继电保护系统，用于 35kV、10kV 配电系统的保护、控制、测量和报警监视，各设备能在主控室内监控。

② 配电系统　根据生产工艺流程及负荷分布情况，拟设两个电力室，即：窑头电力室、窑尾电力室。

各电力室由厂总配电站供电，电力室内的低压配电装置以放射式向生产线上的低压电动机及其他用电设备配电。

窑头电力室设 10kV/0.4kV、1000kW 油浸有载调压变压器一台，向破碎及输送、煤磨系统、烧成窑头、中央控制室等车间低压设备配电。

窑尾电力室设 10kV/0.4kV、315kW 油浸有载调压变压器一台，向窑尾收尘，成品库及其他车间等低压设备配电。

各电力室设变压器室，低压室，电动机控制中心及现场操作站。

③ 功率因数补偿　厂区内 10kV 总配电站 10kV 母线上设高压电容补偿装置，各电力室 0.4kV 母线上设功率因数自动补偿装置。高温风机高压电动机装设高压电容器，随机投入和切换，以使补偿后功率因数达到 0.95。

④ 配电线路　厂区室外主要采用电缆桥架埋设；厂区道路照明线路采用电缆埋地敷设。车间内采用电缆桥架、电缆沟和穿管直埋敷设相结合。10kV 高压电缆采用 YJV22-10 交联聚乙烯电缆。低压电缆采用 VV-1、VV22-1 聚氯乙烯电缆。控制电缆采用 KVV-0.5、KVVP-0.5 聚氯乙烯控制电缆。计算机系统采用 DJYP 多芯屏蔽电缆。

⑤ 车间电力拖动及控制

a. 车间供电系统　主要生产车间由电力室向低压负荷及低压电动机放射式直接供电，某些负荷集中和非主要车间设控制室进行供配电，控制室电源引自各电力室；高压电机由总配电室直接供电；55kW 及以上低压电动机由各电力室配电柜直接供电。照明电源与动力电源分开，分别由各电气室单独供电。

b. 电动机型号及电控设备选择　电动机的容量、型号和调速方式由工艺专业在设备选型中确定。交流电机容量大于或等于 200kW 时选用 10kV 电动机，容量小于 200kW 时选用 380V 电动机。

低压电动机主回路采用自动空气开关作短路保护，热继电器作过负荷保护，交流接触器作失压保护。鼠笼电机一般采用全压直接启动，个别鼠笼电机根据需要采用软启动器启动；绕线电机采用软起动器启动。直流电动机采用全数字式可控硅直流传动装置进行控制。

需调速的交流电动机采用全数字式变频调速装置进行控制；窑尾高温风机采用液力耦合器调速。在提升机、胶带输送机、螺旋输送机、回转卸料器等设备的从动轮处设置旋转探测仪、用于检测设备的运转状况，信号送 PLC。

对于 10m 以上胶带输送机设拉绳开关，以后每隔 40m 增设一拉绳开关。在提升机底部设置带钥匙按钮，确保检修时的人身安全。

c. 车间控制　主生产线采用计算机控制系统，在中央控制室内实现监视和控制，计算机控制系统的现场设备设在各电气室。所有由 PLC 控制的电气设备均在机旁设带钥匙的选择开关及机旁按钮，以便机旁检修及单机调试。选择开关设有自动、零位、手动三个位置。任何状态下均可在机旁停车。选择开关在零位时任何地方均不能开车。不由 PLC 控制的电气设备在机旁设带钥匙的机旁按钮，机旁检修时用钥匙将机旁按钮锁住，以保证检修人员人身安全。

d. 继电保护及测量　采用微机综合保护器。

e. 进线回路　装设电流表、电压表、电能表。

f. 电容器回路　装设电流表、无功电度表。

g. 变压器回路　装设电流表、有功电度表。

h. 电动机回路　装设电流表、有功电度表。

i. 电气照明　车间照明电源由相关电力室单独供电，各车间设有照明配电箱，主要车间还有照明电源切换箱。车间照明以一般照明为主，局部照明为辅。高大车间照明采用高压钠灯，普通车间采用白炽灯，配电站、电力室、控制室采用荧光灯。道路照明采用高压钠灯，光电节能开关。

j. 防雷及接地　按国家规定设置防雷保护。厂区内 15m 及以上的建、构筑物上装防雷接地装置，利用建筑物顶部金属栏杆并在需要时设置避雷针作为接闪器，充分利用建筑物基础作为防雷接地体，在其接地电阻值不能满足要求时可打接地极来满足要求。总配电室设独立的避雷针。10kV 系统为小接地系统，低压配电系统采用 TN-C 接地系统。

各电力室及配电室均设置接地装置，并通过电缆桥架、电缆沟的接地干线构成全厂接地网。对计算机系统、仪表系统按其特殊要求设单独接地系统。

接地电阻要求：配电室、电气室，不大于 4Ω；防雷接地，不大于 30Ω。

5.1.5　自动化控制

（1）控制系统的确定

使用先进的集散型控制系统（DCS）进行自动控制与监视，在中央控制室设置三台操作员站和一台工程师站；在相应的电气室设置现场控制站，控制范围从原料破碎到石灰入库顶。集散型控制系统在中央控制室集中管理全厂的生产。

设备选型原则如下：

① 集散型控制系统（DCS）和该系统范围内的一些关键生产过程检测设备拟选用国外先进可靠的产品。

② 对于 DCS 范围外的其他生产过程检测设备拟采用引进技术制造和开发、且

经过实践检验效果良好的国内产品。

③ 全厂的模拟量信号统一采用 4～20mA（DC）。

④ 尽可能选用通用的标准化产品，且能在相当时间范围内确保有备品备件的供应。

接地装置：控制装置的保护接地与工作接地将严格分开，信号线屏蔽层单点接地，控制系统接地则根据制造商及其提供的规范实施，以保证系统信号有统一的基准点。

（2）主要检测及控制

检测点的设置以满足工艺生产可靠运行为前提，一般的工艺参数仅设置显示及手操，重要参数设报警和记录，在生产的关键环节设置自动控制回路。

① 煤磨系统自动控制；

② 窑尾收尘器和煤磨袋收尘器的防爆保护及控制；

③ 高温风机转速远程遥控；

④ 入窑生料量的控制；

⑤ 预热器和分解炉的温度压力监控；

⑥ 回转窑的控制（包括红外线窑体扫描测温监控）；

⑦ 熟料冷却机系统的控制；

⑧ 窑和分解炉喂煤量的控制；

⑨ 工业电视监控系统。

通信及生产调度：由于中央控制室需要与各主要生产岗位密切配合，故各控制室重要的岗位均设厂内电话。生产调度电话和行政通信电话可统一考虑，由厂方自行解决。

5.2 套筒窑

套筒窑是竖式窑的一种。贝肯巴赫环形套筒窑 1961 年由德国 Dipl LngKarl Bechen 开发成功，1963 年开始商业化运营。该窑于 20 世纪 90 年代初引入中国冶金石灰行业，并在中国迅速发展，到目前已经有近 20 个窑在运行。

套筒窑因其具有独特的内衬结构和合理的气流分配方式、较低的能耗指标及优良的高活性度的石灰产品在活性石灰焙烧方面占有很重要的位置。

5.2.1 套筒窑的结构

套筒窑的结构剖视图如图 5-2-1 所示。套筒窑窑体由外套筒和同中心的上、下内套筒组成，外套筒由钢板卷成并衬以耐火材料，内筒分下内套筒和上内套筒两个独立部分。其中上下内筒是由双层钢板形成的圆柱形箱体，钢板箱内连续通入冷却空气以防其高温变形，箱体内外两侧均砌有耐火砖。内筒与外筒同心布置，形成一个环形空间，石灰石在该环形区域内焙烧而成为活性石灰。

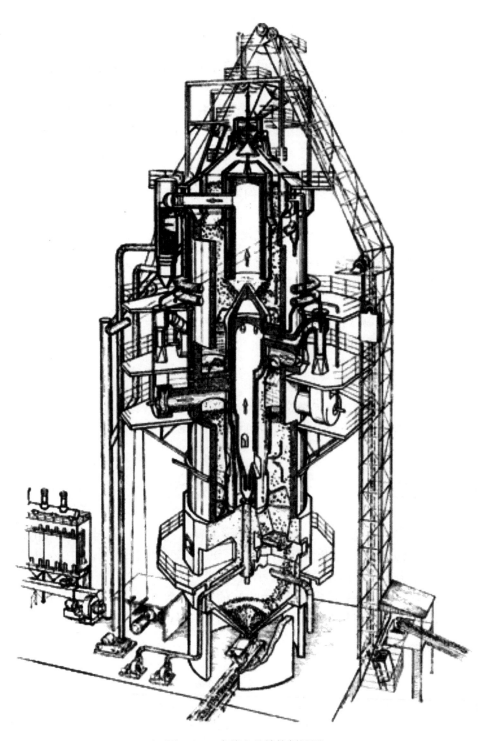

图 5-2-1　套筒窑的结构剖视图

套筒窑的结构如图 5-2-2 所示。下面分别介绍套筒窑的各个系统。

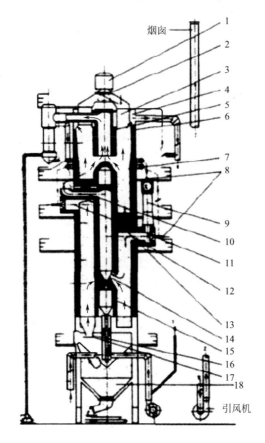

图 5-2-2 套筒窑的结构

1—加料装置；2—布料口；3—石灰料层；4—上部环形烟道；

5—上部内筒；6—外筒；7—下部内筒冷却空气环管；8—燃烧器；

9—喷射管道；10—内筒冷却通道（循环烟气出口）；

11—上部燃烧室（6 个，空气消耗系数 0.5，约占总热量的 30%）；

12—下部燃烧室；13—过桥；14—循环气体入口（6 个）；

15—下部内筒；16—出料机构；17—出料台；18—石灰仓

（1）套筒窑的上料系统

套筒窑的上料装置由称量料斗、闸门、单斗提升机、密封闸板、旋转布料器、料钟及料位检测装置等组成。石灰石经预热、煅烧和冷却后，在冷却带底部由抽屉式出料机直接卸入窑下部灰仓，然后经仓下振动给料机排出。

（2）燃烧系统

套筒窑的燃烧室设在窑体中部，并分上、下两层。

下层称为下燃烧室，上层称为上燃烧室，每个燃烧室与内筒之间由耐火砖砌筑而成的拱桥相连，燃烧产生的高温烟气通过拱桥下的空间进入石灰石料层。燃烧室上、下两层错开分布，同排均匀分布。上燃烧室产生的热气和下燃烧室产生的部分热气逆流而上，形成上部逆流焙烧，下燃烧室产生的多数热气顺流而下，形成顺流焙烧。这样，石灰石由上而下经过预热带、上部焙烧带（逆流）、中部焙烧带（逆流）、下部焙烧带（并流）和冷却带5个阶段，石灰最终在下部煅烧带内烧成。

燃料通过上下两排烧嘴燃烧，上燃烧室温度1200～1300℃，下燃烧室温度一般1300～1350℃。燃料范围较宽，可以是油、煤气，也可以用粉状固体燃料，如煤粉。

从内套筒抽出的热气经预热器预热驱动空气后，再与从预热带抽出的废气混合，混合气体温度为150～250℃，成外排废气，经净化处理后排入大气。窑中心装有一个立式或吊式的圆筒，煅烧带是一个环形截面。

（3）套筒窑风机系统

风机系统由内筒冷却风机、驱动空气风机和高温废气风机组成。

内筒冷却风机向内筒供给冷却空气，冷却空气经内筒后得到预热并作为燃烧器的一次空气；驱动风机通过喷射器向燃烧器供给喷射空气，使窑内形成循环气体；高温废气风机用来抽出窑内废气，与驱动空气换热，还可使窑内保持负压。气体系统如图5-2-3所示。

套筒窑窑身为环状，可以用负压也可用正压操作，一般用负压操作，因为负压操作有利于环保。

如国内某企业新上的600t/d套筒窑设备主要包括风机系统设备、上料系统设备和出灰系统设备3部分。

① 风机系统设备主要由冷却风机、驱动风机、废气风机组成。冷却风机主要是给整个窑体提供冷却风，由于套筒窑内、外套筒及火桥是由耐火材料砌筑而成，所以保护耐火材料对于套筒窑的使用寿命至关重要；驱动风机是窑内气体循环利用的动力保障，是保证套筒窑热量循环利用的动力；废气风机是保证套筒窑负压操作及出灰温度可控的主要设备。

② 上料系统设备主要由电振给料机、八棱滚筛、上料卷扬机、旋转布料器组成。电振给料机的作用是将合格的石灰石自动送出的设备；八棱滚筛的作用是将石灰石进行筛分，筛孔直径为40mm；上料卷扬是拉动上料小车至窑顶的主要工具；旋转布料器是套筒窑将石灰石均匀分不到窑内的设备，通过旋转布料器的旋转布料保证了石灰石均匀分布。

③ 出灰系统的设备主要是出灰机。为了保证能将烧成的石灰均匀输出，在套筒窑的周围均匀布置着规格为2600mm×1000mm×270mm的6台同型号设备。每台出灰机的出灰量为50kg/台次。

套筒窑具有以下技术特征：

① 采用并流煅烧工艺，石灰在温度波动量小的并流带烧成，故石灰产品质量好；

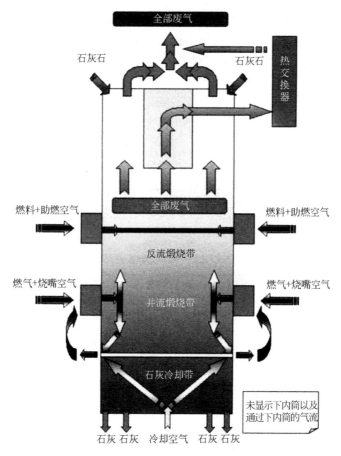

图 5-2-3　套筒窑的气体系统

② 由于燃料气或固体燃料燃烧后气体含硫量可能比较高，石灰与含硫炉气接触时间短，减小了石灰表面与硫的接触机会，石灰产品含硫量低；

③ 燃料适应性好，改变燃料品种的切换操作简单，烧嘴分双层布置，上下交错，便于采用精确的燃料和助燃风分配技术，可以准确地对燃烧系统热工参数加以控制，有效地改善了内部热量分布和煅烧效果，并且提高了燃烧效率、降低了能耗；

④ 用废气预热一次助燃空气，用冷却下内套筒产生的热空气作为二次助燃空气，余热利用充分，从而降低能耗；

⑤ 采用负压操作，有利于安全生产和环境保护；

⑥ 单筒竖窑，占地面积小，内部结构独特，窑衬砌筑合理，对窑内气体有组织地流动起着重要的作用。

5.2.2　套筒窑的工艺流程

国内某钢铁企业是生产高端板材的基地，各工艺流程的设备已经达到国内先进水平、有的甚至达到了国际先进水平，例如干法除尘技术，KR 喷粉搅拌脱硫技术，炼钢的一键式炼钢、出钢的下渣检测技术，连铸的电磁搅拌技术，当前正在试验在炼钢、精炼过程中通过使用高钙活性石灰来降低下渣量和提高钢水纯净度。因此迫切需要活性度高的活性石灰。近期他们新上一条 600t/d 套筒窑，各项技术指标都很好，图 5-2-4 是其工艺流程图。

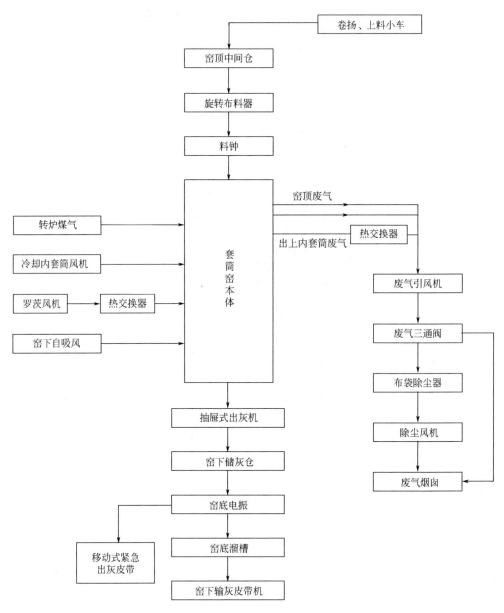

图 5-2-4 600t/d 套筒窑工艺流程图

该窑为国产化的600t/d套筒窑窑体结构和内衬结构，集成采用一系列先进技术，如并流煅烧工艺、旋转布料技术、冷却气热量回输和废气换热技术、负压操作技术、托板出灰技术、带料烘开窑技术、增加托砖圈结构、增加窑壳冷却梁技术、优化拱桥耐材结构及燃烧室结构、合理确定环形空间、降低附壁效应、优化竖向工艺布置等。

投产2周后实现连续稳定运行，并达到设计产能，连续24d达到日产600t设计能力，最高日产提升至660t，各项经济技术指标均已达到或超过设计水平。

套筒窑高51.4m，它的主体由外筒和内筒组成（外筒内径6.9m，内筒外径3.8m），可分为预热带约9m，煅烧带约11m，冷却带约7m，石灰石填充在外筒和内筒之间进行预热、煅烧和冷却最后通过出灰机从窑内排出。套筒窑有上下两层烧嘴，每层均匀分布6个，两层烧嘴中心线相差3.9m、相差30°角。下层烧嘴将套筒窑分为逆流煅烧带和顺流煅烧带。

该套筒窑的生产流程如图5-2-5所示。

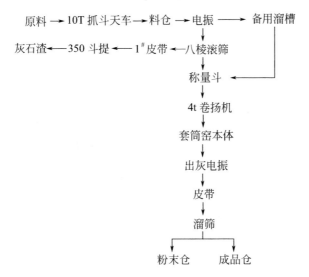

图5-2-5　套筒窑生产流程图

5.2.3　套筒窑的主要工艺参数

600t/d套筒窑的主要生产指标参数如下。

（1）转炉煤气消耗

使用的转炉煤气(标准状态)热值(1700×4.18)kJ/m³，600t/d套筒窑实际生产过程中，每吨石灰转炉煤气平均消耗量560m³，由此计算出实际热耗为3980kJ/kg石灰，低于当时的设计要求。

（2）石灰活性度

投产当年石灰产品平均活性度高达 380mL（4mol/L HCl，5min）。次年开始采用高钙石灰石原料生产石灰，石灰活性度均高于 380mL。

（3）废气温度

设计窑顶废气温度为 130～180℃，600t/d 套筒窑实际生产过程中，窑顶废气温度达 80～130℃，通过降低窑顶废气温度使废气带走的热量减少，从而达到节能降耗的目的。

（4）出灰温度

设计出灰温度为 80～150℃，600t/d 套筒窑实际生产过程中，夏季出灰温度一般可达 40～80℃，在冬季自然环境温度低的条件下，出灰温度一般在 20℃ 以下。降低出灰温度同样使得窑内排出的热量减少，达到节能降耗的目的。出灰温度下降，有利于出灰机液压系统及成品皮带系统的安全稳定运行，避免因温度过高而出现事故。

（5）换热器的改进

套筒窑相比于其他石灰窑型，最显著的特点在于余热回收利用技术。套筒窑通过换热器将高温废气产生的热量用来预热驱动风，使得循环风温度得到提升，进而降低燃烧室转炉煤气消耗量，达到节能降耗的目标。在 600t/d 套筒窑设计中，通过优化换热器及改进工艺操作，使得套筒窑的余热利用效率更高，节能降耗的效果更加显著，从而更大幅度地降低 CO_2 排放量。

（6）粉尘排放

套筒窑负压操作特点和良好的除尘设计能力可将粉尘浓度降低到 30mg/m³ 以下，生产实践表明，该 600t/d 套筒窑的粉尘排放浓度低于 10mg/m³。

热工参数控制要求明细如表 5-2-1 所示。

表 5-2-1　套筒窑热工参数控制要求明细

温度计数点	最高值	一般范围
燃烧室	1350℃	1100～1300℃
循环气体	960℃	800～900℃
卸料台上的石灰	180℃	80～150℃
冷却空气导管	400℃	300～380℃
换热器废气入口	800℃	650～750℃
已预热过的驱动空气	510℃	350～500℃
窑顶排出废气	280℃	130～180℃
总废气温度	300℃	200～260℃
负压大布袋除尘入口	230℃	200～260℃

5.3 麦尔兹窑

麦尔兹窑是由瑞士的麦尔斯公司发明的，该公司是全球领先的提供石灰窑专利技术生产高质量石灰和白云石的工程公司，到目前为止，已经在全球 50 多个国家设计和建造了 500 多座石灰窑。

5.3.1 麦尔兹窑的原理及技术特点

麦尔兹窑的运行原理如图 5-3-1 所示。采用并流蓄热式双腔的石灰窑有两个窑腔，两个窑腔交替轮流煅烧和预热矿石，在两个窑腔的煅烧带底部之间设有连接通道彼此连通，约每隔 15min 换向一次，以变换窑腔的工作状态。

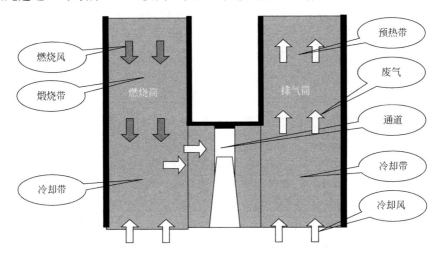

图 5-3-1 麦尔兹窑并流蓄热式运行原理图

在操作时，两个窑腔交替装入矿石，燃料分别由两个窑腔的上部送入，通过设在预热带底部的多支喷枪使燃料均匀地分布在整个窑腔的断面上，从而使原料矿石得到均匀的煅烧。麦尔兹窑使用流体燃料，如煤气、油、煤粉等均可。

助燃空气用罗茨风机从竖窑的上部送入，助燃空气在与燃料混合前在预热带先被预热，然后煅烧火焰气流通过煅烧带与矿石并流，使矿石得到煅烧。煅烧后的废气通过连接两个窑腔的通道沿着另一窑腔的预热带向窑顶排出。由于长路径的并流煅烧，使得石灰质量非常好。且由于两个窑腔交替操作，废气直接预热矿石，热量得到充分的利用，所以单位热耗在各种窑型中处于较低水平。

为了适应并流蓄热式石灰窑对不同用户的要求，麦尔兹石灰窑目前所做的改进和技术发展包括：

① 麦尔兹并流蓄热式圆形窑的悬挂缸结构（尤其适用于产量在日产 600t 或以上的大型窑型）；

② 通过"三明治"加料获得更佳的石灰石利用率；

③ 并流蓄热式石灰窑燃烧系统，使其可采用低热值的煤气或及固体和气体燃料［比如煤和热值约 $800\sim900$ cal（1cal＝4.1840J）的高炉煤气］的双燃料系统；

④ 窑型向大型化发展，目前最大产量可以达到日产 800t（2007 年建设的一座日产 800t 石灰窑正在巴西运行）。

麦尔兹窑的技术特点如下。

① 助燃空气从窑体上部送入，煅烧火焰流在煅烧带与矿石并流。在所有竖窑中，双膛窑的并流带最长，由于长行程的并流煅烧，石灰质量很好：残余 $CO_2<1.5\%$，活性度可以保证在 370mL（4mol/L HCl，10min）。

② 由于两个窑身交替换向操作，废气直接预热矿石，热量得到充分利用，单位产品热耗最低，热回收率超过 83%；其热损耗可以到 $3350\sim3720$ kJ/kg；最低的热耗意味着最低的运行成本，比如一座日产 600t 以煤粉为燃料的石灰窑，折合成标准煤煤耗为每吨石灰产品 $114\sim120$ kg。

③ 带悬挂缸结构的麦尔兹窑可自由垂直膨胀，无刚性限制，独特的耐火材料结构设计使窑内气流更加顺畅，将通道清理问题降低到了极低水平，耐火材料总量比传统型降低约 $20\%\sim30\%$，比套筒窑节省耐火材料约 50%。

④ 传统麦尔兹窑石灰石粒度尺寸通常在 30mm 以上，为合理利用资源，最大限度地利用来自采石场的石灰石，麦尔兹发明了"三明治"式的装料方式，小块和大块粒度的石灰石的比例可以提高到 1：5 或 1：6。从而也可有效回收利用粒度为 $20\sim30$ mm 的小粒度石灰石，而使其具有了回转窑的特性。

⑤ NO_x 氮氧化物及其他有害气体排放值 为其他炉窑中较低水平；排出的废气中粉尘和温度都较低，废气中含尘浓度一般不超过 5 g/m³，废气温度正常情况小于 $120℃$，易于采取废气净化处理措施，有利于减轻环境污染。

⑥ 日产量范围可在 100t 至 800t 之间；产量范围广、可以自动调节控制。

⑦ 耐火材料设计，可采用 100% 国产耐火材料，且寿命可以达到 $6\sim7$ 年；耐火材料设计异形砖少，砌筑简单。大修费用低。

5.3.2　麦尔兹窑的结构

麦尔兹窑实际上是竖窑的一种，其结构如图 5-3-2 所示。石灰窑系统的生产过程采用 PLC 实现自动控制，监控与石灰窑操作有关的所有检测系统和设备运行。如各种温度、压力、质量和料位的检测，以及供风系统、供水系统、石灰石输送系统、上料系统、装料系统、卸料系统、石灰输送系统和换向系统的监控等，保证石灰窑及其各系统、各设备安全正常运行。

麦尔兹窑的工艺系统描述全系统包括：原料分级及上料系统、石灰窑本体、成品储运及分级、烟气除尘系统、煤粉制备系统、电控系统及水循环系统等。生产工艺流程如图 5-3-3 所示。

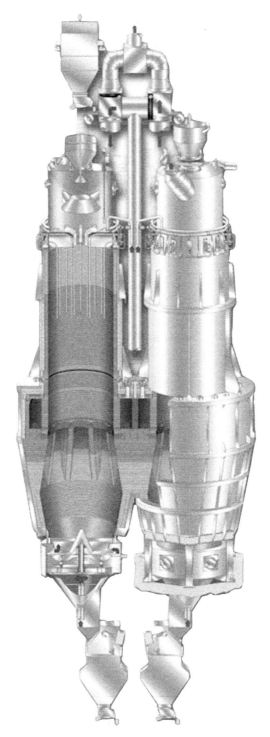

图 5-3-2　麦尔兹窑的结构图

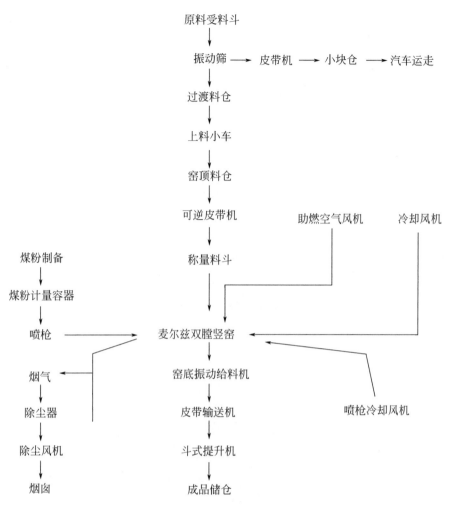

图 5-3-3　麦尔兹窑工艺流程

5.4　石灰石煅烧的理论能耗及几种主要窑炉的对比

煅烧石灰过程中，由于碳酸钙的分解是吸热反应，所以必须要在分解温度下供给必要的能量，才能使石灰石的分解完成，下面研究对于煅烧单位质量的石灰，理论上需要的能量是多少？然后几种先进的炉窑，哪一个能在最接近理论能量的情况下实现石灰的煅烧。

5.4.1　石灰石分解得到 1t CaO 的理论能耗计算

首先对石灰石分解的过程进行解析。依据盖斯定律，从整个制备石灰的过程可以分解为三个阶段，用如下化学方程式表示

$$CaCO_3 \rightleftharpoons CaO + CO_2 \ (298K, \Delta H_{分,298})$$

$$\downarrow (\Delta H_1) \quad \uparrow (\Delta H_2)$$

$$CaCO_3 \rightleftharpoons CaO + CO_2 \ (1163K, \Delta H_{分,1163})$$

下面由热化学原理计算各部分的热焓，注意到 $CaCO_3$、CaO 及 CO_2 的热容的表示见式(5-4-1)

$$C_p = a + bT_1 + c'T^{-2} [J/(mol \cdot K)] \qquad (5-4-1)$$

其中的系数 a、b 及 c' 通过查热力学数据获得[1]，列于表 5-4-1 中。

分别利用物理化学原理对各部分的热焓进行计算，计算结果如表 5-4-1 所示。

表 5-4-1　碳酸钙分解过程各部分热焓计算值

项目	C_p			T_1/K	T_2/K	$\Delta H_{i,298}$ /(kJ/mol)	$\Delta H_{i,1163}$ /(kJ/mol)
	a	b	c'				
$CaCO_3$	104.5	0.02192	−2540000	298	1163	−1206.87	97.904
CaO	49.62	0.00452	−695000	298	1163	−634.29	44.043
CO_2	44.14	0.00914	−854000	298	1163	−393.52	41.825
$\Delta H_{分,298}$						179.06	
$\Delta H_{分,1163}$						167.02	

从表 5-4-1 可以看出：

① 把石灰石加热到 1163K 后，理论分解热焓为 191.1kJ/mol，即 1mol（100g）的石灰石分解得到 1mol（56g）的 CaO 所需要的热焓。将其折算到分解 1t 的石灰需要的热焓为

$$(167.02 \times 1000/56) \times 1000 = 2.98 \times 10^6 kJ/t(CaO)$$

折合为分解得到每吨 CaO 所需标准煤

$$2.98 \times 10^6 / 29260 = 101.9kg \ Ce❶/t$$

这是在 1163K 的温度下分解反应所需要的热量。

② 把碳酸钙加热到分解温度 1163K 所需热量为

$$\Delta H_1 = 97.904kJ/mol$$

而温度为 1163K 的 CaO 和 CO_2 降低温度到 298K 放出热量为

$$\Delta H_1 = 44.043 + 41.825 = -85.868kJ/mol$$

所以，在 298K 的温度下，把石灰石加热到 1163K，进行分解反应后得到 1t CaO 和 CO_2，再将其温度降低到 298K，理论上所需的热量为

---

❶　注：1kg Ce(标准煤) = 29.27MJ。

$$\Delta H_{分,298}=97.904+167.02-85.868=179.06kJ/mol$$

折合为1t CaO所需的标准煤

$$(167.02\times1000\div56)\times1000\div29260=101.93kg\ Ce$$

这就是纯的$CaCO_3$在298的温度下，加热到分解温度，发生分解反应后，再将其温度降低到298K的理论能耗。

有可能使能耗高于理论能耗的几个方面能耗的理论计算如下。

① 石灰石加热过程中，预热器及其在煅烧炉中的散热，这一部分要根据设备的保温情况具体而定，不好理论计算。如回转窑，窑很长，有的达到100m，而窑表面温度差别很大，有的窑只有100℃，而有的窑则高达300℃，还有的窑表面都成红色了。但总的来说，竖式结构的窑在这一方面要比卧式结构的窑设备散热所引起的能耗低。

② 分解得到的产物CO_2由高温降低到室温298K的过程中，尾气温度可能会很高，如500K以上就排出去了，从表5-4-1中的热化学参数可以计算，比298K的温度每高出100K，每吨CaO实际能耗就增加

$$(41.825\times1000\div56)\times(1000\div29260)\times100\div(1163-298)=2.95kg\ Ce$$

③ 分解得到的产物CaO由高温降低到室温298K的过程中，在CaO温度可能会很高的情况下，就让其自然冷却，如400K以上就排出去了，从表5-4-1中的热化学参数可以计算，比室温298K的温度每高出100K，每吨CaO实际能耗就增加

$$(44.043\times1000\div56)\times(1000\div29260)\times100\div(1163-298)=3.11kg\ Ce$$

5.4.2 对几种生产活性石灰设备的总体评价

（1）从原料使用情况评价看

在石灰石矿山开采过程中，经破碎后的合格石灰石块里，粒度40～80mm的约占50%，20～40mm的约占20%，20～10mm的约占20%，10mm以下的约占10%。目前矿山资源越来越紧张，对于大型企业来说，必须对石灰窑型进行合理搭配，才能提高石灰石资源的综合利用率，以充分延长矿山寿命。这样，一方面充分利用了石灰石资源，另一方面也降低了石灰石的采购成本。

套筒窑一般使用的石灰石的粒度较大，而回转窑使用的粒度较小，所以从原料使用情况看，套筒窑与回转窑可以互补。

（2）在燃料使用上，套筒窑和回转窑互有优点

套筒窑可直接使用炼钢生产的低热值燃料——转炉煤气。但是回转窑必须使用高热值燃料，如焦炉煤气、混合煤气或天然气等，但也可以直接使用煤粉作燃料，对燃料适应性更广泛。

（3）从投资情况看套筒窑略占优势

根据目前国内一般的设备价格水平，可以计算：

一座 500t/d 自动化套筒窑投资 5000 万元（折算成每天 100t，1000 万元）；

一座 600t/d 麦尔兹投资约为 5000 万元（折算成每天 100t，833 万元）；

一座 1000t/d 引进回转窑投资约为 1.2 亿元（折算成每天 100t，1200 万元）。

因此，就单位日产百吨的生产活性石灰的设备来说，麦尔兹和套筒窑一次投资优势最为明显。

（4）能耗及运行成本

从能耗和运行成本，采用了中国某钢铁企业的数据，如表 5-4-2 和表 5-4-3 所示。

表 5-4-2　几种主要窑炉的能耗情况和理论能耗的对比

石灰窑型	理论能耗	套筒窑	回转窑	麦尔兹窑
工序能耗/（kg 标准煤/t 石灰）		137	149	127
电耗/kW·h		23	30	39
燃料能耗/kg 标准煤	101.93	127.7	136.9	111.2

注：以国家统计局每度电折 0.404kg 标准煤计算。

从表 5-4-2 可以看出，麦尔兹窑的能耗最低，由于其内部采用蓄热式结构，使其每吨石灰的燃料能耗与理论能耗只差 9kg Ce，如果考虑所生产的石灰不是纯 CaO，将理论能耗折算为生产的 CaO 的实际数量，非常接近于理论能耗。使用麦尔兹窑是生产活性石灰设备中能耗最低的。

从运行成本上，采用某企业统一定价的包括燃料的所有原料价格和统一的设备折旧进行计算，如表 5-4-3 所示。

表 5-4-3　几种窑炉的运行成本计算　　　　　　　　单位：元

项目	回转窑	套筒窑	麦尔兹窑
公称容量	1000t/d	500t/d	600t/d
作业率	95%	97%	93%
原料成本	108	108	108
燃料成本	焦转混气	转炉煤气	转炉煤气
	73	49.2	40
窑本体电耗	30kW·h/t 石灰	23kW·h/t 石灰	39kW·h/t 石灰
	13.2	10.1	17.2
水及压缩空气	1	1	3
设备折旧	37.7	28.2	34.3
制造费用	45	65	65
小计	277.9	261.5	267.5

从表 5-4-2 可看出，虽然麦尔兹窑的能耗最低，但由于能源结构中，其电耗略高，使得其运行成本比套筒窑显得略高一些，也即套筒窑生产活性石灰的成本是最低的。需要说明的是，以上数据是在使用钢厂内部的回收煤气时产品成本，如回转窑使用煤粉作燃料，每吨石灰成本要升高约 100 元。因此，炼钢厂使用套筒窑生产活性石灰的经济效益将更加显著。

参 考 文 献

[1] 张家芸. 冶金物理化学. 北京：冶金工业出版社，2004：324.

第3篇

活性石灰的应用

　　由于活性石灰高活性的特性，人们对其性质还不是十分了解，在应用时会出现一些误区。以至于把活性石灰当做普通石灰使用，要么发挥不了活性石灰的作用，要么虽然发挥了作用，但出现了使用上的浪费。

　　第6章就钢铁冶金中三个主要环节为例，分别描述了活性石灰在烧结、铁水预处理和在炼钢中的应用。其中引用了大量的实验，并从石灰作用的机理、反应数学模型等方面进行了深入的研究，试图引导人们对活性石灰全面了解。

第6章 活性石灰的应用

6.1 活性石灰在烧结工艺中的应用

6.1.1 活性石灰强化烧结过程的机理

由于活性石灰的高活性的特点，不论参与什么反应，其动力性条件都是非常好的。利用活性石灰进行烧结，一定能比普通石灰有更好的效果。烧结的第一步是混料。活性石灰加入到混合料中，并经喷水后，迅速消化，生成的 $Ca(OH)_2$ 呈细小晶体，具有以下四个特点。

（1）生石灰的消化过程是放热反应

把生石灰的消化放在混料过程中进行，可以增加混合料的温度[1]。

$$CaO + H_2O \Longrightarrow Ca(OH)_2 \quad \Delta H^\ominus = 64.9 \text{kJ/mol}$$

按照加入生石灰 5% 计算，若石灰中有效 CaO 成分为 85%，烧结矿混合料的平均比热容为 0.67kJ/（kg·K），加入的生石灰在 1kg 烧结料中放出的热量为

$$64.9 \times \frac{50 \times 0.85}{56} = 49.2 \text{kJ/kg}$$

这些热量使得 1kg 烧结料上升的温度

$$\Delta T = \frac{49.2}{0.67} = 73 \text{K}$$

这一结论在前苏联的捷尔仁斯基烧结厂得到了验证，该厂在一次混合机加入 4% 刚焙烧出来的热的生石灰，一次混合料出来的料温由 299K 提高到 345K，提高了 46K。

另外生石灰的消化与生石灰的粒度、加水量及水温都有密切的关系。

① 粒度过大，短时间难以消化，建议粒度的上限为 3mm。一些企业放宽到上

限 10mm（其中>3mm 的粒度 25％），生石灰的消化度低。

② 加水量一般为 0.2～0.3kg/kg 生石灰。虽然加水量增大有助于生石灰的消化，但要考虑精矿中原始含水量。

③ 水温对石灰的消化的影响体现在水温增加了石灰的活性，这是一个很有趣的现象。日本人研究发现，水温的增加极大地增加了石灰的活性，水温由 20℃ 提高到 100℃，活性度由 210mL 提高到 380mL，如图 6-1-1 所示。中国鞍钢的实验表明加水后 5min 和 10min，石灰的活性度提高差别明显。

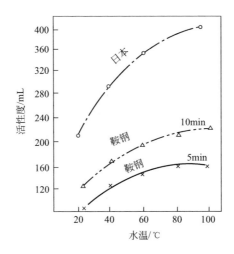

图 6-1-1　加水温度对石灰的活性度的提高

（2）提高准颗粒的分子黏附力及它的热稳定性

生石灰消化后，呈极细的消石灰胶体颗粒，平均比表面积每克增大到 $30m^2$，比消化前（<$0.5m^2$）增大了 60 倍以上。胶体 $Ca(OH)_2$ 颗粒表面选择性吸附溶液中的 Ca^{2+} 带正电荷，而在周围又相应地聚集了大量的 OH^-，构成了胶体颗粒的扩散层。$Ca(OH)_2$ 一旦生成后，由于其化学特性，必然形成 $Ca(OH)_2 \cdot 10H_2O$，可作为成球的核心，这一结晶过程又使矿粉微粒随水迁移至 $Ca(OH)_2$ 的表面而被吸附成球。显然，$Ca(OH)_2$ 结晶粒度越小，其呈球性、吸附性效果越佳。新生成的 $Ca(OH)_2$ 晶体中，OH^- 多在晶胞点阵外缘，而非核心。OH^- 尽管已被 Ca^{2+} 平衡了电性，但是在极性水分子（H_2O）的作用下，仍会产生一定程度的作用力，使得矿粉易黏附在 $Ca(OH)_2$ 的晶体上[1~3]。

由于这层离子的水合而携带大量水分，构成一层厚厚的水化膜。而在颗粒内部 CaO 的消化，必须从新生成的胶体颗粒的扩散层和水膜内夺取结合得最弱的水分，从而使胶体颗粒的扩散层收缩，颗粒间的水层厚度减小，固体颗粒进一步靠近，产生足够大的分子黏结力，引起胶体粒子的凝聚。由于这种胶体遍布混合料各处，从而引起整个系统的凝聚，使得颗粒的强度及密度进一步增大。

生石灰这种强化作用比消石灰优越得多。因为消石灰在混合前已吸足了化合结合水和吸附了大量的表面水不再具有上述的作用，在混合料中只能单纯的起亲水胶体的作用。含有消石灰胶体颗粒的料球，不像用单纯铁精矿料球完全靠水的毛细力维持，一旦失去水分很容易碎散。消石灰胶体颗粒在受热干燥过程中收缩，使其周围的固体颗粒进一步靠近，产生结合力，强度不但不降低，反而有所提高，而且由于胶体颗粒持有水分的能力强，受热时水分蒸发不如单纯铁精矿球猛烈，热稳定也好，这是配有生石灰烧结料层透气性高的原因之一。混合料小球内消石灰的再结晶和碳酸化则由于烧结过程过快，发生的数量极其微小。

（3）活性石灰可以促进液相生成，降低燃料消耗量

活性生石灰在消化成极细的 $Ca(OH)_2$ 胶体颗粒后，能与混合料紧密接触。与以前加入的粒度较粗、在烧结过程大量吸热的石灰石作熔剂相比，更快、更均匀地产生各种固液相反应，可以使烧结料更早更好地熔化，防止游离的 CaO 和 SiO_2 生成 $2CaO \cdot SiO_2$ 等，这对烧结矿质量是有利的，可以使燃料消耗稍有下降。但要注意，活性的生石灰配加过多也会产生不利影响，可能会使液相过多，引起烧结饼过熔，从而生成大孔壁结构，使烧结矿性能变脆、易碎，不利于成品率和强度提高。

（4）改善混合料颗粒粒度组成，提高料层透气性

活性石灰配入后，从添加到点火所经历的时间若不能使其全部消化，则混合料中残存着一些未消化的活性石灰颗粒。这些颗粒与从上层吸来的气体中的蒸汽相接触，立即将蒸汽的水分子捕捉住，使其自身消化，这就减少了水在过湿层中的集聚量，减少了过湿层厚度。故由气相消化后的活性石灰尽管已消化，但仍然保持原有小球的宏观外形。活性石灰形成小球颗粒存在于烧结混合料中，因球体间有一定缝隙，增加烧结层的透气性，有利于烧结进行。

根据国内某钢铁企业铁精矿配加活性生石灰工业试验结果：二次混合机卸矿处取得的样品是由许多球形物料所组成，其中有 87% 是有核球，13% 是无核球。观察到有核球有明显的分层结构，即球核与包裹层，其最表层一般有大于 0.5mm 的粗粒物料，多为煤、焦炭或石灰颗粒，很不牢固，在烧结干燥时即剥落，如图6-2-2所示。有核球的球核都是大粒度的返矿、精矿、生石灰、焦粒及煤粒，而包裹层主要由精矿组成，也有燃料及其他配入物的细屑，无核球与有核球的包裹基层本一致。

过去给烧结矿配加 CaO 调节碱度，是配加石灰石（$CaCO_3$），在烧结温度下，$CaCO_3$ 分解，留下 CaO，即把产生活性石灰的环节放到烧结环节一起完成。而这带来一个最不利的因素就是由于 $CaCO_3$ 的分解是强吸热反应

$$CaCO_3 \!=\!\!=\!\! CaO + CO_2 \quad \Delta H^\ominus = 179.06 \text{kJ/mol}$$

按照加入生石灰 5% 计算，若分解得到的生石灰中有效 CaO 成分为 85%，烧

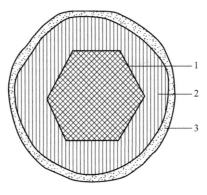

图 6-2-2　有核球的结构

1—球核；2—包裹层；3—附着层

结矿混合料的平均比热容为 0.67kJ/(kg·K)，加入的生石灰在 1kg 烧结料中吸收的热量为

$$179.06 \times \frac{50 \times 0.85}{56} = 135.89 \text{kJ/kg}$$

从理论上说，石灰石分解所需要的这些热量使得 1kg 烧结料下降的温度为

$$\Delta T = \frac{135.89}{0.67} = 202.83 \text{K}$$

可以看出，这部分热量由于造成烧结过程如此大的温度下降，对烧结的动力性和原理结构造成的影响可想而知。

烧结加入活性的石灰和加入石灰石对烧结的温度变化一正一负，其利弊已经不需讨论。我们关心的是烧结加入活性石灰后，烧结矿的微观结构的变化。

6.1.2　活性石灰对烧结矿的细微结构的影响

很多研究者都对烧结矿添加活性石灰所产生的微观结构的变化进行了研究，发现配加生石灰后，混合料球粒内部结构与未配生石灰的完全一致，但包裹层的厚度有明显的变化，微观结构的变化表现在如下方面[1]。

加生石灰后，球粒包裹层的平均厚度明显增大，各粒级增大的幅度不同，大于 8mm 粒级包裹层平均厚度增大了 0.47mm；8～5mm 粒级包裹层平均厚度增大了 1.46mm；5～3.2mm 粒级增大了 0.59mm；3.2～1mm 粒级增大了 0.24mm；1～0.5mm 粒级增大了 0.11mm，随着粒度变小，包裹层的平均厚度大幅度减少。

最明显的特征是加生石灰后混合料中各细粒级数量减少，粗粒级数量增加，如

图 6-1-3 所示。混合料的平均直径由 4.9mm 增加到 5.38mm，实测透气性指数（J. P. U.）由 37.75 增加至 42.53。

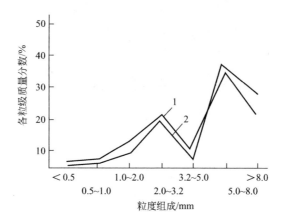

图 6-1-3 配加生石灰后与不配加生石灰的粒度组成
1—不加生石灰；2—加生石灰

日本钢管中心研究所福山研究室所作的研究表明，随着生石灰配加量的增加，核颗粒平均直径$\overline{D}_{核}$没有增加，准颗粒直径$\overline{D}_{准}$略有增加，而干燥过筛后的平均直径$\overline{D}_{干}$有明显增加，如图 6-1-4 所示。

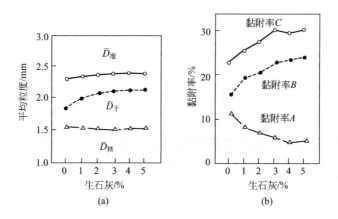

图 6-1-4 生石灰对混合料的平均粒度（a）和黏附率（b）的影响

在图 6-1-4 中，分别对黏附率 A、B 和 C 进行如下定义：

黏附率 A＝全干燥颗粒中（＜0.5mm），％－准颗粒中（＜0.5mm），％

黏附率 B＝水洗后核心颗粒中（＜0.125mm），％－准颗粒中（＜0.125mm），％

黏附率 C＝水洗后核心颗粒中（＜0.25mm），％－准颗粒中（＜0.25mm），％

可以看出，黏附率 A 随着生石灰的加入量下降，表示干燥过程中会产生剥落的黏附颗粒减少；黏附率 B 随着生石灰的加入量的增加而上升，表示全干燥颗粒与核心颗粒之间黏附的小于 0.125mm 细颗粒增加，在烧结冲击时不易破碎；黏附率 C 随着生石灰的添加量的增加而增加表示黏附小于 0.25mm 的细粒即总量增加。

6.1.3 活性度与烧结矿微观结构

有人研究了不同活性度的生石灰对烧结矿的微观结构产生的影响[4]。选取 3 种石灰，活性度分别为 210mL、280mL 和 350mL，其化学成分如表 6-1-1 所示。

表 6-1-1 实验选取的 3 种不同活性度石灰的活性成分

石灰活性度/mL	$w(CaO)/\%$	$w(SiO_2)/\%$	$w(MgO)/\%$	烧损/%
210	72.86	6.68	5.98	14.48
280	78.80	4.89	5.66	10.65
350	84.56	3.43	4.32	7.69

在电子显微镜下分别观察了 3 种活性度石灰的显微组织，如图 6-1-5 所示。

图 6-1-5 不同活性度石灰的扫描电镜显微组织
(a) 活性度为 350mL；(b) 活性度为 280mL；(c) 活性度为 210mL

可以看出，如图 6-1-5 的高活性度的石灰(a) 矿物粒径细小，粒度均匀，平均粒径约 0.2μm；但活性度为 280mL 的(b) 看起来虽然粒度也比较均匀，但粒径较大，约 5~10μm；而活性度为 210mL 的(c)，矿物粒度虽然也较小，约为 0.3μm，在矿物表面有一层熔融的玻璃相，似乎颗粒间也已经有黏结的迹象，显然是过烧的情况。

以此 3 种石灰为原料，在同样的某企业的精矿的情况下，在烧结杯中进行烧结。实验的条件控制在碱度 1.85 和 2.0，其他没有做要求。烧结矿的矿相分析如图 6-1-6 所示。

从图 6-1-6 可以看出，配加不同活性度的石灰烧结矿的矿相结构有明显差别。图中为集中分布的铁酸钙矿相分析显微组织。

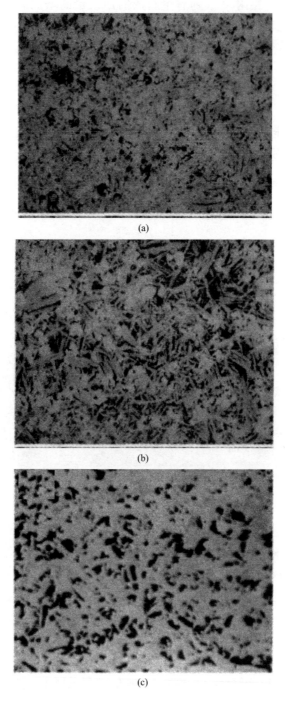

图 6-1-6　烧结矿的矿相结构图

（a）石灰活性度为 350mL；（b）石灰活性度为 280mL；（c）石灰活性度为 210mL

从图 6-1-6（a）可以看出，所用的石灰活性度为 350mL 所得的烧结矿矿相结构均匀，为交织熔融结构，磁铁矿多呈他形晶，结晶粒度细小，被铁酸钙、硅酸二钙、灰硅石和少量的玻璃质胶结成交织熔融结构。赤铁矿主要呈他形晶，少量为自形、半自形晶。黏结性主要为铁酸钙、硅酸二钙、硅灰石和玻璃质。铁酸钙约为 25％～30％。

从图 6-1-6（b）可以看出，烧结矿矿相结构均匀，主要为交织熔蚀结构，局部为粒状结构。磁铁矿多呈他形晶，少量半自形晶。赤铁矿主要呈他形晶。铁酸钙为主要黏结相，以针状形态存在，约为 30％～35％。

图 6-1-6（c）中，烧结矿矿相结构较均匀，为交织熔蚀结构。磁铁矿也多呈他形晶，被铁酸钙、硅酸二钙、硅灰石和少量玻璃质胶结成交织熔蚀结构。赤铁矿主要呈自形、半自形晶，少量呈他形晶，多出现在气孔和矿块边缘。铁酸钙为主要黏结相，呈板块状形态存在，其质量分数较高，为 35％～40％。

铁酸钙的数量与结晶形态决定烧结矿的强度，似乎是随着烧结所用的石灰的活性度由 210mL 提高到 350mL 时，铁酸钙的质量分数由 35％～40％降低到 25％～30％，低了 10％。但铁酸钙的形态却由板块状变化到针状及细针状。板块状、针状和细针状铁酸钙裂纹萌生的临界载荷分别为 98～245mN、245～490mN、980～1960mN。所以虽然石灰活性度的增加减少了铁酸钙的质量分数，但从铁酸钙裂纹萌生的临界载荷的参数看，铁酸钙结晶形态的变化成为主导烧结矿强度的因素，石灰的活性度的增高，显然可以大大增加烧结矿的强度。

6.1.4　活性石灰的添加方法及对烧结性能的影响

添加活性石灰可以提高烧结效率已毋庸置疑。但到底有多少效果？定量描述其综合效果，已经有很多文献进行过研究[1~5]。一些效果是公认的：

① 添加活性石灰对烧结的最佳效果提高生产率 30％（每添加 1％的活性石灰，可提高 5％～15％的生产率）；

② 虽然在一些情况下，添加活性石灰会引起烧结矿冷强度的降低，但这个缺点可以通过提高料层厚度，增加产量来弥补；

③ 添加活性石灰可以极大改善混合料的成球性能，从而改善焙烧时透气性，增加产量。

不同的添加活性石灰的方法都有其优缺点，一般认为：

① 在储料厂加活性石灰，优点是雨季吸水可缩短消化时间，缺点是不易混匀，消化热不能利用，造成环境污染，劳动条件恶化；

② 在配料室加入活性石灰，优点是消化热得到利用、强化了造球，缺点是打水消化到烧结时间较长，转运过程热散失过大；

③ 在二混机内加入活性石灰，对于细磨精矿为主的烧结料，成球性稍差；

④ 在配料室及二混机内各加活性石灰用量的一半，因为混合料在进入二混机

前均为准颗粒，若在一混前添加一定量的活性石灰，则由于其消化后的强黏附能力，必将准颗粒紧紧地黏结在一起，提高粒化小球的核心强度。如在二混机中在加入一定量的活性石灰，则粒化小球的强度。在铺到台车上后，还能减少过湿层、降低阻力，此方法最佳。

前面研究了活性石灰对烧结矿的微观结构和烧结机理都产生了直接的影响，对烧结矿的性能，如品位、成品率、烧结速率及烧结强度会产生影响[4]。

（1）活性度对烧结矿品位的影响

分别用 210mL、280mL 和 350mL 的不同活性度的石灰，在碱度为 1.85 和 2.0 的情况下，得到两种烧结矿，研究了活性度与烧结矿品位的关系，如图 6-1-7 所示。

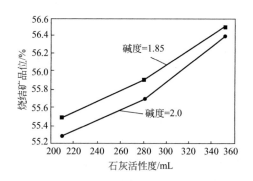

图 6-1-7　石灰的活性度对烧结矿品位的影响

可以看出，随着石灰活性度由 210mL 增加到 350mL，烧结矿的品位可以增加 1%。

（2）石灰的活性度对成品率和垂直烧结速率的影响

石灰的活性度对成品率和垂直烧结速率的影响如图 6-1-8 和图 6-1-9 所示。可以看出，在碱度为 2.0 的情况下，随着石灰活性度由 210mL 增加到 350mL，烧结矿的成品率增加了 5%，而碱度为 1.85 时，成品率的增加稍微点，但也增加了 4%；不管是碱度为 2.0 和 1.85，石灰的活性度由 210mL 增加到 350mL，垂直烧结速率都可以增加 1.5～2mm/min。

（3）石灰的活性度对烧结矿强度的影响

石灰的活性度对烧结矿强度的影响如图 6-1-10 所示。烧结矿强度包括转鼓指数和抗磨指数，从图中可知，石灰的活性度提高，烧结矿的转鼓指数和抗磨指数指标都略有下降。这是因为石灰活性度越高，烧结矿的晶粒越细小，扩散作用越强，与原燃料可以充分混匀，改善制粒效果，增加料层透气性，有利于提高烧结矿强度。另外，从铁酸钙形成机理考虑，在预热带，氧化钙主要以自由状态存在，铁酸钙生成量只有 1%～2%；在燃烧带，由于碳迅速燃烧，使燃烧带呈弱还原气氛，烧结料中铁氧化物仍主要保持磁铁矿状态，铁酸钙生成量也只有 5%～8%。

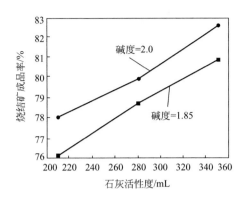

图 6-1-8　石灰的活性度对烧结矿成品率的影响

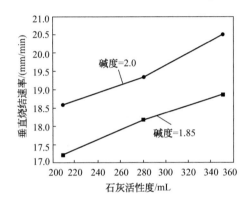

图 6-1-9　石灰的活性度对垂直烧结速率的影响

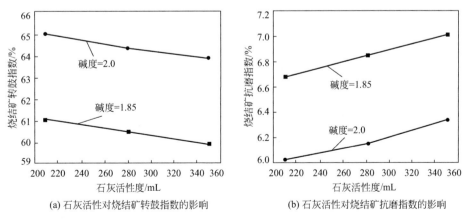

(a) 石灰活性对烧结矿转鼓指数的影响　　　(b) 石灰活性对烧结矿抗磨指数的影响

图 6-1-10　石灰的活性度对烧结矿强度的影响

　　铁酸钙的生成量是与烧结过程气氛还原性的强弱有关，气氛还原性强时不利于铁酸钙的形成。当提高石灰活性后，由石灰带入到烧结矿的氧化钙增加，减少了石灰石的配加量，烧结时石灰石分解产生的 CO_2 减少，使气氛的还原性增加。

而在冷却带，由于较强的氧化气氛，使 FeO、Fe_3O_4 被氧化为 Fe_2O_3，从而与液相中的氧化钙反应生成铁酸钙，氧化与降温过程同时进行。铁酸钙的析出量与氧化气氛的强弱及冷却速率有关。在不富氧的情况下，铁酸钙的析出量主要取决于冷却速率，冷却速率越快则析出量越少。当采用高活性度石灰时，由于冷却速率的提高，不利于强度好的铁酸钙黏结相的生成，导致烧结矿强度降低，二者的交互作用致使烧结矿强度略有下降。

6.1.5 活性石灰在钒钛磁铁矿烧结中的应用

活性石灰的特殊性质应用于烧结钒钛磁铁矿的亦有好效果[6]。研究用活性度 168mL 的混合石灰和活性度为 380mL 的活性石灰在钒钛磁铁矿烧结中进行了对比。两种石灰的化学成分和粒度如表 6-1-2 和表 6-1-3 所示。

表 6-1-2　实验用两种石灰的化学成分

品名	CaO/%	SiO_2/%	MgO/%	Al_2O_3/%	灼减/%	S/%	活性度/mL
混合石灰	75.04	6.43	1.08	3.78	11.71	0.1989	168
活性石灰	92.39	0.96	1.49	0.66	3.96	0.1031	380

表 6-1-3　实验用两种石灰的粒度组成　　　　　　单位：%

粒度	>5mm	5~3mm	3~1mm	1~0.5mm	<0.5mm	<3mm	平均粒度/mm
混合石灰	0.8	11.0	29.4	22.6	35.7	88.2	1.56
活性石灰	0.5	1.4	19.1	30.7	47.9	98.1	0.84

烧结原料的平均配比如表 6-1-4 所示，使用普通石灰的是基准期，而使用活性石灰是实践期。实验得到烧结矿混合料在各个工艺段的平均粒度组成及相关指标如表 6-1-5 所示，可以看出二混后混合料粒度对比，改配活性石灰在降低石灰配比1%、制粒水分接近的情况下，与配加普通混合石灰的基准相比，大于 3mm 粒级含量增加了 5.45%（增幅 10.51%）。混合料平均粒径增大，堆比重减小，从而为烧结过程透气性的改善创造了条件。

表 6-1-4　烧结原料的平均配比　　　　　　单位：%

名称	攀精矿	富矿	混合石灰	活性石灰	石灰石	焦粉	钢渣	冷返矿/(kg/m)
基准期	59.0	20.1	6.0	—	3.3	5.6	0.9	18.0
实践期	58.7	20.3	—	5.0	2.5	5.4	2.6	18.0

表 6-1-5　混合料平均粒度组成及相关指标

取样点		水分/%	堆密度/(t/m³)	料温/℃	粒度(mm)组成/%					平均粒径/mm	>3mm/%
					>8	8~5	5~3	3~1	<1		
基准期	二混前	6.1		56.7	5.3	12.0	30.3	39.4	12.7	3.27	47.9
	二混后	6.4	1.719	60.5	7.0	16.3	28.1	37.0	11.6	3.54	51.4
	泥碾	6.5	1.759	62.5	5.2	13.5	30.8	38.7	11.8	3.33	49.5
实践期	二混前	6.3		59.0	6.0	10.5	29.3	43.8	10.3	3.26	45.9
	二混后	6.6	1.656	60.0	8.0	17.8	31.0	34.5	8.7	3.77	56.8
	泥碾	6.6	1.684	62.5	7.1	1.55	29.7	36.9	10.8	3.56	52.3

各阶段的烧结操作参数如表 6-1-6 所示，可以看出，当烧结料水分、料温与基准相近时，配加活性石灰石烧结料层高度提高，单位料层负压降低，尤其当活性石灰配比为 5 ％时，烧结过程透气性的改善效果明显。料层提高 3 mm 的同时，烧结机速加快 0.08 m/min，且烧结负压低 1088 Pa（单位料层负压降低 1.88 Pa/mm）由于与普通石灰相比，活性石灰晶粒细小，分散度高，遇水后形成的 $Ca(OH)_2$，具有极强的黏结性，能更有效地改善混合料的成球性，增强烧结料中拟似粒子的热稳定性。

表 6-1-6　烧结机操作参数

阶段	一次水/%	二次水/%	料温/℃	料层厚度/mm	机速/(m/min)	负压/Pa	单位料层负压/(Pa/mm)	点火温度/℃	废气温度/℃
基准期	6.1	6.4	60.6	618	1.63	16109	26.13	1204	105
实践期	6.3	6.6	61	621	1.71	15021	24.25	1200	111

配加混合石灰时皮带上料量为 35.16 kg/m，特别当活性石灰配比为 5 ％时，皮带上料量为 37.38 kg/m，增加了 2.22 kg/m，增加幅度为 6.31 ％。可见，配加活性石灰是烧结增产的有效措施之一。

配加活性石灰与混合石灰对烧结矿化学成分及转鼓强度影响见表 6-1-7。可以看出：配加活性石灰、调整原料配比后，对烧结矿的化学成分影响不显著，也不影响烧结过程的脱硫；配加 5 ％的活性石灰，烧结矿 TFe 品位增加 0.15％；配加活性石灰后，烧结矿强度略有下降，这似乎是一个普遍现象。

表 6-1-7　烧结矿化学成分及转鼓强度

项目	烧结矿化学成分/%							单机转鼓指数/%	综合转鼓指数/%	筛分指数/%
	TFe	FeO	CaO	SiO_2	TiO_2	S	R/倍			
基准期	48.84	7.71	9.93	5.35	8.39	0.032	1.86	63.39	69.06	8.64
实践期	48.99	7.93	9.81	5.29	8.42	0.031	1.85	62.67	68.03	8.9

配加活性石灰后烧结矿的粒度变化从表 6-1-8 可以看出，平均粒径与添加普通石灰差不多，似乎没有太大区别。

表 6-1-8　烧结矿的粒度组成

项目	烧结矿粒度组成/%							平均粒径/mm
	>60mm	60～40mm	40～20mm	20～10mm	10～5mm	<5mm	<20mm	
基准期	5.82	7.56	27.76	29.19	28.73	1.81	57.82	22.18
实践期	6.08	8.67	23.92	29.15	30.33	1.87	59.47	21.85

6.2　活性石灰在铁水预处理脱硫过程中的应用

降低钢中有害元素硫一直是钢铁冶金行业关注的问题，铁水炉外脱硫是一种有效的脱硫手段。20 世纪 70 年代以来，我国很多钢铁企业建立了铁水预处理脱硫站，脱硫方式主要以喷吹法和搅拌法为主。

目前的铁水预处理脱硫主要有两种方法，即喷吹法和 KR 搅拌法。

喷吹法[7～9]是利用惰性气体（Ar 或 N₂）作载体，将脱硫粉剂（如 CaO，CaC₂ 或 Mg）由喷枪在高速气流的作用下喷入铁水底部，载气除承运脱硫剂外同时起到搅拌铁水的作用，使喷吹气体、脱硫剂和铁水三者之间充分混合进行脱硫。目前的喷吹法主要以喷吹颗粒镁系脱硫剂为主要发展趋势，其主要优点是设备费用低，操作灵活，处理周期短，铁水温降小，喷吹纯 Mg 时脱硫剂消耗一般为吨铁水 0.3～0.5kg 左右。相比 KR 法而言，一次投资少，适合中小型企业的低成本技术改造。

以颗粒镁为脱硫剂的反应为

$$Mg(g) + [S] \Longrightarrow MgS(s) \tag{6-2-1}$$

由于金属镁的熔点为 648.9℃，沸点为 1090℃，当粒径为 1～5mm 的颗粒镁在惰性气体的作用下喷吹进入 1200～1450℃ 的铁水的底部后，固体态的颗粒镁迅速气化为气泡，有些气泡聚合，有些则以单个气泡的形式从铁水底部上浮。镁气泡上浮过程与铁水中的硫反应，如反应式(6-2-1)，反应产生的固体 MgS 附着在没有反应的气泡上，随着气泡的上浮带到铁水的表面，与铁水表面的渣融合。

喷吹法最大的缺点主要表现在以下方面。

① 镁的利用率低。即使准确计算了固体颗粒镁在一定深度的铁水中气化，对于一定的铁水硫含量，该直径的颗粒镁变成的气泡，上浮到铁水表面恰好消耗完。但随着铁水中硫含量的减少，同样粒径的颗粒镁所变成的气泡，上浮到铁水表面气体镁必然有剩余，而剩余的气体镁进入大气即氧化；实际上多数情况下，镁粒既

不能在铁水中气化后恰好上浮到铁水表面就反应完，也不能保证上浮过程中气泡相互之间不聚合，聚合后大的气泡上浮到铁水表面镁气剩余更多。许多企业的大量的颗粒镁脱硫的镁利用率为30%～40%。

② 虽然MgS本身的熔点很高，大于2000℃，但是其与铁水表面的出铁时带过来的高炉渣混合后却使高炉渣变得异常稀，使得脱硫完成后扒渣变得很困难。没有完全扒除的脱硫渣，进入炼钢流程后，由于冶炼温度的升高又回到铁水中。

③ 颗粒镁脱硫过程，要求气体对镁的输送非常均匀，但这往往是很难达到的。不均匀的气体输送，会引起铁水喷溅，有时是大喷溅，不仅使镁的利用率大大降低，还会引起现场安全事故。

有研究表明，在都使用CaO基脱硫剂的情况下，KR法的脱硫率是喷吹法的4倍。

KR机械搅拌法是将浇铸耐火材料并经过烘烤的十字形搅拌头，浸入铁水包熔池一定深度，借其旋转产生的漩涡，使脱硫粉剂与铁水充分接触反应，达到脱硫目的。其优点是动力学条件优越，可采用廉价的脱硫剂如CaO，脱硫效果比较稳定（脱硫到S含量≤0.005%），脱硫剂单耗成本低于复合喷吹，适应于低硫品种钢要求高、比例大的钢厂采用。不足的是，设备稍复杂，占地较多，一次投资大，脱硫铁水温降大。

6.2.1 KR法脱硫反应热力学

（1）KR脱硫的热力学条件

KR法脱硫使用的脱硫剂主体是石灰，与铁水中的硫发生如下的脱硫反应：

$$[S]+(CaO)=\!=\!=(CaS)+[O] \quad \Delta_r G^\ominus = 115430 - 38.18T \qquad (6\text{-}2\text{-}2)$$

由式（6-2-2）可以看出，就KR脱硫的热力学条件而言，要从热力学角度降低铁水终点硫含量，需要创造以下4个条件。

① 要求提供尽可能高的活性CaO，增加CaO的活度，使用活性石灰只是满足了在KR法脱硫时石灰的活性度更高，这实际上是动力学条件。

② 铁水尽可能低的氧活度。KR法石灰脱硫过程中，随着铁水脱硫的进行，铁水中不断释放出氧原子，使铁水中的溶解氧含量升高，会抑制脱硫的进行。所以在脱硫的同时要用其他手段消除不断产生的溶解氧，使脱硫反应能持续进行。

③ 从KR脱硫反应的标准吉布斯自由能$\Delta_r G^\ominus$可以看出，升高温度，可以使$\Delta_r G^\ominus$变得更负，因而增加脱硫的深度。

④ 即使是粒度很小、分散性很好的活性石灰，固态的CaO在铁水中也很难与溶解在铁液中S反应。实践表明将CaO变为液态或与其他不和CaO反应的组分形成液态，可以加快CaO脱硫反应的进行。目前一般把CaO与CaF_2以9:1、8:2或7:3的比例混合，可以取得好的效果。

以上 4 个条件基本上就是 KR 法脱硫必备的热力学条件。可以看出，增加 CaO 的活度、增加温度（条件允许时）和与 CaF_2 配合使用，以满足这三个条件是很容易的。对于如何尽可能地降低铁水中的氧的活度，以达到取得极低硫的脱硫效果，目前文献研究不多。作者课题组最近两年对这个问题进行了较深入地探讨[10~12]。

（2）铁水中极低氧浓度的获得

可以看出，降低铁液中氧的活度的唯一方法是脱氧。通过利用脱氧平衡曲线最低值理论公式计算单独用 Si 的脱氧能力和单用 Al 和 C 的脱氧能力进行比较，可以认为在铁水预处理中，Si 的脱氧能力远不及 Al 和 C。

脱氧反应经常采用反应平衡常数 K 的倒数 m

$$x[M]+y[O] == M_xO_y \tag{6-2-3}$$

$$K=\frac{1}{a_M^x a_O^y} \tag{6-2-4}$$

$$m=a_M^x a_O^y \tag{6-2-5}$$

式中，m 为脱氧常数，它等于脱氧反应达到平衡时脱氧元素活度及氧活度的乘积。在一定温度下，平衡常数 K 是常数，所以 m 也是与温度有关的常数。

用脱氧常数，可以得出脱氧平衡曲线最低值理论，其理论公式为：

$$\lg m = [M](xe_M^M+ye_O^M)+[O](xe_M^O+ye_O^O)+$$
$$\frac{x}{2.303}\ln[M]+\frac{y}{2.303}\ln[O] \tag{6-2-6}$$

对式(6-2-6)利用函数求极值的方法，通过一系列的数学推导，可以得出 [M] 与 [O] 反应，[O] 存在极小值的两个条件为：

① $$xe_M^M+ye_O^M<0 \tag{6-2-7}$$

② $$xe_M^O+ye_O^O<0 \tag{6-2-8}$$

式中，M 为脱氧元素 Al 或 C；x、y 为化学反应计量系数，e_i^j 为活度相互作用系数。

（3）Al 脱氧平衡曲线最低值理论

在铁水中 Al 和氧有很强的结合力，冶炼过程中，Al 经常用来脱除铁水中溶解的 [O]。通常采用向铁水中加含金属 Al 的渣或喂含金属 Al 包芯线的方式脱氧。溶解 Al 很快与铁水中的溶解氧反应生成 Al_2O_3，易于上浮进入渣中。

Al 脱氧反应方程式为

$$2[Al]+3[O] == Al_2O_3 \tag{6-2-9}$$

$$\lg K=\frac{64900}{T}-20.63$$

将 $e_{Al}^{Al}=0.045$；$e_O^{Al}=-3.9$；$e_{Al}^O=-6.6$；$e_O^O=-0.2$

分别代入式(6-2-7) 和式(6-2-8)，得到

① $2e_{Al}^{Al}+3e_O^{Al}=-11.61<0$；

② $2e_{Al}^O+3e_O^O=-13.8<0$。

以 1573K 为例，求在铁水中用 Al 脱氧，铁液中 [O] 的极小值。

将 M＝Al、$x=2$、$y=3$ 代入式(6-2-6)，得到 Al 脱氧平衡曲线理论公式

$$\lg m=[Al](2e_{Al}^{Al}+3e_O^{Al})+[O](2e_{Al}^O+3e_O^O)+\frac{2}{2.303}\ln[Al]+\frac{3}{2.303}\ln[O]$$

$$(6\text{-}2\text{-}10)$$

整理得

$$3\lg[O]-13.8[O]+B=0 \qquad (6\text{-}2\text{-}11)$$

其中

$$B=2\lg[Al]-11.61[Al]-\lg m \qquad (6\text{-}2\text{-}12)$$

由数学分析函数求极值方法计算铁水中 [O] 含量最小值，式(6-2-10) 两边分别对 [Al] 求导并化简，得

$$\left(\frac{d[O]}{d[Al]}\right)=\frac{11.61-\dfrac{0.87}{[Al]}}{\dfrac{1.3}{[O]}-13.8}$$

令上式为 0，解得在铁液中溶解 [Al] ＝0.075，可以得到铁液中溶解氧的最小值为

$$[O]=1.5\times10^{-6}$$

由脱氧平衡曲线最低值理论公式计算的 [O] 含量最小值为 1.5×10^{-6}。

铁液中铝的浓度与氧的浓度的关系如图 6-2-1 所示。从图中可以明显看出，在一定浓度范围，Al 脱氧存在的氧浓度的最低值的几何表示。

（4）C 脱氧平衡曲线最低值理论

铁水本身处于高碳、甚至碳饱和的状态，在此情况下，脱氧利用本身的 C 作脱氧剂，脱氧产物为 CO 而从铁液中溢出，是冶金最理想的追求，可以对铁水起到一定的搅拌作用。

C 脱氧反应方程式为

$$[C]+[O]=\!=\!=CO \qquad (6\text{-}2\text{-}13)$$

$$\lg K_C=\frac{1160}{T}+2.003$$

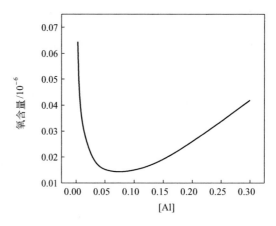

图 6-2-1　Al 脱氧平衡曲线 1573K

同 Al 脱氧以 1573K 为例，利用脱氧平衡曲线最低值理论公式，求铁液中 C 脱氧时 [O] 的极小值。

将 M＝C、$x＝1$、$y＝1$

及 $e_C^C＝0.14$；$e_O^C＝-0.45$；$e_C^O＝-0.34$；$e_O^O＝-0.2$

代入式(6-2-7) 和式(6-2-8)，得到

① $xe_C^C＋ye_O^C＝-0.31＜0$；

② $xe_C^O＋ye_O^O＝-0.54＜0$。

说明在铁水中用 C 脱氧，也存在铁液中 [O] 的极小值。

C 脱氧平衡的理论公式为

$$\lg m＝[C](e_C^C＋e_O^C)＋[O](e_C^O＋e_O^O)＋\frac{1}{2.303}\ln[C]＋\frac{1}{2.303}\ln[O] \tag{6-2-14}$$

整理得

$$\lg[O]-0.54[O]＋B＝0 \tag{6-2-15}$$

其中

$$B＝\lg[C]-0.31[C]-\lg m \tag{6-2-16}$$

同样由数学分析知识函数求极值方法计算 [O] 含量最小值，式(6-2-14) 两边分别对 [C] 求导并化简，得式(6-2-17)

$$\frac{d[O]}{d[C]}＝\frac{0.31-\dfrac{0.43}{[C]}}{\dfrac{0.43}{[O]}-0.54} \tag{6-2-17}$$

令上式为 0，解得 [C] =1.39，并代入式(6-2-15)，得

$$[O]=34\times10^{-4}$$

由脱氧平衡曲线最低值理论公式，1573K 下 C-O 反应计算得到的铁水 [O] 含量最低值为 34×10^{-6}，如图 6-2-2 所示。从图 6-2-2 中可以明显看出，C 脱氧也存在最低值，但其使氧达到极低值所对应的体液中的碳的浓度为 1.39%，进入了钢的范围。所以，要想在铁水中使用其本身的高浓度的碳脱除由于脱硫所释放的氧，或者把氧脱除到最小值，以达到取得脱硫的极限，在铁水的碳的浓度范围，看来是不可能的。

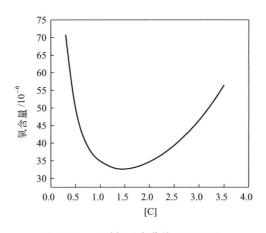

图 6-2-2　C 脱氧平衡曲线 （1513K）

（5）在铁水中 Al 和 C 脱氧能力比较

在众多的脱氧元素中，金属 Al 是公认的强脱氧剂。

Chipman 早在 1934 年就提出了 Al-O 平衡的脱氧常数

$$\lg m=-\frac{64900}{T}+20.63$$

按此式计算 1873K 下，与 0.035%Al 平衡的 [O] 为 2×10^{-6}，与式(6-2-10) 理论计算的 0.035%Al 平衡的 [O] 为 2.7×10^{-6}，两者相差不大。将 Al、C 与 [O] 平衡的曲线在一定的脱氧剂的范围内画到一张图中，比较 Al 与 C 的脱氧能量，如图 6-2-3 所示。

而图 6-2-3 中可以看出，在铁液中，Al 脱氧平衡曲线与 0.035% Al 平衡的 [O] 为 7×10^{-6}，C 脱氧平衡曲线最低值约为 15×10^{-6}，与其对应的 [C]=2。与理论计算值有一定差距，原因是对某些活度相互作用系数 e_i^j 采用了不同的值。

由脱氧平衡曲线理论分析可知，脱氧平衡曲线位置越低，则该脱氧产物越稳

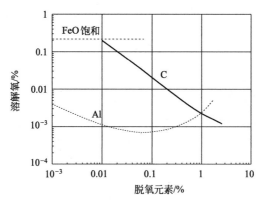

图 6-2-3　铁液中 Al、C 的脱氧能力（1873K）[11]

定，而该元素脱氧能力越强。由图 6-2-1 和图 6-2-2 的对比分析中，可以得出：在 KR 法铁水预处理条件下，用 Al 脱氧要优于 C 脱氧，而且从 Ellingham 图中也可以分析出，铁水预处理温度一般比较低，约为 1200～1350℃，在同样氧位的条件下，Al 先于 C 被氧化。由此可以认为在 C 和 Al 同时存在的情况下，是 Al 控制铁水中的氧势。随着铁水中［Al］含量的增加，铁水中［O］含量会持续降低，可使［O］含量降到 $5×10^{-6}$ 以下，为脱硫创造良好的还原条件，同时 Al 脱氧反应为放热反应，可以弥补因搅拌造成的部分温降，促进脱硫反应的进行。

6.2.2　KR 法脱硫反应动力学

前面已经叙述，KR 法脱硫过程，实际上很难通过固态石灰与铁水中硫之间的多相反应。即使采用活性石灰，使用其极小的粒度，使石灰颗粒与铁水的接触表面的大大增加，而由于其本身的熔点高达 2572℃，形成的 CaS 的熔点也要 2400℃，所以在高节奏的冶金过程中，这个反应进行得非常缓慢，因为在固态 CaO 表面形成一层高熔点的 CaS 后，便阻止了石灰颗粒内部的 CaO 继续和铁水中的硫反应，极大地制约了脱硫反应的动力学条件。

因此，KR 法脱硫反应的工艺采用了把固态 CaO 液态化的方法，即用石灰总质量，10%～30% 的 CaF_2，与石灰一起，在铁水温度下，变为液态。由于石灰本身并非纯的 CaO，而是以 CaO 为主，含有总量为 10% 左右的（SiO_2＋Al_2O_3＋…）构成的一个多元体系，所以不同的石灰，在铁水温度下与 CaF_2 形成液态的温度是不一样的，应该说含有 CaO 含量高的石灰需要加入更多的 CaF_2，而 CaO 含量低的石灰加入的 CaF_2 应该少些。

一些学者处理 KR 法脱硫时，把石灰颗粒在全部脱硫过程看作固态，形成的 CaS 也看作固态，用未反应核模型理论处理是不符合实际情况的。因为 CaO 与石灰中的其他杂质及 CaF_2 形成了渣系，然后再与铁水中的硫反应。所以，KR 法脱硫动力学研究应该用双膜理论。

(1) KR 法脱硫反应机理

KR 法铁水脱硫动力学的反应机理由以下五个步骤构成。

① 铁水中的 [S] 通过铁水与渣的边界层向渣-铁界面扩散

$$[S] \longrightarrow [S]^*$$

② 渣中 CaO 通过渣铁界面一侧渣的边界层向渣-铁界面扩散

$$(CaO) \longrightarrow (CaO)^*$$

③ 界面 [S]* 与界面 (CaO)* 发生的界面化学反应

$$[S]^* + (CaO)^* = (CaS)^* + [O]^*$$

④ [O]* 离开反应界面通过铁液边界层向铁液内部扩散

$$[O] \longrightarrow [O]^*$$

⑤ (CaS)* 穿过渣的边界层向渣内部扩散

$$(CaS)^* \longrightarrow (CaS)$$

(2) 讨论与简化

① 在高温下，界面化学反应速率非常快，不是脱硫过程的控速步骤。事实上，一般的高温反应动力学都把这一步从可能的限制环节中剔除。

② 在 KR 法脱硫时，所消耗的石灰为每吨铁水 8kg 左右。这就是说，石灰与 CaF_2 形成的渣系非常薄，所以步骤②和⑤中的两个炉渣组分的扩散也不会是限制环节。

③ 如果处理高硫铁水，反应释放出来的氧很高，马上会和铁水中的碳反应，所以步骤④也不会是限制环节。一般处理低硫铁水，希望把铁水中的硫脱得更低，往往要加金属铝脱氧，这样的话，步骤④也不会是限制环节。

到此，整个 KR 法脱硫动力学可以用步骤①代替

$$[S] \longrightarrow [S]^*$$

根据多相反应动力学基本理论，脱 [S] 的速率为

$$J_{[S]} = \frac{D_{[S]}}{\delta_{[S]}}(C_{[S]}^* - C_{[S]}) \tag{6-2-18}$$

在式(6-2-18) 中，由硫的传质通量的定义

$$J_{[S]} = \frac{1}{A}\frac{dn_{[S]}}{dt} \quad 得$$

$$\frac{\mathrm{d}n_{[S]}}{\mathrm{d}t} = A\frac{D_{[S]}}{\delta_{[S]}}(C_{[S]}^* - C_{[S]}) \tag{6-2-19}$$

式中，A 为渣铁界面积，m^2；$C_{[S]}^*$、$C_{[S]}$ 分别为渣铁界面和铁液内部硫的浓度，mol/m^3；$n_{[S]}$ 为硫的物质的量，mol；$D_{[S]}$ 为硫在铁液中的扩散系数，m^2/s；$\delta_{[S]}$ 为铁渣界面处铁一侧的边界层厚度，m。

由于界面化学反应不是限制环节，可近似地认为界面脱硫反应总是处于平衡，因此界面处 S 的浓度 $C_{[S]}^*$ 可以用界面反应硫的平衡浓度 $C_{[S],eq}$ 来表示。式(6-2-19) 成为

$$\frac{\mathrm{d}n_{[S]}}{\mathrm{d}t} = A\frac{D_{[S]}}{\delta_{[S]}}(C_{[S],eq} - C_{[S]}) \tag{6-2-20}$$

在式(6-2-20) 中

$$\frac{\mathrm{d}n_{[S]}}{\mathrm{d}t} = V_{st}\frac{\mathrm{d}C_{[S]}}{\mathrm{d}t} \tag{6-2-21}$$

式中，V_{st} 为钢液的体积。

将 $C_{[S]}$ 转化为质量分数

$$C_{[S]} = \frac{\rho_{[S]}}{32}\frac{\mathrm{d}w[S]}{\mathrm{d}t}$$

代入式(6-2-20) 中，得

$$\frac{\mathrm{d}w[S]}{\mathrm{d}t} = \frac{AD_{[S]}}{V_{st}\delta_{[S]}}(w[S]_{eq} - w[S]) \tag{6-2-22}$$

假设 $t=0$ 时，S 的浓度为 $w[S]_i$，反应进行到 t 时，S 的浓度为 $w[S]_f$，积分式(6-2-22)，得到

$$\int_{w[S]_i}^{w[S]_f} \frac{\mathrm{d}w[S]}{w[S]_{eq} - w[S]} = \int_0^t \frac{AD_{[S]}}{V_{st}\delta_{[S]}}\mathrm{d}t$$

积分，得

$$\ln\frac{w[S]_i - w[S]_{eq}}{w[S]_f - w[S]_{eq}} = \frac{AD_{[S]}}{V_{st}\delta_{[S]}}t \tag{6-2-23}$$

从式(6-2-23) 可以看出，影响 KR 法脱硫的动力学因素有以下条件。

① 首先要以最快的速率形成液态的含高浓度 CaO 的渣系，才能有式(6-2-23) 存在的前提，这必须要使用活性石灰，而且石灰的活性度越高，形成渣系越快；

② 当硫在铁液中的扩散系数 $D_{[S]}$ 及铁液边界层的厚度 $\delta_{[S]}$ 一定时，尽可能大地增大渣铁的接触面积 A，而 KR 搅拌法脱硫工艺，在十字形的搅拌头以一定的速率转动时，铁液出现旋转，铁液平面变成了曲面，增大了渣铁接触面积。

6.2.3 KR 法脱硫工艺流程

（1）KR 法脱硫工艺流程图

一般企业的 KR 法脱硫工艺流程如图 6-2-4 所示。下面以某企业为例，说明其所处理的铁水指标、所用的活性石灰、萤石的化学成分及其比例等。

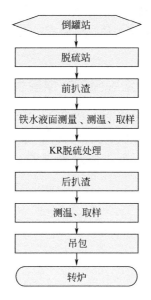

图 6-2-4　KR 法脱硫工艺流程图

（2）主要工艺技术参数

如下是某企业的脱硫剂的组成配比：石灰 90％，萤石 10％。其中所用的活性石灰和萤石及处理的铁水的化学成分如表 6-2-1～表 6-2-3 所示。

表 6-2-1　活性石灰化学成分

CaO	SiO$_2$	S	烧损	活性度	水分	粒度
≥86％	＜5％	＜0.03％	≤2.0％	≥320mL	＜0.5％	0.5～1.0mm

表 6-2-2　萤石化学成分

CaF$_2$	SiO$_4$	S	P	粒度/mm
≥80％	≤18％	＜0.2％	＜0.06％	0.5～1.0

表 6-2-3　铁水的化学成分

成分	[C]/%	[Si]/%	[Mn]/%	[P]/%	[S]/%	T/℃
范围	3.5~4.7	≤0.85	≤1.0	≤0.100	≤0.070	≥1250

在所用的活性石灰中，其粒度在 0.5~1.0mm 之间的比例大于 80%，粒度小于 0.3mm 和大于 1.2mm 的比例要求不大于 10%。

进 KR 法脱硫站的铁水，要求从铁水液面到铁水罐上沿的净距离必须大于 500mm，铁水带渣量约为铁水量的 0.5%。

下列条件的铁水不进行脱硫处理。

① 铁包表面结壳或者有大型渣块，渣块直径大于 1000mm；

② 铁水温度小于 1250℃。

6.2.4　采用活性石灰的 KR 法脱硫的数学模型

通过对某钢铁企业二炼钢脱硫站 2012 年 1 月到 2012 年 4 月 SPHC 钢种铁水脱硫处理生产数据，利用多元非线性的回归分析，得到铁水脱硫过程中脱硫率与脱硫剂加入量、铁水温度、处理时间、渣量等因素的数学模型[13]，如式（6-2-24）所示。

$$
\begin{aligned}
y = {} & 0.16273x_3 - 15.263x_1 + 11.913x_4 - 0.17508x_5 + \\
& 0.014760x_1x_3 - 0.12567x_1x_4 + 0.28663x_1x_6 - \\
& 0.0072150x_3x_4 - 0.063347x_4x_6 - \\
& 0.015044x_4^2 - 182.27
\end{aligned}
\tag{6-2-24}
$$

式中　y——脱硫率；

x_1——脱硫剂单耗，kg/t 铁；

x_2——脱前温度（影响极小，逐步回归时已消除），℃；

x_3——脱后温度，℃；

x_4——处理周期，min；

x_5——搅拌时间，min；

x_6——扒渣量，kg。

讨论如下。

（1）不同铁水温度条件下脱硫率与脱硫剂加入量的关系

将 x_3（脱后温度）分别赋予不同的值，将其余各量分别赋予各数据平均值，得到脱硫率 y 与石灰加入量 x_1 的关系：

令 $x_2 = 1354.6$，$x_3 = 1200.0$，$x_4 = 34.959$，$x_5 = 11.202$，$x_6 = 3.4211$

得到　　　　　　　$y = -0.96413x_1 + 98.870$ 　　　　　（6-2-25）

令 $x_2=1354.6$，$x_3=1250.0$，$x_4=34.959$，$x_5=11.202$，$x_6=3.4211$

得到 $$y=-0.22614x_1+94.394 \tag{6-2-26}$$

令 $x_2=1354.6$，$x_3=1300.0$，$x_4=34.959$，$x_5=11.202$，$x_6=3.4211$

得到 $$y=0.51185x_1+89.919 \tag{6-2-27}$$

令 $x_2=1354.6$，$x_3=1330.0$，$x_4=34.959$，$x_5=11.202$，$x_6=3.4211$

得到 $$y=0.95464x_1+87.234 \tag{6-2-28}$$

对式(6-2-25)～式(6-2-28)作图，如图 6-2-5 所示。

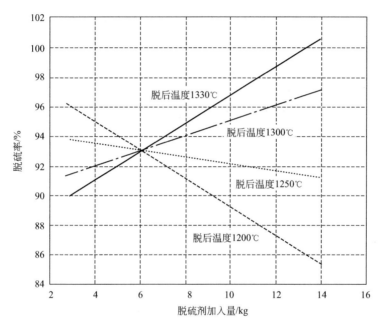

图 6-2-5　不同脱后温度下脱硫率百分比与脱硫剂加入量的关系图

如图 6-2-5 可以看出，当脱硫剂单耗小于 6kg 时，脱后温度越高，则脱硫率越低。反之，当脱硫剂单耗大于 6kg 时，脱后温度越高，则脱硫率也越高。

(2) 不同处理时间条件下脱硫率与脱硫剂加入量的关系

将 x_4（处理时间）分别赋予不同的值，将其余各量分别赋予各数据平均值，得到脱硫率 y 与石灰加入量 x_1 的关系：

令 $x_2=1354.6$，$x_3=1330.6$，$x_4=33$，$x_5=11.202$，$x_6=3.4211$

得到 $$y=-0.96413x_1+98.870 \tag{6-2-29}$$

令 $x_2=1354.6$，$x_3=1330.6$，$x_4=38$，$x_5=11.202$，$x_6=3.4211$

得到 $$y=0.58203x_1+90.211 \tag{6-2-30}$$

令 $x_2 = 1354.6$，$x_3 = 1330.6$，$x_4 = 43$，$x_5 = 11.202$，$x_6 = 3.4211$

得到
$$y = -0.046334x_1 + 94.595 \qquad (6\text{-}2\text{-}31)$$

令 $x_2 = 1354.6$，$x_3 = 1330.6$，$x_4 = 48$，$x_5 = 11.202$，$x_6 = 3.4211$

得到
$$y = -0.67470x_1 + 98.228 \qquad (6\text{-}2\text{-}32)$$

将式(6-2-29)～式(6-2-32)作图，如图 6-2-6 所示。

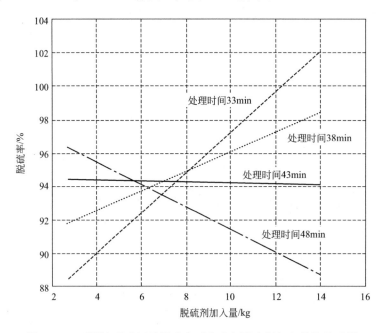

图 6-2-6 不同处理时间下脱硫率百分比与脱硫剂加入量的关系图

由图 6-2-6 可以看出，当脱硫剂单耗小于 7kg 时，处理时间越长，则脱硫率越高。当脱硫剂单耗大于 7kg 时，处理时间越短，则脱硫率越高。

由此可知，在 SPHC 钢种的生产过程中，要想取得最大的脱硫率，最佳的操作方案依脱硫剂加入情况不同而不同，若脱硫剂加入量较大时，则处理时间要小，因此带来的温降也小，即脱后温度较高。若脱硫剂加入量较小，则处理时间要长，因此带来的温降也大，即脱后温度较低。

6.3 活性石灰在炼钢过程中的应用

6.3.1 活性石灰在炼钢中的反应机理

炼钢是以铁水和废钢，或纯铁、金属、铁合金等为主要原料，生产出具有所需化学成分的、具有一定形状的钢锭或连铸坯料或各种器件的过程。在炼钢过程中常常对铁水进行脱硫、脱磷、脱碳以及脱硅等处理，使这些不需要的或有害成分进入钢渣或气相而清除。由于炼钢的节奏很快，需要进行的反应必须在很短的时间内快速完成，而快速造渣是保障炼钢过程快速反应的前提条件。活性石灰是炼钢中最基本的也是用量最大的造渣材料，炼钢使用活性石灰可以比使用普通石灰更快的成渣的同时，在达到同样的冶炼效果的情况下还可以较少使用石灰，快速除去钢水中的硅、硫及磷等有害杂质。

作为造渣材料的活性石灰的渣化过程[6]就是活性石灰被铁水浸润并进行反应的过程，它参与炼钢反应的机理及主要渣化反应如下。

① 加入到冶炼炉（转炉或电炉）的活性石灰在渣中的溶解　加入到冶金炼钢过程的固态的石灰，在炼钢的氧化期首先与氧化形成的少量的 FeO 组成液态炉渣，这是 CaO 由固态变为液态的过程

$$CaO_S \!=\!=\! (CaO) \tag{6-3-1}$$

② （CaO）由渣内部扩散到渣铁界面

$$(CaO) \longrightarrow (CaO)^* \tag{6-3-2}$$

③ 铁液（或钢液）内部的 [Si]、[P] 及 [S] 从铁液相扩散到渣铁界面

$$[Si] \longrightarrow [Si]^*$$

$$[P] \longrightarrow [P]^*$$

$$[S] \longrightarrow [S]^*$$

④ 界面上的 CaO 与界面上的 Si、P 及 S 反应

$$[Si]^* + [O]^* + 2(CaO)^* \!=\!=\! (2CaO \cdot SiO_2)^*$$

$$2[P]^* + 5[O]^* + 4(CaO)^* \!=\!=\! (4CaO \cdot P_2O_5)^*$$

$$[S]^* + (CaO)^* \!=\!=\! (CaS)^* + [O]^*$$

⑤ 界面上的生成物向炉渣内部扩散

$$(2CaO \cdot SiO_2)^* \longrightarrow (2CaO \cdot SiO_2)$$

$$(4CaO \cdot P_2O_5)^* \longrightarrow (4CaO \cdot P_2O_5)$$

$$(CaS)^* \longrightarrow (CaS)$$

$$[O]^* \longrightarrow [O]$$

可以看出，使用活性石灰强化炼钢过程关键是第一步，如果已经用活性石灰完成了炼钢过程反应的第一步，即石灰与其他成分的快速造渣，其余 4 步只是与普通石灰一样的常规研究。

6.3.2 活性石灰在炼钢渣中的溶解

有人煅烧了 $\phi 25mm \times 20mm$ 的石灰石制成活性度为 403mL 的活性石灰，研究了活性石灰在炼钢渣中溶解速率[14]。制备的试样和在炼钢初渣中一定时间浸渣后的试样如图 6-3-1 所示。

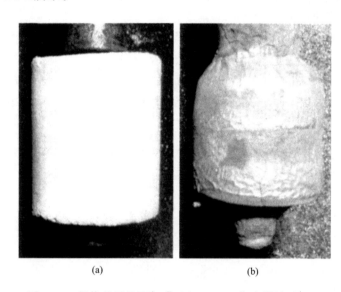

(a)　　　　　　　　　　(b)

图 6-3-1　煅烧的活性石灰 [（a），403mL] 和浸渣后（b）

实验是在碳管炉中完成的。首先将如表 6-3-1 所示的配好的熔渣加入纯铁坩埚中，熔渣完全溶化后，将图 6-3-1 所示的煅烧好的活性石灰试样固定在钼棒上，放入渣中，以 150r/min 速度旋转，到规定的时间后将试样从渣中提出，并继续在离开渣的状态下旋转一定时间，目的是把试样表面的渣子甩掉。

表 6-3-1　实验用熔渣的配比

编号	$\sum FeO/\%$	MnO/%	MgO/%	CaO/%	$SiO_2/\%$	CaO/SiO_2
1	30	5	5	26.67	33.33	0.8
2	10～40	5	5			0.8
3	30	5	5			0.7～1
4	30	5	1～13			0.8

（1）石灰溶解速率的定义

棒状的活性石灰在渣中浸入一定时间后，发现石灰表面一定的厚度已经变为黑色，说明石灰在渣中已经开始溶解（变色可能是 CaO 与 FeO 互溶，形成以高浓度的 CaO 为主，含有 FeO 的渣，或者是先与渣中 SiO_2 等组分反应形成复合化合物）；也就是说，通过变质的 CaO 的多少可定义石灰与渣相互溶解或反应的多少；实验中可以通过称量白色的石灰与已变质的石灰的数量，计算石灰的溶解速率。

（2）石灰的煅烧特性及渣的成分、温度对石灰溶解的影响

① 活性石灰的煅烧温度对溶解的影响　前面已经讨论过活性石灰的烧制过程中，煅烧温度和时间对活性度的影响非常大。如果煅烧温度低，需要时间长；而如果煅烧的温度高，很短的时间就可以。在一定的温度范围内，获得活性度高的活性石灰的标志是碳酸钙的分解反应恰好完成，然后停止煅烧，快速冷却。如果煅烧已经完成，煅烧不停止的话，分解得到的细小的 CaO 颗粒之间在高温下相互凝聚，使石灰的活性度降低。

分别在 1000℃、1100℃和 1200℃制取如图 6-3-1 所示的活性石灰样品，制取的方法是，在炉温分别为 1000℃、1100℃和 1200℃温度下，将加工好的 $\phi 25mm \times 20mm$ 尺寸的石灰石放入炉中，煅烧 2h，其活性度与焙烧温度的关系，如图 6-3-2 所示。可以看出，在煅烧时间都是 120min 的情况下，三种石灰石的煅烧所得到的石灰的活性度与温度的关系的趋势是一样的。

分别取 1000℃、1100℃和 1200℃制取的石灰，按照如前面所述的溶解实验的方法，在表 6-3-2 中的 1 号渣系中渣浸 3min 和 6min，熔渣的温度为 1400℃，分别测量渣浸 3min 的变质率和 6min 的溶解率，如图 6-3-3 所示。从图 6-3-2 可以看出，随着石灰煅烧温度的提高，活性度在 1000℃得到最大值，随后急剧下降，而从图 6-3-3 可以看出，随着石灰活性度的降低，石灰的变质率随之大幅降低，但溶解率似乎影响不大[14,15]。

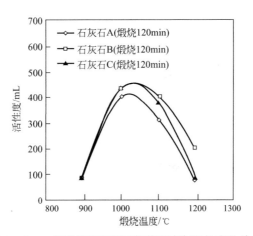

图 6-3-2　一定的焙烧时间下焙烧温度与活性度的关系

这和前面对活性石灰在炼钢渣中的溶解机理的观点是一致的。即先变质，变质实际上就是开始反应，这个反应可能是物理反应（即 CaO 与渣中组分的相互溶解），也可能是化学反应。而溶解是变质的石灰溶解到渣中。活性度为 400mL 的石

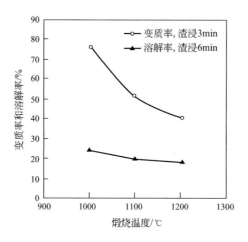

图 6-3-3　石灰石煅烧温度与活性石灰变质和溶解的关系

灰在 3min 的情况下的变质率比活性度为 100mL 的高出 1 倍。

②渣中的 ΣFeO 含量对溶解的影响　使用在 1000℃下得到的活性度最高的活性石灰，在 1400℃的 2#渣中，渣中的 ΣFeO 的变化由 10% 变化到 40% 时，测量了 1min 的变质率和 2min 的溶解率，如图 6-3-4 所示。可以看出，渣中 ΣFeO 的增加，有利于活性石灰的快速变质及溶解，这个结果对转炉炼钢初期特别有意义。转炉炼钢初期，随着吹氧的进行，脱硅反应首先发生，铁液的表面形成了大量的以 FeO 和 SiO_2 为主的渣系，为 CaO 的溶解创造了良好的条件。

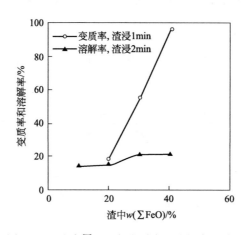

图 6-3-4　渣中 ΣFeO 与变质率及溶解率的关系

③炉渣的碱度对石灰变质和溶解的影响　在炉渣温度为 1400℃下，使用 1000℃下得到的活性度最高的活性石和表 6-3-1 中的 3#渣，研究了炉渣碱度对活性石灰变质率和溶解率的影响，如图 6-3-5 所示。可以看出，在碱度 0.7～1.3 范围内，即使碱度的变化非常小，但稍微增加炉渣碱度，石灰的变质和溶解速率迅速

减少，特别是变质似乎更为敏感。所以增加炉渣的碱度不利于活性石灰的变质和溶解。

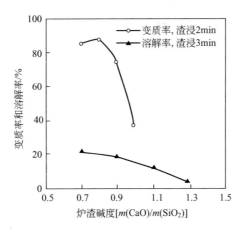

图 6-3-5　炉渣的碱度对石灰变质率和溶解率的影响

④ 炉渣中 MgO 含量对石灰溶解的影响　利用 1000℃下得到的活性度最高的活性石和表 6-3-1 中的 4$^\#$ 渣，研究了 1min 的变质率和 1.5min 时的溶解率，考察炉渣中 MgO 含量对活性石灰变质率和溶解率的影响，如图 6-3-6 所示。可以看出，随着 MgO 的增加，石灰的溶解速率略有降低。

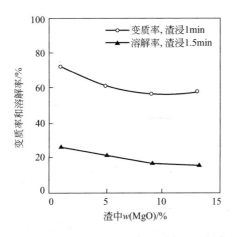

图 6-3-6　炉渣中 MgO 含量对石灰变质率和溶解率的影响

⑤ 利用 1000℃下得到的活性度最高的活性石和表 6-3-1 中的 1$^\#$ 渣，研究了 1.5min 的变质率和 5min 时的溶解率，考察炉渣温度对活性石灰变质率和溶解率的影响，如图 6-3-7 所示。可以看出，不管是变质还是溶解，增加温度，变质率和溶解率的增加都很明显，但最显著的还是变质。

（3）对石灰溶解机理的实验验证

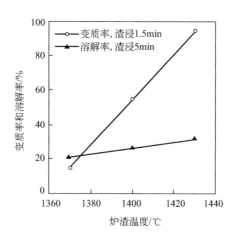

图 6-3-7　炉渣温度对石灰变质率和溶解率的影响

在以上已经完成的圆柱形石灰在渣中的溶解研究的试样中，随机选取一块，并将圆柱体解剖开，在扫描电镜下观察，如图 6-3-8 所示。能谱分析发现，石灰从左到右分为 3 部分，左边部分是 CaO，组织形貌仍保持活性石灰的晶粒结构；CaO 晶粒右边缘的不连续细小物相是炉渣组分渗入石灰内部与 CaO 反应生成的 $2CaO \cdot SiO_2$（硅酸二钙）和少量 $CaO \cdot Fe_2O_3$（铁酸钙）；最右边连续的带状区域是沿活性石灰孔隙、裂纹浸入的炉渣，主要物相为 $CaO \cdot FeO \cdot SiO_2$（钙铁橄榄石）。

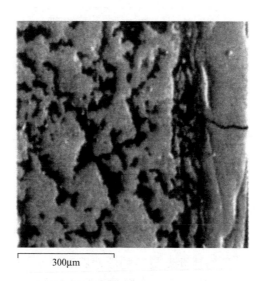

300μm

图 6-3-8　石灰溶解的扫描电镜图片

这就是说，石灰的变质过程的开始，也就是石灰参与炼钢反应的开始，石灰的活性度越高，变质速率越快，石灰所参与的炼钢反应也越快。

6.3.3　活性石灰代替普通石灰的技术经济及效果分析

因活性石灰具有极高的化学纯度、活泼的化学性能，因而在炼钢化渣中效果显著。凡是采用活性石灰的钢铁企业，都在不同程度上取得了较好的经济效益。先进企业对普遍使用活性石灰早已取得一致的看法，认为目前氧气炼钢工艺的最大改进主要是靠改进化渣操作和提高石灰的活性度来实现[15~17]。所以采用高效活性石灰是改进炼钢工艺中的很重要的一个方面。

活性石灰代替普通石灰，在炼钢中具有如下的技术经济效果。

（1）化渣速率加快，冶炼时间缩短

由于活性石灰晶粒细小，晶格不稳定，反应面积大，加入铁水后能迅速熔化成渣。在相同的操作条件下，加入活性石灰 2~3s 后就基本渣化，缩短了熔化时间。而普通石灰根据活性度的高低，加入后需要更长后才能渣化。因此使用活性石灰能有效地缩短冶炼时间，适应快速炼钢的需要。

（2）提高炼钢热效率，增加废钢比

因活性石灰中有效 CaO 含量高，在冶炼反应中能被充分利用，从而使炼钢的石灰消耗量比普通石灰下降 20%~30%，而石灰用量减少，渣量随之减少，因此，钢渣带走的热量大大减少。另外，活性石灰生烧率低，石灰吸收热量少（石灰石分解是吸热反应），25℃时，碳酸钙分解反应的热效应为 $Q=1780kJ/kg$。因此使用活性石灰可有效降低炼钢过程的热损失，提高热效率，使目前的转炉炼钢向更多的富能的方向发展，相应地可以多吃废钢[16~18]。研究发现，在既定炉容时，减少石灰加入量 20kg/t 钢，可相应提高废钢比 1.5%~2.5%。

（3）提高钢水收得率，降低钢铁料消耗

由于采用活性石灰，石灰用量减少，可使钢渣的生成量也相应减少 12~18kg/t 钢。成渣量减少，喷溅量少，钢渣中带走的铁也减少。

转炉吹炼的气相和炉渣均是强氧化性的，渣中 FeO 含量一般为 10%~15%，有的高达 20%。渣的减少必然使造渣所需的 FeO 的绝对量减少，从而使铁损降低。其综合效果是钢水收得率提高，钢铁料消耗降低。

（4）提高脱硫、脱磷效果，改进钢质量

由于活性石灰有效 CaO 含量高，气孔率高，比表面积大，CaO 分子性能活泼，因此冶炼中具有较好的脱硫、脱磷效果（脱磷率比普通石灰高 10%）。同时由于活性石灰本身所含杂质少，硫磷含量低，成分稳定，便于炼钢操作。因此对提高和改进钢质量大有好处。

（5）炉衬侵蚀减轻，炉龄提高

钢水中的 Si、S、P 在转炉的强氧化气氛中，生成酸性氧化物进入炉渣，而转炉炉衬为碱性材料（MgO 系或 MgO-C 系材料）。酸碱两种性质的物质在高温下会发生化学反应，生成低熔点的物质进入炉渣而导致侵蚀炉衬。加入活性石灰，快速熔化进入炉渣的有效 CaO 可快速中和炉渣的酸性物质，快速与对炉渣侵蚀最严重的 FeO 形成渣系，在缩短了冶炼时间的同时，保护了炉衬，相应提高了炉龄。

活性石灰的使用，对保护炉衬提高炉龄创造了条件，实践证明，一般可提高炉龄 20%。

6.4 铁水喷吹活性石灰与颗粒镁复合脱硫

对于活性石灰与金属颗粒镁复合铁水脱硫的理论研究，在文献中报道很少，研究中困难也较多。

鉴于活性石灰在冶金企业价格相对便宜、来源广泛、使用安全，但其易潮解、流动性差，用于铁水脱硫在脱硫后产生的渣量大，铁水热损大；而金属颗粒镁脱硫剂脱硫温降小，产生的渣量小，扒渣铁损少，但在铁水温度高时，镁的脱硫效率低，要求喷枪深入铁水包的深度大，易回硫等特点，采取扬长避短的方式，结合石灰和镁粉的特点来设计活性石灰-颗粒镁的复合脱硫模式，以求互补来达到最好脱硫效益。混合喷吹是将镁粉和其他物质如石灰等预先按一定的比例混合好后输送到储料仓，用载气运送至单喷粉罐进行喷吹的方法。当镁和活性石灰等其他物质混合喷吹时，活性石灰的高活性在进入铁液后迅速分离成细小颗粒可分散镁气泡，扩大气泡镁的有效表面积；还可以充当 MgS 的形核中心，在上升过程中能吸附 MgS 将其带出液面。因此可以提高镁的利用率。此外，活性石灰本身也是脱硫剂，因而混合喷吹可利用镁和活性石灰粉剂间脱硫的相互促进作用，提高脱硫的效率。

复合喷吹是将离线混合方式改为在线混合，即将分别存储在两个粉料分配器的镁粉和石灰粉用载气送至喷枪进行喷吹，解决了混合喷吹方式中物料偏析问题。

活性石灰和镁粉复合喷吹脱硫的特点[19~21]如下：

① 加入的活性石灰粉可以起到镁粉分散剂的作用，成为大量镁气泡的形成核心，从而减小镁气泡的直径，增加了镁气泡的表面积，而且在减小镁气泡的上浮速度的同时，提高了镁的利用率；

② 当镁粉与石灰一起喷吹时，石灰粉在扩大有效反应表面积的同时，也可以使 MgS 颗粒黏附于石灰表面而被带出，增加了镁脱硫的动力学条件；

③ 可避免镁气泡的增大而瞬间从铁液中溢出造成喷溅，强化镁向铁水中的溶解，提高了镁的利用率。

可通过调节分配器的粉料输送速率来确定两种物质的比例。根据所需要的脱硫程度灵活掌握操作方案，达到既经济又高效的目的，大大提高了镁的利用率和可控性，而且便于自动化控制。

由于 Mg-CaO 复合脱硫的上述优势，Mg-CaO 复合脱硫工艺技术对钢铁企业意义重大。

6.4.1 铁水中喷入石灰颗粒脱硫反应速率

假设喷吹入铁水的石灰在脱硫过程中可看成是一个刚性小球，以硫通过液侧边界层向石灰颗粒表面扩散为脱硫反应的限制性环节，此时的脱硫速率可用下式表示[22]：

$$-\frac{d[S]}{dt} = \frac{3B}{\bar{r}} \frac{\rho_{Fe}}{\rho_{CaO}} \frac{D_S}{\delta} t_v [S] \tag{6-4-1}$$

式中　B——料流密度，kg/(s·kg)；

　　　$\bar{r}$——粉粒的平均半径，m；

　　　t_v——粉粒在铁水中的逗留时间，s；

　　　D_S——铁水中硫的扩散系数，m^2/s；

　　　δ——包围粉粒的铁水侧边界层的厚度，m。

式(6-4-1)中各参数的计算如下。

（1）料流密度 B 的计算

$$B = G_F / W_m$$

式中　G_F——喷吹速度，kg/s；

　　　W_m——铁水质量，kg。

（2）铁水中硫的扩散系数 D_S

D_S 的表达式如式(6-4-2) 所示

$$D_S = 6.45 \times 10^{-4} \exp\left(\frac{-11600}{RT}\right) \tag{6-4-2}$$

（3）粉粒在铁水中的停留时间 t_v

喷入的脱硫石灰粉粒在铁水中完全停止运动后开始上浮，由于浮力与阻力的作用，最后达到平衡，粉粒以匀速上升，故粉粒在铁水中的停留时间可由铁水的深度及上浮速率得到。脱硫剂颗粒在铁液中的上浮速率可由式(6-4-3) 所示[22]。

$$V_p = \left[\frac{6.0gr(\rho_{Fe} - \rho_{CaO})}{\rho_{Fe}}\right]^{0.5} = 1.74\left(\frac{g\Delta\rho}{\rho_{Fe}}\right)^{\frac{1}{2}} d_s^{\frac{1}{2}} \tag{6-4-3}$$

假设铁液高度为 H，则粉粒在铁水中的停留时间可由式(6-4-4) 表示

$$t_v = H / V_p \tag{6-4-4}$$

（4）石灰粉粒与铁水边界层的厚度 δ

当有强制对流流体流过球体表面时，传质 Sh 数如式（6-4-5）所示[23]：

$$Sh = \frac{d}{\delta} = 2 + 0.6Re^{\frac{1}{2}}Sc^{\frac{1}{3}} \tag{6-4-5}$$

式中　Re——雷诺数，其表达式为 $Re = \frac{V_p d}{v_{Fe}}$，其中 v_{Fe} 为铁水的运动黏度，d 为石灰颗粒的直径；

Sc——施密特数，其表达式为 $Sc = \frac{v_{Fe}}{D_S}$，其中 $v_{Fe} = \mu / \rho_{Fe}$，而 μ 为铁水黏度。

由式（6-4-5）可计算出石灰粉粒的铁水侧边界层的厚度。

在得知式（6-4-1）中的各参数后，可以假设

$$k = \frac{3B}{r} \frac{\rho_{Fe}}{\rho_{CaO}} \frac{D_S}{\delta} t_v$$

由于其中的各参数皆为常数，定义为表观脱硫速率，简化为式（6-4-6）

$$-\frac{d[S]}{dt} = k[S] \tag{6-4-6}$$

对式（6-4-6）分离变量后，积分

$$\int_{[S]_0}^{[S]} \frac{d[S]}{[S]} = \int_0^t -k\,dt \tag{6-4-7}$$

得式（6-4-8）及式（6-4-9）

$$\ln[S] - \ln[S]_0 = -kt \tag{6-4-8}$$

即

$$\frac{[S]}{[S]_0} = \exp(-kt) \tag{6-4-9}$$

式中，$[S]_0$ 为铁水的初始硫含量。

故由式（6-4-9）的计算结果，可计算出 t 时刻铁水中硫含量 $[S]$。从而可以由式（6-4-10）计算出石灰颗粒的理论脱硫率 η：

$$\eta = \frac{[S]_0 - [S]}{[S]_0} \times 100\% \tag{6-4-10}$$

6.4.2　金属镁脱硫动力学

金属镁脱硫动力学模型主要参照作者早期的文献［8］、［9］的计算与推导结果。首先对金属镁粒喷入铁水后的几个参数进行计算。

设加入铁液的镁粒为圆形小球，密度为 ρ_s，直径为 d_s。镁颗粒的质量如式（6-4-11）所示

$$W = \rho V = \frac{4}{3}\pi r^3 \rho = \frac{1}{6}\pi d_s{}^3 \rho_s \tag{6-4-11}$$

直径为 d_s 的镁颗粒物质的量为式(6-4-12) 所示

$$n = W / M_{Mg} = \frac{\frac{1}{6}\pi d_s{}^3 \rho_s}{M_{Mg}} \tag{6-4-12}$$

若镁气化后受到铁液的大气压力为 $1.01325 \times 10^5 \, Pa$,铁水对气泡的压力为 $g\rho_{Fe} H$,其中 H 为气泡离铁水表面的距离,ρ_{Fe} 为铁液的密度。根据理想气体的状态方程 $PV = nRT$,则镁粒形成球形气泡的体积可由式(6-4-13) 表示

$$V_g = \frac{nRT}{P^{\ominus} + g\rho_{Fe} H} = \frac{WRT}{M_{Mg}(P^{\ominus} + g\rho_{Fe} H)}$$
$$= \frac{\pi d_s{}^3 \rho_s RT}{6 M_{Mg}(P^{\ominus} + g\rho_{Fe} H)} \tag{6-4-13}$$

若气泡的直径为 d_g,则其体积 $V_g = \frac{\pi d_g{}^3}{6}$,这与式(6-4-13) 是相等的。整理得直径为 d_s 的镁粒气化后的气体半径可由式(6-4-14) 表达

$$r_g^0 = r_s \left[\frac{RT\rho_s}{M_{Mg}(P^{\ominus} + g\rho_{Fe} H)} \right]^{\frac{1}{3}} \tag{6-4-14}$$

将相关参数 $\rho_s = 1740$,$R = 8.314$,$M_{Mg} = 24$ 代入式(6-4-14),得式(6-4-15)

$$r_g^0 = 84 r_s \left(\frac{T}{P^{\ominus} + g\rho_{Fe} H} \right)^{\frac{1}{3}} \tag{6-4-15}$$

若气泡上浮到一定高度 x,压力则减小。定义形成镁气泡时,镁气泡受到的压力为 $P_0 = P^{\ominus} + g\rho_{Fe} H$,则在气泡上升到 x 距离时的气泡半径可由式(6-4-16) 表示

$$r_g^0 = 84 r_s \left(\frac{T}{P_0 - g\rho_{Fe} x} \right)^{\frac{1}{3}} \tag{6-4-16}$$

镁气泡在上浮过程中的密度也是变化的,其表达式为式(6-4-17)

$$\rho_g = \frac{W}{V} = \frac{n_{Mg} M_{Mg}}{\dfrac{n_{Mg} RT}{P}} = \frac{M_{Mg} P}{RT} = \frac{M_{Mg}(P_0 - g\rho_{Fe} x)}{RT} \tag{6-4-17}$$

镁气泡在上升过程的脱硫反应为

$$Mg(g) + [S] =\!=\!= MgS(s)$$

镁的气化及反应过程如图 6-4-1 所示。

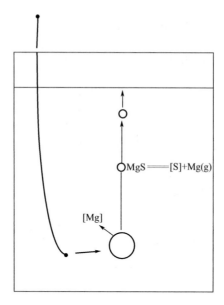

图 6-4-1　镁的气化及镁气泡上浮过程的脱硫

对于球形反应物镁气泡，在未反应的镁气泡界面上，气态镁与铁液在气泡界面的硫发生化学反应，其脱硫反应速率方程可以表达为式(6-4-18)

$$-\frac{\mathrm{d}n_S}{\mathrm{d}t}=4\pi r_g^2 k_d C_{S,b} \tag{6-4-18}$$

而气泡镁的消耗速率为

$$-\frac{\mathrm{d}n_{Mg}}{\mathrm{d}t}=\frac{4\pi r_g^2 \rho_g}{M_{Mg}}\frac{\mathrm{d}r_g}{\mathrm{d}t} \tag{6-4-19}$$

式(6-4-18)表达的脱硫速率和式(6-4-19)表达的气泡镁的消耗速率相等，即

$$-\frac{4\pi r_g^2 \rho_g}{M_{Mg}}\frac{\mathrm{d}r_g}{\mathrm{d}t}=4\pi r_g^2 k_d C_{S,b} \tag{6-4-20}$$

对式(6-4-20)分离变量积分得

$$t=\frac{\rho_g r_g^0}{M_{Mg}k_d C_{S,b}}\left(1-\frac{r_g}{r_g^0}\right) \tag{6-4-21}$$

式(6-4-21)中的浓度一般采用质量分数 [S] 表示，物质的量浓度与质量分数的换算为

$$C_{S,b}=\frac{[S]\rho_{Fe}}{100 M_S} \tag{6-4-22}$$

式(6-4-22) 整理得

$$r_g = r_g^0 - \frac{k_d[S]\rho_{Fe}RT}{100M_S(P_0 - g\rho_{Fe}x)}t \tag{6-4-23}$$

由式(6-4-23)，得镁气泡完全反应时，$r_g = 0$，$t = t_f$，得

$$t_f = \frac{100M_S(P_0 - g\rho_{Fe}x)}{k_d[S]\rho_{Fe}RT}r_g^0 \tag{6-4-24}$$

镁气泡在铁液中上浮过程中，总是面对硫的质量分数为 $[S]$ 的环境。镁气泡上浮过程中其密度和压强随上浮的高度 x 变化，而 x 是固体镁粒变为气泡后，自铁液深度 H 处上浮的距离。镁气泡的半径受两方面影响，一方面镁气泡和铁液中的硫反应使其减小，另一方面镁气泡上浮，由于受到的总压力（大气的压力和铁液的压力之和）逐渐减小而体积膨胀，使其半径增大。当气泡直径大于 10 mm 时，气泡的上浮速率为[21]

$$u = \frac{dx}{dt} = 0.7(gr_g)^{\frac{1}{2}} \tag{6-4-25}$$

将式(6-4-23) 代入式(6-4-25) 得

$$\frac{dx}{dt} = 0.7\left[g84r_s\left(\frac{T}{P_0 - g\rho_{Fe}x}\right)^{\frac{1}{3}}\right]^{\frac{1}{2}} \tag{6-4-26}$$

对式(6-4-26) 分离变量，积分得

$$t = \frac{1}{230\rho_{Fe}r_s^{\frac{1}{2}}T^{\frac{1}{3}}}\left[P_0^{\frac{7}{6}} - (g\rho_{Fe}x)^{\frac{7}{6}}\right] \tag{6-4-27}$$

式(6-4-27) 即是一个半径为 r_s 的颗粒镁在距离铁液表面深度为 H 的位置气化后，经过 t 时刻，在铁液中上浮的距离 x 时所用的时间。代入式(6-4-23)，可得此时镁气泡的半径的表达式为

$$r_g = r_g^0 - \frac{k_d[S]T^{\frac{5}{6}}\left[P_0^{\frac{7}{6}} - (P_0 - g\rho_{Fe}x)^{\frac{7}{6}}\right]}{884r_s^{\frac{1}{2}}(P_0 - g\rho_{Fe}x)} \tag{6-4-28}$$

式(6-4-28) 即是镁气泡与铁液中硫反应时镁气泡的半径随镁气泡上浮距离关系的动力学模型。

式(6-4-23) 中传质系数 k_d 的计算如下。根据溶质渗透理论[23]，k_d 的表达如式(6-4-29) 所示

$$k_d = 2\sqrt{\frac{D_S}{\pi t_e}} \tag{6-4-29}$$

式中，D_S 为镁在铁液中的扩散系数。镁气泡在铁液中运动时的停留时间 t_e 按

照文献 [23] 推荐，停留时间的计算公式如式(6-4-30)

$$t_e = \frac{r_g^0}{2u} \qquad (6\text{-}4\text{-}30)$$

式中，u 为气泡的上浮速率，$u = \frac{\mathrm{d}x}{\mathrm{d}t} = 0.7(gr_g)^{\frac{1}{2}}$。

由于上浮过程气泡的半径是变化的，所以气泡的上浮速率也是变化的，用以下方法求出气泡上浮的平均速率

$$\bar{u} = \frac{1}{H}\int_0^H u\,\mathrm{d}x = \frac{2.62 r_s^{\frac{1}{2}} T^{\frac{1}{6}}}{\rho_{Fe}}\left[(P^\ominus + g\rho_{Fe}H)^{\frac{5}{6}} - (P^\ominus)^{\frac{5}{6}}\right] \qquad (6\text{-}4\text{-}31)$$

将式(6-4-15)和式(6-4-30)代入式(6-4-29)中，得传质系数 k_d 的表达式为式(6-4-32)

$$k_d = 0.28\left[\frac{D_S(P_0^{\frac{5}{6}} - P^{\ominus\frac{5}{6}})P_0^{\frac{1}{3}}}{\rho_{Fe}T^{\frac{1}{6}}r_s^{\frac{1}{2}}}\right]^{\frac{1}{2}} \qquad (6\text{-}4\text{-}32)$$

由上面的推导可以看出，若气态镁的气泡浮出铁液表面还没有与硫反应完，则剩余的气态镁进入大气造成浪费，所以有必要考察对于不同粒度的颗粒镁在铁液中与硫反应的利用率。若金属颗粒镁是在深度为 H 的铁液处气化为镁气泡，然后在铁液中边上浮边与铁液中的硫反应，随着上浮的高度的不同，气泡半径在变化，直到铁液表面，即 $x = H$ 时，镁气泡的半径变如式(6-4-33)所示

$$r_g = r_g^0 - \frac{k_d[S]T^{\frac{5}{6}}\left[P_0^{\frac{7}{6}} - (P^\ominus)^{\frac{7}{6}}\right]}{884 r_s^{\frac{1}{2}} P^\ominus} \qquad (6\text{-}4\text{-}33)$$

定义 X_{Mg} 为镁粒的利用率，即镁气泡上浮到铁液表面时与铁液中的硫反应的量与镁气泡的原始量之比

$$x_{Mg} = \frac{\frac{4}{3}\pi(r_g^0)^3\rho_g - \frac{4}{3}\pi(r_g)^3\rho_g}{\frac{4}{3}\pi(r_g^0)^3\rho_g} = \frac{(r_g^0)^3 - (r_g)^3}{(r_g^0)^3}$$

$$= 1 - \frac{(r_g)^3}{(r_g^0)^3} \qquad (6\text{-}4\text{-}34)$$

将各相关参数带入式(6-4-34)后得到镁的利用率为

$$X_{Mg} = 1 - \left[1 - \frac{D_S^{\frac{1}{2}}[S]T^{\frac{5}{12}}(P_0^{\frac{7}{6}} - P^{\ominus\frac{7}{6}})(P_0^{\frac{5}{6}} - P^{\ominus\frac{5}{6}})^{\frac{1}{2}}P_0^{\frac{1}{2}}}{265200\rho_{Fe}^{\frac{1}{2}}P^\ominus r_s^{\frac{7}{4}}}\right]^3 \qquad (6\text{-}4\text{-}35)$$

在喷吹过程中，镁粒的粒径不可能完全一样，会是一个范围 $r_1 \sim r_2$，则计算镁

的平均利用率为

$$\overline{X_{Mg}} = \frac{1}{r_2 - r_1} \int_{r_1}^{r_2} X_{Mg} dr_s \tag{6-4-36}$$

6.4.3 活性石灰-镁复合喷吹脱硫过程计算

由某钢铁企业铁水复合脱硫的现场数据得知，铁水质量、铁水温度、初始硫含量、终点硫含量、石灰和镁粉的喷吹速率及喷吹量，具体数据如表 6-4-1 所示。

表 6-4-1　铁水脱硫复合喷吹数据统计

编号	铁水质量/t	进站铁水温度/℃	初始硫含量 ×1000 /%	喷吹 CaO 速率 /(kg/min)	总量/kg	喷吹 Mg 颗粒 速率 /(kg/min)	总量/kg	终点硫含量 ×1000 /%
1#	78	1311	36	30.01	126.02	6.67	23.33	11
2#	76	1333	22	27.49	87.05	5.9	14.26	10
3#	70	1327	35	29.23	105.23	8.54	24.63	17
4#	66	1325	28	28.99	96.14	7.83	19.44	15
5#	78	1321	31	26.99	115.63	6.78	24.63	8
6#	78	1302	33	26.08	111.73	7.48	25.93	15
7#	77	1314	29	26.63	106.53	6.68	22.04	15
8#	78	1284	31	25.29	110.43	6.28	23.33	16
9#	80	1318	30	29.68	107.83	8.26	24.63	11
10#	74	1321	24	30.29	79.25	9.39	18.15	15
11#	66	1331	21	31.77	111.73	3.87	11.67	15
12#	77	1316	34	28.22	114.33	6.72	25.93	21
13#	64	1324	32	28.46	89.64	8.58	20.74	11
14#	81	1331	24	28.14	79.25	8.19	18.14	15
15#	77	1316	34	28.18	122.12	7.04	25.92	14
16#	52	1341	26	30.73	106.53	4.39	12.96	15
17#	71	1338	26	27.99	174.09	2.99	16.85	19
18#	89	1328	30	26.72	126.02	6.2	25.92	16

编号	铁水质量/t	进站铁水温度/℃	初始硫含量 ×1000 /%	喷吹 CaO		喷吹 Mg 颗粒		终点硫含量 ×1000 /%
				速率 /(kg/min)	总量/kg	速率 /(kg/min)	总量/kg	
19#	84	1314	27	28.77	120.82	6.01	22.03	13
20#	66	1317	39	33.25	120.82	8.74	25.92	14
21#	53	1308	36	29.95	107.83	6.94	19.44	13
22#	72	1310	66	27.09	148.1	8.67	40.18	16
23#	78	1336	40	26.86	185.78	5.54	29.81	12
24#	70	1335	27	27.4	126.02	3.52	16.85	15
25#	76	1304	42	28.16	128.62	8.17	32.41	9
26#	72	1314	32	31.4	110.43	8.05	23.33	19
27#	81	1333	25	29.12	88.35	8.22	19.44	15
28#	79	1324	32	27.93	118.23	7.55	25.93	9
29#	81	1319	34	30.4	161.1	8.01	36.3	11
30#	71	1320	30	29.42	103.94	6.9	19.44	8
31#	81	1326	26	27.53	107.83	5.86	19.44	15
32#	72	1339	41	28.27	133.81	6.45	25.92	14
33#	76	1310	31	26.19	110.43	6.6	23.33	9
34#	79	1314	37	25.39	129.91	6.63	29.81	17
35#	80	1321	45	27.67	120.83	8.57	32.41	17
36#	73	1312	26	28.61	103.94	6.6	18.15	13
37#	59	1327	28	34.05	98.74	8.43	16.85	12
38#	80	1332	34	30.53	110.43	9.15	25.93	13
39#	69	1301	34	29.18	98.74	8.06	22.04	15
40#	79	1319	50	31.18	155.9	8.32	37.59	17
41#	83	1327	27	31.48	109.13	7.51	22.03	15
42#	73	1294	26	26.21	101.33	5.56	18.14	11

编号	铁水质量/t	进站铁水温度/℃	初始硫含量×1000 /%	喷吹 CaO 速率/(kg/min)	喷吹 CaO 总量/kg	喷吹 Mg 颗粒 速率/(kg/min)	喷吹 Mg 颗粒 总量/kg	终点硫含量×1000 /%
43#	66	1311	27	28.62	98.74	7.02	19.44	15
44#	82	1302	50	30.56	179.29	6.87	36.3	15
45#	72	1308	38	30.02	141.61	6.96	28.52	10
46#	74	1328	29	31.47	111.73	8.01	22.04	15
47#	80	1319	25	30.52	107.83	7.29	19.44	15
48#	85	1314	45	29.81	175.39	6.91	36.29	14
49#	79	1302	57	29.46	187.08	7.05	41.48	17
50#	81	1335	32	27.65	136.42	6.13	24.63	13
51#	72	1326	66	31.54	181.89	7.88	41.48	12
52#	71	1319	30	32.02	119.53	7.07	20.74	13
53#	72	1312	39	30.59	135.11	7.44	28.52	8
54#	74	1350	40	28.9	154.6	6.73	29.82	10
55#	71	1321	26	30.16	100.04	7.2	19.44	7
56#	75	1318	35	27.28	127.32	6.32	25.93	17
57#	71	1331	28	26.56	119.53	6.73	23.33	15
58#	84	1341	21	27.84	71.46	8.29	16.85	15
59#	70	1297	32	28.93	110.43	8.28	23.33	14
60#	79	1314	35	28.35	114.33	7.44	25.93	16
61#	72	1321	54	28.8	185.78	7.71	42.78	11
62#	72	1313	33	29.53	94.44	8.97	23.33	14
63#	73	1322	57	27.27	174.09	6.07	35	18
64#	70	1317	72	27.36	189.68	6.55	41.48	17
65#	76	1315	60	25.98	188.38	5.89	38.88	15
66#	80	1336	40	27	137.71	7.18	31.11	16

编号	铁水质量/t	进站铁水温度/℃	初始硫含量×1000	喷吹 CaO		喷吹 Mg 颗粒		终点硫含量×1000
			/%	速率/(kg/min)	总量/kg	速率/(kg/min)	总量/kg	/%
67#	84	1310	28	28.79	115.63	7.24	24.63	15
68#	82	1307	22	30.85	96.14	7.51	18.15	15
69#	81	1318	38	29.82	139.01	7.13	28.52	13
70#	80	1374	38	28.59	152.01	6.41	27.22	10

备注:Mg 粒粒径范围:20 目　　石灰粒径范围:48~325 目

注:石灰活性:360mL;石灰中 CaO 含量:96.5%;稠渣剂:加入量 60kg/罐。

实验是采取先喷吹石灰脱硫,后喷吹金属镁脱硫,因此可以从脱硫终点时开始反推计算,由喷吹镁的总量及金属镁的利用率来算出金属镁脱除的硫量,再由终点硫含量计算出在喷吹石灰结束时的中间硫含量,再根据初始硫含量算出石灰的实际脱硫率,以及喷吹石灰的总量计算出石灰的利用率。

计算过程如下。

由金属镁脱除的硫总量如式(6-4-37) 所示

$$m_{S,Mg} = \frac{m_{Mg} \times X_{Mg} \times M_S}{M_{Mg}} \qquad (6\text{-}4\text{-}37)$$

喷吹石灰结束时的中间硫含量可由式(6-4-38) 计算

$$[S]_{mid} = \frac{[S]_{end} \times m_{Fe} + 100 m_{S,Mg}}{m_{Fe}} \qquad (6\text{-}4\text{-}38)$$

则石灰的实际脱硫率 η 为式(6-4-39)

$$\eta = \frac{[S]_0 - [S]_{mid}}{[S]_0} \times 100\% \qquad (6\text{-}4\text{-}39)$$

石灰的利用率可以用下式表达

$$\beta = \frac{([S]_0 - [S]_{mid}) \times m_{Fe} \times 0.01 \times M_{CaO}}{M_S} \times 100\% \qquad (6\text{-}4\text{-}40)$$

式中,X_{Mg} 为金属镁的利用率,镁的利用率根据文献 [8] 取 35%,即 $X_{Mg} = 35\%$;m_{Mg} 为喷吹镁的总质量,kg;$m_{S,Mg}$ 为由金属镁脱除的硫质量,kg;m_{Fe} 为铁水的质量,kg;M_{Mg} 为 Mg 的摩尔质量;M_S 为 S 的摩尔质量;M_{CaO} 为 CaO 的摩尔质量；$[S]_{end}$ 为终点硫含量；$[S]_{mid}$ 为中间硫含量；$[S]_0$ 为初始硫含量。

脱硫剂颗粒侵入金属液中时必须克服界面张力正面阻力和浮力。粉剂侵入金属液中所需的最小速率（临界速率）与铁液表面张力 $\sigma_m^{1/2}$ 成正比，与颗粒相对密度和直径 $d_P^{1/2}$ 成反比，如式（6-4-41）所示[24]

$$V=\left(2+0.5\frac{\rho_{Fe}}{\rho_P}\right)^{1/2}\left\{\frac{96\sigma_m}{13\rho_{Fe}}\left[\exp\left(\frac{26\rho_{Fe}}{16\rho_P}\right)-1\right]\right\}^{1/2}d_P^{1/2} \qquad (6\text{-}4\text{-}41)$$

式中，V 为颗粒的临界速率，m/s；ρ_{Fe} 为铁液密度；ρ_P 为颗粒密度；d_P 为颗粒直径，mm；σ_m 为铁液表面张力，$\sigma_m=1.2\text{N/m}$。

喷吹动能较大的颗粒，能突破气-液界面而侵入金属液中；动能较小的镁粒，可能没有克服表面张力的阻碍作用，会附着在气泡膜随气泡上浮；而动能很小的镁粒，它们会悬浮在气泡中，并且随着气泡一起传出渣面进入大气。

常见三种脱硫剂进入铁液的临界速率与颗粒直径的关系如图 6-4-2 所示。

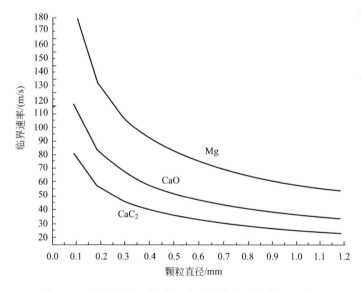

图 6-4-2　脱硫剂进入铁液的临界速率与颗粒直径的关系

同理，在脱硫剂的出口速率一定时，脱硫剂的颗粒有一个最小的直径，即临界直径 D，如式（6-4-42）所示。速率一定时，颗粒直径过小就无法侵入铁液进行反应。

$$D=V^2\left(2+0.5\frac{\rho_{Fe}}{\rho_P}\right)^{-1}\left\{\frac{96\sigma_m}{13\rho_{Fe}}\left[\exp\left(\frac{26\rho_{Fe}}{16\rho_P}\right)-1\right]\right\}^{-1} \qquad (6\text{-}4\text{-}42)$$

取铁水黏度 $\mu=8.2\times10^{-3}\text{N}\cdot\text{s/m}^2$，CaO 颗粒直径 $d_s=0.2\text{ mm}$，铁水深度 $H=2\text{m}$，再根据实验数据及建立的模型得出 CaO 的理论脱硫率 $\eta_{理}$ 和实际脱硫率

η，具体如表 6-4-2 所示。

由表 6-4-2 可以看出，模型计算与实际还有一些偏差，故对其进行校正，由此得出的校正系数可以取其为 0.58，即 $\eta = 0.58 \times \eta_{理}$，在最后一栏得出最终模型，计算后接近实际的实验数据，说明模型校正成功。但仍有个别数据出现差异，这有可能是在镁的利用率上出现了问题。该模型在计算中所用的镁的利用率是直接取 35% 经验值，可能在实际中有些并未达到或超过该值，都会引起误差。

表 6-4-2　理论脱硫率 $\eta_{理}$ 和实际脱硫率 η

初始硫[S]	终点硫[S]	铁水质量/t	铁水温度/K	石灰理论脱硫率 $\eta_{理}$	喷吹石灰质量/kg	喷吹镁质量/kg	石灰实际脱硫率 η	石灰利用率 β	校正系数 $\eta/\eta_{理}$	校正石灰脱硫率
0.050	0.015	82	1575	0.4415	179.29	36.3	0.2868	0.1475	0.6496	0.2561
0.036	0.011	82	1584	0.4368	126.02	23.33	0.3067	0.1538	0.7021	0.2533
0.039	0.014	66	1590	0.4715	107.83	25.92	0.1711	0.0800	0.3628	0.2735
0.040	0.012	82	1609	0.4050	185.78	29.81	0.2541	0.0960	0.6274	0.2349
0.032	0.011	64	1597	0.4236	89.64	20.74	0.1837	0.0944	0.43366	0.2457
0.041	0.014	72	1612	0.4214	133.81	25.92	0.2488	0.1235	0.5904	0.2444
0.045	0.017	72	1594	0.4123	120.83	32.41	0.2021	0.1355	0.4901	0.2391
0.042	0.009	76	1577	0.4156	128.62	32.41	0.3119	0.1742	0.7504	0.2410
0.032	0.009	79	1597	0.4156	118.23	25.93	0.2401	0.1155	0.5777	0.2410
0.030	0.008	71	1593	0.4316	103.94	19.44	0.3074	0.1417	0.7122	0.2503

校正前的模型的颗粒直径 d_s 与 CaO 理论脱硫率各参数计算如表 6-4-3 所示。

表 6-4-3　颗粒直径 d_s 与 CaO 理论脱硫率的关系

d_s/mm	0.35	0.33	0.30	0.28	0.26	0.24
CaO 脱硫率	0.1413	0.1607	0.1974	0.2284	0.2662	0.3128
d_s/mm	0.22	0.20	0.18	0.14	0.12	0.10
CaO 脱硫率	0.3704	0.4415	0.5287	0.7512	0.8694	0.9594

由表 6-4-3 作图 6-4-3，可以看出，CaO 的理论脱硫率和喷吹的脱硫剂颗粒大小是成反比的，即颗粒磨得细一些，石灰的脱硫率更高，但如式(6-4-6)可以看出，粉剂直径有一临界值，低于该值就无法侵入铁液中进行脱硫反应。

对校正以后的脱硫的动力学模型进行讨论，观察模型中各个参数与脱硫率的关系。

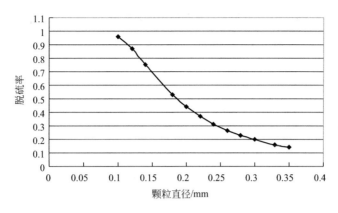

图 6-4-3　颗粒直径 d_s 与 CaO 理论脱硫率的关系

（1）颗粒直径 d_s 与模型校正后 CaO 脱硫率的关系

颗粒直径 d_s 与模型校正后 CaO 脱硫率的关系如表 6-4-4 及图 6-4-4 所示。

表 6-4-4　颗粒直径 d_s 与模型校正后 CaO 脱硫率的关系

d_s/mm	0.35	0.33	0.3	0.28	0.26	0.24
CaO 脱硫率	0.0819	0.0932	0.1144	0.1324	0.1543	0.1814
d_s/mm	0.22	0.2	0.18	0.14	0.12	0.1
CaO 脱硫率	0.2148	0.2560	0.3066	0.4356	0.5042	0.5564

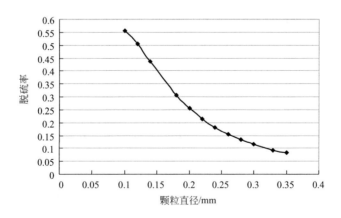

图 6-4-4　颗粒直径 d_s 与模型校正后 CaO 脱硫率的关系

由图 6-4-4 可以看出，模型校正后的脱硫率与喷吹粉末的颗粒大小的关系和前面得到的未校正时是一致的，但精度更高了。

（2）铁液深度 H 与脱硫率的关系

利用模型计算了铁液深度 H 与脱硫率的关系（粒径为 0.1mm、0.2mm），如表 6-4-5、表 6-4-6 和图 6-4-5、图 6-4-6 所示。

表 6-4-5 铁液深度 H 与脱硫率的关系 $(d_s=0.2\text{mm})$

H/m	0.8	1	1.2	1.4	1.6	1.8
脱硫率	0.0486	0.0741	0.1037	0.1364	0.1713	0.2076
H/m	2	2.2	2.4	2.6	2.8	3
脱硫率	0.2444	0.2808	0.3162	0.3499	0.3812	0.4106

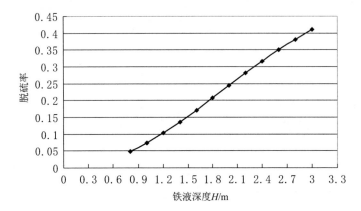

图 6-4-5 铁液深度 H 与脱硫率的关系 $(d_s=0.2\text{mm})$

表 6-4-6 铁液深度 H 与脱硫率的关系 $(d_s=0.1\text{mm})$

H/m	0.8	1	1.2	1.4	1.6	1.8
脱硫率	0.2218	0.3068	0.3839	0.4474	0.4956	0.5294
H/m	2	2.2	2.4	2.6	2.8	3
脱硫率	0.5515	0.5648	0.5724	0.5764	0.5784	0.5793

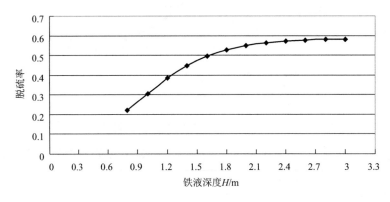

图 6-4-6 铁液深度 H 与脱硫率的关系 $(d_s=0.1\text{mm})$

如图 6-4-5 和图 6-4-6 所示我们可以看出，喷吹颗粒的直径为 0.2mm 时，铁液深度的加深，颗粒的上浮时间越长，对脱硫剂的脱硫效率是线性增加的；而颗粒直径减小为0.1mm时，铁液深度在一定范围内，随着铁液深度的增加，脱硫率线性增加，而达到约1.6m的深度时，非线性增加，并且比较缓慢，在增加铁液深度，似乎60%的脱硫率是其极限。

（3）喷吹速率G_F与脱硫率的关系（不同粒径）

喷吹速率G_F与脱硫率的关系见表6 4 7、表6-4-8和图6-4-7、图6-4-8。

表 6-4-7　喷吹速率 G_F 与脱硫率的关系（d_s＝0.2mm）

G_F/(kg/min)	15	17	19	21	23	25
脱硫率	0.1461	0.1626	0.1784	0.1937	0.2084	0.2225
G_F/(kg/min)	27	29	31	33	35	
脱硫率	0.2361	0.2491	0.2617	0.2738	0.2854	

利用模型分别在粒度为0.1mm和0.2mm时计算了喷吹速率G_F与脱硫率的关系，如图6-4-7和图6-4-8所示，总的来说，脱硫剂石灰的喷吹速率越大，脱硫效果越好。但是粒度对这一关系有较大的影响，粒度为0.2mm时，随着喷吹速率的增大，脱硫率增大，但脱硫率是在一个较小的范围变化；而对于粒度为0.1mm时，喷吹速率对脱硫率的影响较小，而总的脱硫率较高，在50%~60%变化。

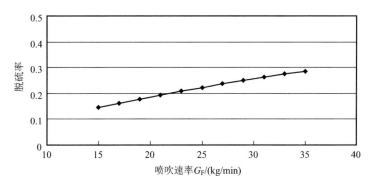

图 6-4-7　喷吹速率 G_F 与脱硫率的关系（d_s＝0.2mm）

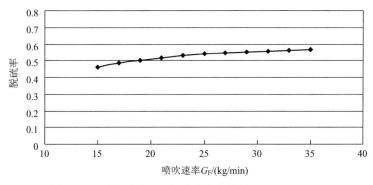

图 6-4-8　喷吹速率 G_F 与脱硫率的关系（d_s＝0.1mm）

表 6-4-8　喷吹速率 G_F 与脱硫率的关系（$d_s=0.1$mm）

G_F/(kg/min)	15	17	19	21	23	25
脱硫率	0.4627	0.4852	0.5034	0.5181	0.5299	0.5396
G_F/(kg/min)	27	29	31	33	35	—
脱硫率	0.5473	0.5536	0.5587	0.5608	0.5661	—

（4）铁水温度 t 与脱硫率的关系（不同铁水深度）

分别在铁水深度为 2m 和 3m 研究了铁水温度对脱硫率的影响，如表 6-4-9、表 6-4-10 和图 6-4-9、图 6-4-10 所示。

表 6-4-9　铁水温度 t 与脱硫率的关系（$H=2$m）

t/℃	1250	1260	1270	1280	1290	1300
脱硫率	0.2376	0.2384	0.2391	0.2399	0.2407	0.2415
t/℃	1310	1320	1330	1340	1350	—
脱硫率	0.2422	0.2429	0.2437	0.2445	0.2452	—

表 6-4-10　铁水温度 t 与脱硫率的关系（$H=3$m）

t/℃	1250	1260	1270	1280	1290	1300
脱硫率	0.4028	0.4037	0.4046	0.4055	0.4064	0.4073
t/℃	1310	1320	1330	1340	1350	—
脱硫率	0.4082	0.4091	0.4099	0.4107	0.4115	—

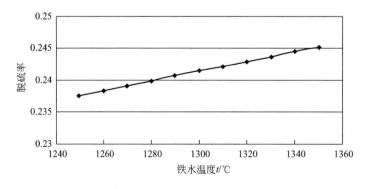

图 6-4-9　铁水温度 t 与脱硫率的关系（$H=2$m）

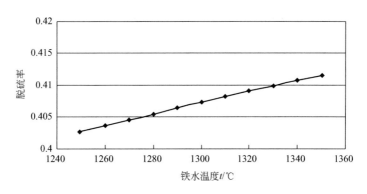

图 6-4-10　铁水温度 t 与脱硫率的关系（$H=3m$）

由图 6-4-9 和图 6-4-10 可知，从总的趋势看，铁水的温度对石灰脱硫剂的脱硫效率是起积极作用的，但其对脱硫率的大小影响有限；另外其影响与铁水的深度有关，铁水越深，铁水温度对脱硫率影响越大。

（5）铁水初始硫含量 $[S]_0$ 与脱硫率的关系（不同铁水深度）

利用模型计算了在不同铁水深度下，铁水的初始硫含量 $[S]_0$ 与脱硫率的关系，如表 6-4-11、表 6-4-12 和图 6-4-11、图 6-4-12 所示。

表 6-4-11　初始硫含量 $[S]_0$ 与脱硫率的关系（$H=2m$）

$[S]_0/\%$	0.02	0.025	0.03	0.035	0.04	0.045	0.05
脱硫率	0.2444	0.2444	0.2444	0.2444	0.2444	0.2444	0.2444
$[S]_0/\%$	0.055	0.06	0.065	0.07	0.075	0.08	—
脱硫率	0.2444	0.2444	0.2444	0.2444	0.2444	0.2444	—

表 6-4-12　初始硫含量 $[S]_0$ 与脱硫率的关系（$H=3m$）

$[S]_0/\%$	0.02	0.025	0.03	0.035	0.04	0.045	0.05
脱硫率	0.4106	0.4106	0.4106	0.4106	0.4106	0.4106	0.4106
$[S]_0/\%$	0.055	0.06	0.065	0.07	0.075	0.08	—
脱硫率	0.4106	0.4106	0.4106	0.4106	0.4106	0.4106	—

由图 6-4-11 和图 6-4-12 可知，同样的铁液深度，石灰的脱硫效率并不随初始硫含量变化而变化，即初始硫含量对石灰颗粒的脱硫率没影响。这由建立的数学模型中可以看出，式(6-4-9) 可以看出，脱硫率与系数 k 值和颗粒上浮时间有关，与初始硫含量无关。由式(6-4-6) 看出，初始硫含量对脱硫剂的脱硫速率有影响，而对脱硫能力的大小即脱硫程度无影响。

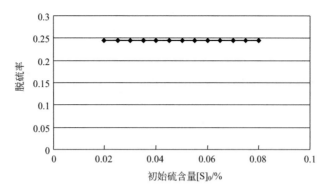

图 6-4-11　初始硫含量〔S〕₀ 与脱硫率的关系（$H=2\text{m}$）

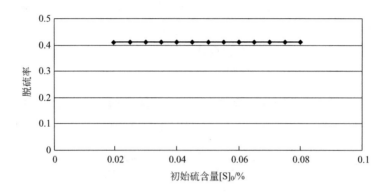

图 6-4-12　初始硫含量〔S〕₀ 与脱硫率的关系（$H=3\text{m}$）

6.4.4　利用活性石灰-镁粒复合喷吹脱硫的数学模型

利用活性石灰-镁粒在铁水中复合喷吹脱硫，对前面表 6-4-1 中的不同活性石灰、镁粒两种脱硫剂的喷吹量、喷吹速率、铁水温度、初始硫含量等变量下的脱硫率，用 SPSS 进行多元非线性回归化分析。首先对数据进行如表 6-4-13 所示的整理。

表 6-4-13　对各参数进行整理后的数据

$\ln X_{CaO}$	t_{CaO}/s	$\ln X_{Mg}$	t_{Mg}/s	$[S]_0/10^{-6}$	$X_S/10^{-6}$	$1/T/K^{-1}$	$\ln G_{CaO}$	$\ln G_{Mg}$
0.4797	252	−1.2070	210	360	250	0.00063	−5.0495	−6.5534
0.1357	190	−1.6733	145	220	120	0.00062	−5.1113	−6.6501
0.4077	216	−1.0445	173	350	180	0.00063	−4.9676	−6.1981
0.3762	199	−1.2223	149	280	130	0.00063	−4.9170	−6.2260

$\ln X_{CaO}$	t_{CaO}/s	$\ln X_{Mg}$	t_{Mg}/s	$[S]_0/10^{-6}$	$X_S/10^{-6}$	$1/T/K^{-1}$	$\ln G_{CaO}$	$\ln G_{Mg}$
0.3937	257	−1.1527	218	310	230	0.00063	−5.1556	−6.5371
0.3594	257	−1.1013	208	330	180	0.00063	−5.1899	−6.4388
0.3246	240	−1.2509	198	290	140	0.00063	−5.1561	−6.5390
0.3477	262	−1.2070	223	310	150	0.00064	−5.2206	−6.6137
0.2985	218	−1.1781	179	300	190	0.00063	−5.0859	−6.3649
0.0685	157	−1.4054	116	240	90	0.00063	−4.9876	−6.1588
0.5264	211	−1.7326	181	210	60	0.00062	−4.8255	−6.9307
0.3953	243	−1.0884	232	340	130	0.00063	−5.0981	−6.5331
0.3369	189	−1.1268	145	320	210	0.00063	−4.9047	−6.1038
0.0218	169	−1.4963	133	240	90	0.00062	−5.1516	−6.3859
0.4612	260	−1.0888	221	340	200	0.00063	−5.0995	−6.4865
0.7172	208	−1.3894	177	260	110	0.00062	−4.6203	−6.5663
0.8969	373	−1.4383	338	260	70	0.00062	−5.0252	−7.2618
0.3478	283	−1.2336	251	300	140	0.00062	−5.2976	−6.7584
0.3635	252	−1.3384	220	270	140	0.00063	−5.1658	−6.7317
0.6046	218	−0.9346	178	390	250	0.00063	−4.7799	−6.1161
0.7103	216	−1.0030	168	360	230	0.00063	−4.6651	−6.1273
0.7212	328	−0.5833	278	660	500	0.00063	−5.0718	−6.2111
0.8679	415	−0.9619	323	400	280	0.00062	−5.1604	−6.7391
0.5879	276	−1.4241	287	270	120	0.00062	−5.0323	−7.0844
0.5261	274	−0.8523	238	420	330	0.00063	−5.0872	−6.3246
0.4277	211	−1.1269	174	320	130	0.00063	−4.9242	−6.2853
0.0869	182	−1.4271	142	250	100	0.00062	−5.1174	−6.3822
0.4032	254	−1.1140	206	320	230	0.00063	−5.1341	−6.4422
0.6876	318	−0.8026	272	340	230	0.00063	−5.0744	−6.4081
0.3811	212	−1.2953	169	300	220	0.00063	−4.9753	−6.4255

$\ln X_{CaO}$	t_{CaO}/s	$\ln X_{Mg}$	t_{Mg}/s	$[S]_0/10^{-6}$	$X_S/10^{-6}$	$1/T/K^{-1}$	$\ln G_{CaO}$	$\ln G_{Mg}$
0.2861	235	−1.4271	199	260	110	0.00063	−5.1735	−6.7206
0.6198	284	−1.0217	241	410	270	0.00062	−5.0292	−6.5069
0.3736	253	−1.1810	212	310	220	0.00063	−5.1597	−6.5380
0.4974	307	−0.9746	270	370	200	0.00063	−5.2294	−6.5722
0.4124	262	−0.9036	227	450	280	0.00063	−5.1560	−6.3281
0.3534	218	−1.3918	165	260	130	0.00063	−5.0310	−6.4977
0.5150	174	−1.2532	120	280	160	0.00063	−4.6441	−6.0401
0.3224	217	−1.1266	170	340	210	0.00062	−5.0577	−6.2626
0.3584	203	−1.1412	164	340	190	0.00064	−4.9550	−6.2415
0.6798	300	−0.7427	271	500	330	0.00063	−5.0240	−6.3451
0.2737	208	−1.3264	176	270	120	0.00063	−5.0638	−6.4969
0.3279	232	−1.3923	196	260	150	0.00064	−5.1187	−6.6692
0.4028	207	−1.2223	166	270	120	0.00063	−4.9299	−6.3352
0.7823	352	−0.8149	317	500	350	0.00063	−5.0814	−6.5739
0.6764	283	−0.9261	246	380	280	0.00063	−4.9691	−6.4308
0.4120	213	−1.2112	165	290	140	0.00062	−4.9494	−6.3177
0.2985	212	−1.4147	160	250	100	0.00063	−5.0580	−6.4899
0.7244	353	−0.8511	315	450	310	0.00063	−5.1422	−6.6040
0.8621	381	−0.6442	353	570	400	0.00063	−5.0808	−6.5108
0.5213	296	−1.1905	241	320	190	0.00062	−5.1692	−6.6756
0.9267	346	−0.5515	316	660	540	0.00063	−4.9198	−6.3067
0.5209	224	−1.2306	176	300	170	0.00063	−4.8907	−6.4012
0.6294	265	−0.9261	230	390	310	0.00063	−4.9503	−6.3641
0.7368	321	−0.9089	266	400	300	0.00062	−5.0346	−6.4918
0.3429	199	−1.2953	162	260	190	0.00063	−4.9505	−6.3829
0.5292	280	−1.0621	246	350	180	0.00063	−5.1057	−6.5681

$\ln X_{CaO}$	t_{CaO}/s	$\ln X_{Mg}$	t_{Mg}/s	$[S]_0/10^{-6}$	$X_S/10^{-6}$	$1/T/K^{-1}$	$\ln G_{CaO}$	$\ln G_{Mg}$
0.5209	270	−1.1129	208	280	130	0.00062	−5.0776	−6.4504
0.1617	154	−1.6065	122	210	60	0.00062	−5.1987	−6.4101
0.4559	229	−1.0988	169	320	180	0.00064	−4.9780	−6.2290
0.3696	242	−1.1140	209	350	190	0.00063	−5.1192	−6.4569
0.9479	387	−0.5206	333	540	430	0.00063	−5.0106	−6.3285
0.2713	192	−1.1269	156	330	190	0.00063	−4.9856	−6.1771
0.8691	383	−0.7351	346	570	390	0.00063	−5.0790	−6.5814
0.9968	416	−0.5233	380	720	550	0.00063	−5.0338	−6.4634
0.9077	435	−0.6703	396	600	450	0.00063	−5.1678	−6.6518
0.5431	306	−0.9445	260	400	240	0.00062	−5.1805	−6.5051
0.3196	241	−1.2269	204	280	130	0.00063	−5.1651	−6.5455
0.1591	187	−1.5080	145	220	70	0.00063	−5.0719	−6.4848
0.5401	280	−1.0438	240	380	250	0.00063	−5.0936	−6.5245
0.6419	319	−1.0781	255	380	280	0.00061	−5.1233	−6.6185

在表 6-4-13 中，对脱硫率 Y 的 9 个影响因素分别为吨铁 CaO 耗量（kg），记为 X_{CaO}，石灰喷吹时间 t_{CaO}，吨铁镁耗量 X_{Mg}，镁粒喷吹时间记为 t_{Mg}，初始硫含量（$\times 10^{-6}$）$[S]_0$，脱硫量（$\times 10^{-6}$）X_S，初始温度 T，吨铁镁吹速率 G_{Mg}，吨铁 CaO 吹速率 G_{CaO}。

根据对现场数据的分析发现，吨铁 CaO 耗量，吨铁镁耗量，初始硫含量，吨铁 CaO 喷吹速率，吨铁镁喷吹速率对脱硫率均呈指数关系，于是把这些因变量变为 $\ln X_{CaO}$，$\ln G_{CaO}$，$\ln X_{Mg}$，$\ln G_{Mg}$。假设各因变量对脱硫率的关系表现为线性，应用 SPSS 软件回归统计工具对现场的 70 组数据进行了多元回归统计，得出的各操作参数与脱硫率的关系如式（6-4-43）所示：

$$Y = -191.256 + 48.924\ln X_{CaO} - 0.143 t_{CaO} + 9.632\ln X_{Mg} - 0.029 t_{Mg} -$$

$$0.231[S]_0 + 0.304 X_S + 90063.470/T - 51.281\ln G_{CaO} + 3.050\ln G_{Mg}$$

$$(6\text{-}4\text{-}43)$$

对回归方程和各系数的显著性分析及方程验证如表 6-4-14 所示。

表 6-4-14　脱硫率回归方程和各系数的显著性检验分析

模型		非标准化回归系数		标准回归系数	t 值	显著性水平
		β	标准误差	β		
1	常数	-191.256	89.033		-2.148	0.036
	$\ln X_{CaO}$	48.924	41.048	0.813	1.192	0.238
	t_{CaO}	-0.143	0.145	-0.660	-0.986	0.328
	$\ln X_{Mg}$	9.632	29.412	0.183	0.327	0.744
	t_{Mg}	-0.029	0.126	-0.135	-0.232	0.817
	$[S]_0$	-0.231	0.017	-1.815	-13.471	0.000
	X_S	0.304	0.014	2.399	21.551	0.000
	$1/T$	90063.470	74847.196	0.036	1.203	0.233
	G_{CaO}	-51.281	41.757	-0.473	-1.228	0.224
	G_{Mg}	3.050	29.343	0.046	0.104	0.918

将现场的 72 组生产数据，代入得到的多元回归的方程进行了验证，发现相对误差在 10% 内的有 67 组，占总数据的 93.01%，说明脱硫率多元回归方程是可信的。

下面对得到的脱硫率与 9 个影响参数的方程进行讨论。

（1）不同温度下 CaO 的喷吹量对脱硫率影响

分别对初始硫含量为 0.04% 和 0.03%，CaO 喷吹时间为 250s，CaO 喷吹速率为 0.006kg/(s·t)，颗粒 Mg 吨铁喷吹量为 0.25kg，颗粒 Mg 喷吹时间为 200s，颗粒 Mg 喷吹速率为 0.0015kg/(s·t)，分别在 1525K、1575K、1625K 温度下，利用式（6-4-43）计算了吨铁 CaO 喷吹量从 1.0kg 到 2.0kg 的脱硫率，如图 6-4-13 和图 6-4-14 所示。

由图 6-4-13 和图 6-4-14 可以看出，随着吨铁 CaO 喷吹量的增加，脱硫率增加；在相同的吨铁 CaO 喷吹量的情况下，温度越高，脱硫率稍低；初始硫含量从 0.04% 降低到 0.03% 时，相同的吨铁 CaO 喷吹量的情况下，脱硫率增加 20%。

（2）CaO 的喷吹时间对脱硫率的影响

对不同的 CaO 喷吹速率分别为 0.006kg/(s·t)、0.005kg/(s·t) 的情况下，对于固定的初始硫含量为 0.04%，吨铁 CaO 喷吹量为 1.6kg，吨铁 Mg 喷吹量为 0.25kg，Mg 喷吹时间为 200s，Mg 喷吹速率为 0.0015kg/(s·t)，分别在 1525K、1575K、1625K 温度下，计算了 CaO 喷吹时间从 150s 到 250s 的范围内的脱硫率，

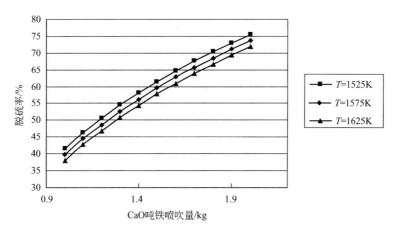

图 6-4-13　不同温度下 CaO 吨铁喷吹量对脱硫率的影响

（[S]$_0$＝0.04%）

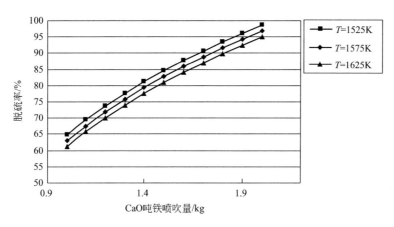

图 6-4-14　不同温度下 CaO 吨铁喷吹量对脱硫率的影响

（[S]$_0$＝0.03%）

如图 6-4-15 和图 6-4-16 所示。

由图 6-4-15 和图 6-4-16 可知，喷吹时间在 150s 到 250s 的范围内时，在其他条件相同时，随着喷吹时间的延长，脱硫率降低。这个结论说明，150s 的时间似乎已经达到了使脱硫率最佳的时间，现实操作中，不应该突破这一时间；另外喷吹速率似乎也不应该增加，因为从两个图的比较发现，喷吹速率为 0.005kg/(s·t) 的脱硫率比喷吹速率为 0.006kg/(s·t) 的脱硫率高出 10%；在相同的喷吹时间等条件下，温度越低，脱硫率越高。

（3）CaO 喷吹速率对脱硫率的影响

固定初始硫含量为 0.04%，吨铁 CaO 喷吹量为 1.6kg，CaO 喷吹时间为 250s，吨铁颗粒 Mg 喷吹量为 0.25kg，颗粒 Mg 喷吹时间为 200s，颗粒 Mg 喷吹速率为

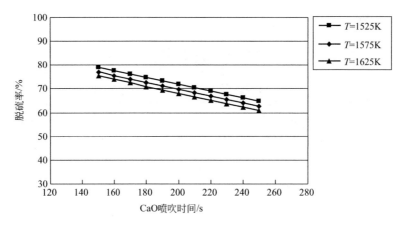

图 6-4-15　不同温度下 CaO 喷吹时间对脱硫率的影响

[CaO 喷吹速率为 $0.006\text{kg}/(\text{s}\cdot\text{t})$]

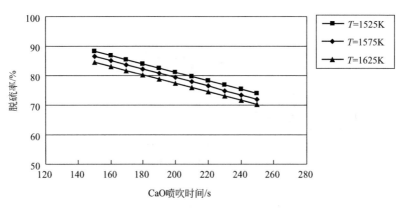

图 6-4-16　不同温度下 CaO 喷吹时间对脱硫率的影响

[CaO 喷吹速率为 $0.005\text{kg}/(\text{s}\cdot\text{t})$]

$0.0015\text{kg}/(\text{s}\cdot\text{t})$，分别在 1525K、1575K、1625K 温度下，CaO 喷吹速率从 $0.004\text{kg}/(\text{s}\cdot\text{t})$ 到 $0.008\text{kg}/(\text{s}\cdot\text{t})$ 的范围内计算了脱硫率。如图 6-4-17 所示。

从图 6-4-17 可以看出，在其他条件一定时，当 CaO 喷吹速率在 $0.004\text{kg}/(\text{s}\cdot\text{t})$ 到 $0.008\text{kg}/(\text{s}\cdot\text{t})$ 的范围内变化时，随着 CaO 喷吹速率的增加，脱硫率是降低的。按照常规，CaO 喷吹速率增加，脱硫率是增加的，说明 CaO 喷吹速率的范围，已经超过了能使脱硫率增加的范围。

（4）初始硫含量对脱硫率的影响

对固定吨铁 CaO 喷吹量为 1.6kg，CaO 喷吹时间为 250s，吨铁颗粒 Mg 喷吹量为 0.25kg，喷吹颗粒 Mg 时间为 200s，喷吹颗粒 Mg 的速率为 $0.0015\text{kg}/(\text{s}\cdot\text{t})$，CaO 喷吹速率为 $0.006\text{kg}/(\text{s}\cdot\text{t})$，分别在 1525K、1575K、1625K 温度下，计算了初始硫含量从 300×10^{-6} 到 500×10^{-6} 时的脱硫率。如图 6-4-18 所示。明显可以看出，其

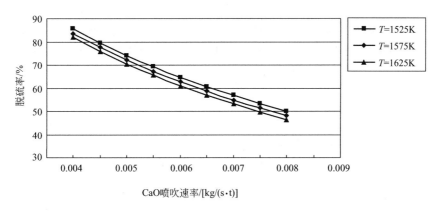

图 6-4-17　不同温度下 CaO 喷吹速率对脱硫率的影响

他条件固定的条件下，随着初始硫含量的增加，脱硫率降低，这和前面的研究结果相同。

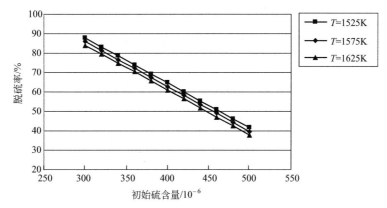

图 6-4-18　不同温度下初始硫含量对脱硫率的影响

参 考 文 献

[1] 周取定. 烧结加生石灰工艺的发展及作用. 烧结球团，1989（6）：8-14.

[2] 兰德年. 钢铁工业节能目标及措施建议. 钢铁行业低温余热综合利用节能技术研讨会会议文集. 中国河北秦皇岛，2006.

[3] 苏天森. 冶金石灰面临的形势和任务. 石灰，1999（4）：7-9.

[4] 郝素菊，蒋武锋，韩秀丽等. 石灰活性对烧结矿质量的影响. 中国冶金，2008，18（1）：13-16.

[5] Didier A. 铁烧结中添加石灰的机理与效果. 烧结球团，1982（1）：69-76.

[6] 叶恩东. 活性石灰在攀钢钒钛磁铁矿烧结中的应用. 四川冶金，2006，28（1）：7-9.

[7] 郭汉杰，李贵阳. 金属镁粒铁水脱硫过程物理化学. 北京科技大学学报，2005，27（12）：10-14.

[8] 郭汉杰，刘正波. 颗粒镁铁水脱硫率与镁利用率研究. 北京科技大学学报，2007，29（1）：

128-131.

[9] 郭汉杰．金属镁粒铁水脱硫过程动力学．钢铁，2007，42（5）：37-41.

[10] 李宁，郭汉杰，张鑫．高碳铁液中的Al-C-O平衡．北京科技大学学报，2011，31（增刊）：73-76.

[11] 李宁，郭汉杰，宁安刚．关于KR脱硫工艺脱氧理论问题的研究．钢铁，2011，46（10）：36-41.

[12] Li Ning，Guo Hanjie，Zhang Xin．Equilibrium of Al-C-O in high-carbon molten iron．Journal of University of Science and Technology Beijing．2011：73-76.

[13] 聂健康．迁钢冶金石灰活性度影响因素模型及其在脱硫中的应用［D］．北京：北京科技大学，2013.

[14] 孟金霞，陈伟庆．活性石灰在炼钢初渣中的溶解研究．炼钢，2008，24（2）：54-58.

[15] 孟金霞，陈伟庆．活性石灰最佳煅烧条件的研究．冶金研究，2006：367-370.

[16] 盘昌烈．回转窑活性石灰炼钢效果．炼钢，1997（6）：24-28.

[17] 于华财，黄健．活性石灰在钢水精炼中的应用．炼钢，2004（2）：30-32.

[18] 付华，张玲．炼钢用冶金活性石灰的生产及质量控制．鞍山钢铁学院学报，2002（8）：280-282.

[19] 魏海，庄汉宁，黄中英．20％金属镁和80％CaO混合脱硫剂脱硫生产实践．炼钢，2001，17（1）：23-26.

[20] 吴明，汤曙光等．复合喷射与单吹镁脱硫效果的分析比较．钢铁，2006，22（3）：21-24.

[21] 乐可襄，王世俊等．铁水预处理粉剂组成对脱硫的影响．钢铁，2001，17（5）：24-27.

[22] 冯聚和，艾立群，刘建华．铁水预处理与钢水炉外精炼．北京：冶金工业出版社，2006.

[23] 郭汉杰．冶金物理化学教程．北京：冶金工业出版社，2006：159-167.

[24] 张信昭．喷粉冶金基本原理．北京：冶金工业出版社，1988：109-115.